SHIYONG HUAZHUANGPIN PEIFANG YU ZHIBEI 200 LI

# 实用化妆品
## 配方与制备
# 200例

李东光 主编

化学工业出版社

·北京·

## 内容简介

本书收集了 200 例化妆品的制备实例，包括护肤化妆品、美白化妆品、面膜、天然化妆品、祛斑化妆品等，详细介绍了原料配比、制备方法、产品应用、产品特性等，具有较强的实用性。

本书可供化妆品生产企业技术人员、化妆品研究开发和设备管理人员、化妆品销售人员等参考使用。

**图书在版编目（CIP）数据**

实用化妆品配方与制备 200 例/李东光主编.—北京：
化学工业出版社，2021.6（2023.1 重印）
ISBN 978-7-122-38830-8

Ⅰ.①实… Ⅱ.①李… Ⅲ.①化妆品-配方②化妆品-
制备 Ⅳ.①TQ658

中国版本图书馆 CIP 数据核字（2021）第 055678 号

| | |
|---|---|
| 责任编辑：张 艳 | 文字编辑：林 丹 姚子丽 |
| 责任校对：杜杏然 | 装帧设计：王晓宇 |

出版发行：化学工业出版社（北京市东城区青年湖南街 13 号 邮政编码 100011）
印　　装：涿州市般润文化传播有限公司
710mm×1000mm 1/16 印张 14½ 字数 286 千字 2023 年 1 月北京第 1 版第 4 次印刷

购书咨询：010-64518888 售后服务：010-64518899
网　　址：http://www.cip.com.cn
凡购买本书，如有缺损质量问题，本社销售中心负责调换。

定　　价：68.00 元 版权所有 违者必究

# 前言

化妆品是对人体面部、皮肤、毛发等起保护、美化和清洁甚至治疗作用的日常生活用品，通常是以涂敷、搽抹或喷洒等方式施于人体不同部位，有令人愉快的香气，有益于身体健康，使容貌整洁、魅力增加。随着科学的日益发展和人们物质、文化生活的不断提高，目前的化妆品数不胜数。洗净用、护肤用和美容用化妆品等已各具门类，形成系列，可满足不同需要。

化妆品是一种流行产品，生命周期很短。当前国内外化妆品不仅要求能美容，还极其注重疗效，要求化妆品在确保安全性的同时，力求能在促进皮肤细胞的新陈代谢、延缓皮肤衰老方面具有一定效果。因此，目前化妆品中竞相加用营养剂，以期取得这种效果。

现代化妆品除具美容、护肤的功效外，同时还要求兼备各种不同特点。供不同年龄段用的有儿童化妆品、青年化妆品、老年化妆品。供不同时间使用的有日霜和晚霜。男女化妆品已不再混用。旅游化妆品、体育运动用化妆品已应运而生。另外，供粉刺皮肤用、祛黄褐斑和祛狐臭用、止汗用的专用化妆品也已进入市场。在"一切返回自然去"的世界热潮中，化妆品也热衷采用天然成分，诸如羊毛脂、水解蛋白、各种中药萃取液和浸汁、动物内脏萃取液等已成为热门的天然添加剂，高新技术生物工程开发的生物制品原料也开始应用于化妆品中。消费者也热衷于采购天然化妆品，天然化妆品已是目前化妆品百花园中的佼佼者。

国内外化妆品技术发展日新月异，新产品竞争更加激烈，新配方层出不穷。为满足有关单位技术人员的需要，我们编写了《实用化妆品配方与制备 200 例》，书中收录了近年的新产品、新配方，详细介绍了原料配比、制备方法、产品应用、产品特性等，可供从事化妆品科研、生产、销售人员参考。

需要请读者们注意的是，笔者没有也不可能对每个配方进行逐一验证，本书仅向读者提供相关配方思路。读者在参考本书进行试验验证时，应根据自己的实际情况本着先小试后中试再放大的原则，小试产品合格后才能往下一步进行，以免造成不必要的损失。

本书由李东光主编，参加编写的还有翟怀凤、李桂芝、吴宪民、吴慧芳、邢胜利、蒋永波、李嘉等。由于我们水平有限，书中不妥之处在所难免，敬请广大读者提出宝贵意见。Email 为 ldguang@163.com。

编者

2021 年 5 月

# 目 录

## 二、美白化妆品

## 三、 面膜

## 四、天然化妆品 ···················································· 102

## 七、功能性化妆品　　　　　　　　　　　　　183

# 一、护肤化妆品

## 配方 1　润肤制剂

### 原料配比

**表1：金蛤蟆原汁液**

| 原　料 | 配比（质量份） |
| --- | --- |
| 金蛤蟆 | 100 |
| 山梨酸钾 | 0.006 |
| 麦芽酚 | 0.003 |

**表2：蝎子草原汁液**

| 原　料 | 配比（质量份） |
| --- | --- |
| 蝎子草 | 100 |
| 山梨酸钾 | 0.006 |
| 麦芽酚 | 0.003 |

**表3：金蝎原汁液**

| 原　料 | 配比（质量份） |
| --- | --- |
| 金蛤蟆原汁液 | 100 |
| 蝎子草原汁液 | 100 |

**表4：润肤制剂**

| 原　料 | 配比（质量份） | | | |
| --- | --- | --- | --- | --- |
| | 1# | 2# | 3# | 4# |
| 金蛤蟆原汁液 | 10 | — | 10 | — |
| 金蝎原汁液 | — | 10 | — | 10 |
| 甘油 | 50 | 50 | — | — |
| 凡士林 | 50 | 50 | — | — |
| 雪花膏 | — | — | 100 | 100 |

### 制备方法

1. 制作半成品金蛤蟆原汁液

（1）将采集到的金蛤蟆清洗、破碎、制汁、粗滤、澄清、精滤成液。

（2）将步骤（1）所得物料与山梨酸钾、麦芽酚混合，装瓶后辐射灭菌，得金蛤蟆原汁液，是一种可以保藏的半成品。

2. 制作半成品金蝎原汁液

（1）将采集到的蝎子草清洗、破碎、制汁、粗滤、澄清、精滤成液。

（2）将步骤（1）所得物料与山梨酸钾、麦芽酚混合，装瓶后辐射灭菌，得蝎子草原汁液，是一种可以保藏的半成品。

（3）将蝎子草原汁液与金蛤蟆原汁液分别按 1∶1 配制，得金蝎原汁液，也是一种可以保藏的半成品。

3. 制作润肤制剂

（1）将甘油与凡士林按 1∶1 配制。

（2）将步骤（1）所得混合物与金蛤蟆原汁液和金蝎原汁液分别按 10∶1 配制、包装、入库。

（3）将雪花膏与金蛤蟆原汁液和金蝎原汁液分别按 10∶1 配制、包装、入库。

**产品应用** 本品能够防止皮肤干裂、消除脚气、防止被蚊虫叮咬，还可治疗冻伤与汗疱疹，特别是当被蜂蜇后能迅速止疼、止痒、消肿。

**产品特性** 本品配方新颖独特，工艺简单，产品质量稳定，使用效果显著，对人体无毒副作用，方便安全。

### 配方 2  金盏花油洁肤化妆品

**原料配比**

| 原　料 | | 配比（质量份） | |
|---|---|---|---|
| | | 1# | 2# |
| A 组分 | 金盏花油 | 2 | 1.2 |
| | 霍霍巴油 | 1 | 2 |
| | 活性炭 | 5 | 2 |
| | 椰油酰胺丙基甜菜碱 | 7 | 7 |
| | 单月桂基聚氧乙烯醚磷酸酯钾盐 | 10 | 20 |
| B 组分 | 氢氧化钾 | 6.5 | 6.5 |
| | 甘油 | 5 | 5 |
| | 去离子水 | 40.1 | 32.9 |
| C 组分 | 十二酸 | 18 | 18 |
| | 硬脂酸 | 5 | 5 |
| D 组分 | 香精 | 0.2 | 0.2 |
| | 羟甲基甘氨酸钠 | 0.2 | 0.2 |

**制备方法**

（1）将十二酸、硬脂酸置入容器中加热至 90℃，使之完全溶解，搅拌均匀，所得液体为油相 C 组分。

（2）将氢氧化钾、甘油、去离子水混合加热至 90℃，所得液体为水相 B。

（3）将 C 组分与 B 组分混合，慢慢搅拌，使之充分皂化，当液体温度降至 60℃时，分别加入 A 组分中的金盏花油、霍霍巴油、活性炭、椰油酰胺丙基甜菜碱、单月桂基聚氧乙烯醚磷酸酯钾盐，并充分搅拌使之混合均匀；当液体温度降至 45℃时加入 D 组分中的羟甲基甘氨酸钠和香精，搅拌使之混合均匀，出料包装即可。

**原料介绍** 金盏花油为有效抗氧化剂，具有抗菌、消炎的功效，并能促进皮肤再生。霍霍巴油具有高效清洁、渗透调理护肤的功效。活性炭是指竹木活性炭，具有发达的孔隙结构、巨大的比表面积和优良的吸附性能。单月桂基聚氧乙烯醚磷酸酯钾盐纯度为25%，是一种温和性表面活性剂，具有洗剂作用。椰油酰胺丙基甜菜碱属两性表面活性剂，刺激性小，活性高，具有起泡、去污的功效。十二酸具有洗涤的功效。硬脂酸为化妆品用基质原料。香精的作用是调节香型。羟甲基甘氨酸钠为防腐剂。去离子水属稀释剂，为化妆品的主要基质。甘油为保湿剂。

**产品应用** 本品为洁肤类化妆品，能够作用于面部皮肤深层，彻底吸附和清除皮脂腺分泌的皮脂与尘埃、皮肤汗液干燥后的残留物，以及皮肤角质层脱落的细胞残骸形成的皮肤污垢，保证皮肤的正常新陈代谢，延缓皮肤老化。

**产品特性** 本品配方独特，工艺流程简单，应用广泛；在洁肤的同时能较好地调理和营养皮肤，促进皮肤微循环，有效预防粉刺、暗疮的生成，美白祛斑，滋润保湿，且不易出现过敏现象。

### 配方 3 金属硫蛋白系列化妆品

原料配比

实例1：护肤霜

| 原 料 | 配比（质量份） |
| --- | --- |
| 椰子油 | 20 |
| 角鲨烷 | 10 |
| 单棕榈酸山梨醇酐酯 | 15 |
| 尼泊金甲酯 | 0.1 |
| 尼泊金丁酯 | 0.1 |
| 水 | 54 |
| 金属硫蛋白 | 0.00005 |

实例2：护肤液

| 原 料 | 配比（质量份） |
| --- | --- |
| 矿物油 | 30 |
| 羊毛脂酸异丙酯 | 5 |
| 氢氧化钾 | 2 |
| 氢氧化钠 | 1.6 |
| 尼泊金甲酯 | 1 |
| 尼泊金丙酯 | 3.5 |
| 胆甾醇 | 8.4 |
| 鲸蜡醇 | 3.5 |
| 肉豆蔻醇 | 2 |
| 硬脂醇 | 2 |
| 水 | 880 |
| 金属硫蛋白 | 0.018 |

实例3：护肤粉

| 原 料 | 配比（质量份） |
| --- | --- |
| 二氧化钛 | 10 |
| 高岭土粉料 | 25 |
| 滑石粉 | 45 |
| 甘油 | 3 |
| 聚氧乙烯失水山梨醇单硬脂酸酯 | 3.5 |
| 液体石蜡 | 10 |
| 香精 | 0.5 |
| 着色剂 | 2 |
| 金属硫蛋白 | 0.005 |

**制备方法**

1. 护肤霜的制法

（1）将椰子油、角鲨烷、单棕榈酸山梨醇酐酯在混合器中加热至80～90℃。

（2）向（1）所得混合物中加入预先加热至80～90℃的尼泊金甲酯和尼泊金丁酯与水的混合液。

（3）将（2）所得混合物在真空度为500mmHg（1mmHg＝133Pa）的条件下搅拌20min，自然冷却至40～50℃时加入金属硫蛋白，搅拌均匀，自然冷却即得成品。

**2. 护肤液的制法**

(1) 在通用混合器中加入矿物油和羊毛脂酸异丙酯，搅拌升温至 80～90℃，使其熔化。

(2) 向（1）所得混合物中加入预先加热至 80～90℃的氢氧化钾、氢氧化钠、尼泊金甲酯、尼泊金丙酯、胆甾醇、鲸蜡醇、肉豆蔻醇、硬脂醇与水的混合液。

(3) 将（2）所得混合物在真空度为 500mmHg 的条件下搅拌 20min，冷却至 40～50℃时加入金属硫蛋白，继续搅拌 12min，自然冷却即得成品。

**3. 护肤粉的制法**

(1) 将二氧化钛、滑石粉、高岭土粉料在混合器中充分混合。

(2) 在常温下将甘油、聚氧乙烯失水山梨醇单硬脂酸酯、液体石蜡、香精、着色剂和金属硫蛋白一起加入混合器中，搅拌均匀，然后研磨，过 200 目筛，压制成片即可。

**产品应用** 本品能够清除皮肤氧自由基，可用于消除皱纹，祛除由继发性色素沉积引起的妊娠斑、黄褐斑、老年斑；也可用于治疗粉刺；还可用于抵抗紫外线辐射。

**产品特性** 本品工艺流程简单，设备无特殊要求，便于操作；使用效果显著，安全可靠。

### 配方 4　面部手部皮肤外用化妆品

**原料配比**

| 原　料 | | 配比（质量份） | |
|---|---|---|---|
| | | 1# | 2# |
| A组分 | C₁₄～C₁₆ 混合醇 | 8 | 6 |
| | 乙酰化氢化羊毛酯 | 5 | 4 |
| | 白凡士林 | 2.5 | 3 |
| | 角鲨烷 | 1.5 | 1 |
| | 维生素 E | 0.5 | 0.5 |
| | 2,6-二叔丁基对甲酚 | 0.1 | 0.1 |
| B组分 | 脂肪醇聚氧乙烯醚硫酸钠 | 2 | 1.5 |
| | 对羟基苯-$\beta$-D-吡喃苄糖苷 | 2.5 | 3 |
| | 聚乙二醇-400 | 1.2 | 2 |
| | 吐温-80 | 1 | 1 |
| C组分 | 萱草萃取液 | 0.8 | 0.8 |
| | 万灵复活液 | 2.5 | 3 |
| | 1,2,3,4-丁四醇 | 4 | 5 |
| D组分 | 玫瑰花油 | 0.5 | 0.5 |
| E组分 | 布罗波尔 | 0.1 | 0.1 |
| | 水 | 加至 100 | 加至 100 |

**制备方法**

(1) 将精确称量的 A 组分各原料加入油相罐，加入的先后次序没有严格的限制，加热温度不超过 100℃，优选不超过 85℃，温度的选择以不破坏各个组分同时加速其溶解为准则。

（2）将准确称量的 B 组分各原料（聚乙二醇-400 除外）和水加入水相罐中，加热至 40～60℃，优选 50℃，然后缓慢加入聚乙二醇-400，使其充分溶解，最后加热至不超过 100℃，优选不超过 85℃。

（3）将加热到一致温度的 A 组分和 B 组分加入乳化器内，顺序为先加入 A 组分，再加入 B 组分，乳化时间为 15min，注意严格控制温度，前 10min 转速为 80～100r/min，最好不超过 90r/min，后 5min 为 35～50r/min，最好为 45r/min。转速太快对组分不利，太慢则延长乳化时间。

（4）将（3）所得乳液降温至 45～65℃，优选 55℃左右。

（5）将准确称量后的 C 组分各原料充分混合，缓慢加入（4）所得乳液中，控制搅拌速率为 50～55r/min，搅拌 10min。

（6）将（5）所得乳液降温至 45～55℃，优选 50℃，加入 E 组分布罗波尔，搅拌5min，搅拌速率为 40～45r/min。

（7）将（6）所得乳液保持在上述温度，加入 D 组分玫瑰花油，搅拌 5min，最后加入温度相同的水，即可制得本品。

**产品应用**  本化妆品包括皮试品和使用品，可用于皮肤祛斑，且在使用化妆品（使用品）之前，以皮试品进行皮试，以确定没有任何副作用。具体方法如下：

第一步，将皮试品 1.5～2g 涂于耳后根处，直径为 5～10mm，保持 4h 不洗去。

第二步，从第一次皮试品涂抹后 24h 观察和感受。

第三步，确定有以下行为或现象之一者，为不适合在面部或手部使用化妆品：①耳后根皮肤红肿；②耳后根皮肤发生疱疹；③耳后根皮肤有灼痛感；④耳后根皮肤有瘙痒感。

**产品特性**  本品配方及工艺合理，使用安全，副作用小，能够最大限度避免对人体健康的损害。

### 配方 5  平贝护肤化妆品

原料配比

| 原　　料 | | 配比（质量份） |
|---|---|---|
| A组分 | 硬脂酸 | 10 |
| | 单硬脂酸甘油酯 | 2 |
| | 十八醇 | 4 |
| | 硬脂酸丁酯 | 6 |
| B组分 | 丙二醇 | 10 |
| | 平贝微粉或平贝提取物 | 2 |
| | 氢氧化钾 | 0.2 |
| | 去离子水 | 64.8 |
| C组分 | 香精 | 1 |
| | 防腐剂 | 0.05 |

**制备方法**

(1) 将 A 组分和 B 组分分别加热至 90℃，均进行搅拌。

(2) 将 A 组分加入 B 组分中，继续搅拌，冷却至 40℃时加入 C 组分，再充分搅拌冷却至 30℃即可。

平贝微粉的制法：将干平贝压碎、研磨、过 250 目筛即可。

平贝提取物的制法：将洗净的干平贝压碎，添加 4～10 倍的水，加热至 45℃搅拌 1h，然后除去固相，用盐酸将提取液的 pH 值调节至 4.0～5.0，静置 1h，再用离心机将沉淀物与液体分离，沉淀物即为平贝提取物。

**产品应用**　本品用于护肤养颜，被皮肤吸收后可促进皮肤的新陈代谢，延缓皮肤衰老，使皮肤光滑细嫩。

**产品特性**　本品集营养性、功能性、天然性于一身，效果显著；平贝微粉、平贝提取物的原料来源丰富，加工工艺简单，无毒无害，使用安全。

## 配方 6　葡萄化妆品

**原料配比**

| 原料 | | 配比（质量份） | | |
| --- | --- | --- | --- | --- |
| | | 1# | 2# | 3# |
| A组分 | 单硬脂酸甘油酯 | 8 | 2.5 | 9.5 |
| | 十八醇 | 5 | 3.4 | 9.6 |
| | 白油 | 5 | 3.2 | 8.5 |
| | 硅油 | 4 | 2.5 | 4.8 |
| | 脂肪醇聚氧乙烯醚 | 3 | 1.6 | 3.8 |
| | 防腐剂 | 0.15 | 0.1 | 0.3 |
| | 橄榄油 | 5 | 2.5 | 7.5 |
| B组分 | 甘油 | 5 | 3.5 | 6.5 |
| | 天然植物提取物混合液 | 3 | 2.1 | 7.5 |
| | 卡伯波树脂 | 0.2 | 0.1 | 0.25 |
| | 尼泊金丙酯 | 0.15 | 0.1 | 0.25 |
| | 葡萄提取物 | 0.5 | 0.25 | 2 |
| C组分 | 三乙醇胺 | 0.15 | 0.1 | 0.3 |
| | 香精 | 0.1 | 0.05 | 0.15 |
| 去离子水 | | 加至 100 | 加至 100 | 加至 100 |

**制备方法**

(1) 分别将 A 组分、B 组分和 C 组分充分搅拌，使各组分均匀混合；

(2) 分别将 A 组分加热至 60～90℃、B 组分加热至 65～95℃，将 A 组分过滤后加入 B 组分，乳化 5～20min，再进行过滤，然后打入真空釜，冷却后抽真空，真空度达到 0.01~0.15MPa 后在 40r/min 的转速下进行搅拌；

(3) 当温度降至 35~55℃时，再进行过滤，然后加入 C 组分，温度降至 35~45℃时出料。

**产品应用** 本品可有效祛除皮肤的老化角质细胞，促进新细胞再生，提高细胞活性，增强皮肤细胞的免疫力，收敛肌肤；还具有抗氧化作用，可以捕获自由基，防止皮肤上过氧化反应的发生，延缓皱纹出现及皮肤衰老，使肌肤免受外界不良因素的影响，保持健康状态。

**产品特性** 本品中的活性成分能够渗入肌肤，可在皮肤表面形成保护膜，使用效果好；对人体无毒副作用，安全可靠。

### 配方 7　生物化妆品

**原料配比**

| 原　料 | 配比（质量份） | |
|---|---|---|
| | 1# | 2# |
| 羊毛脂油 | 13 | 14 |
| 鲸蜡醇 | 5 | 6 |
| 硬脂酸 | 3 | 4 |
| 蜂蜡 | 4 | 4 |
| 丙二醇 | 5 | 5 |
| 三乙醇胺 | 2 | 2 |
| 去离子水 | 6.38 | 6 |
| 季铵盐-15 | 0.2 | 0.2 |
| 含矿物油的多孔聚合物 | 6 | 6 |

**制备方法**

(1) 将羊毛脂油、鲸蜡醇、硬脂酸及蜂蜡放在搅拌器中混合均匀，然后加热至 80℃形成 A 组分；

(2) 将丙二醇、三乙醇胺及去离子水放在搅拌器中混合均匀，然后加热至 80℃形成 B 组分；

(3) 将 B 组分放入搅拌器中进行混合搅拌 10~15min，在搅拌的过程中不断兑入 A 组分，然后将其冷却至 45℃，加入季铵盐-15，继续搅拌并冷却至 40℃，然后喷入含矿物油的多孔聚合物，搅拌均匀，自然冷却至 20℃即可。

**产品应用** 本品主要用于滋润皮肤。

**产品特性** 本品渗透力强，保湿性能好，手感滑润，使用效果显著，且工艺流程简单。

### 配方 8　褪黑素美白护肤化妆品

**原料配比**

实例 1：褪黑素美白护肤水

| 原　料 | 配比（质量份） |
| --- | --- |
| 甘油 | 4 |
| 丙二醇 | 2 |
| 去离子水 | 89.6 |
| 植物香精 | 0.1 |
| 聚氧乙烯油醇 | 2 |
| 乙醇 | 2 |
| 褪黑素 | 0.1 |
| 茶多酚 | 0.2 |

实例 2：褪黑素美白护肤霜

| 原　料 | 配比（质量份） |
| --- | --- |
| 冷霜 | 适量 |
| 褪黑素 | 0.1 |
| 茶多酚 | 0.2 |

**制备方法**

(1) 褪黑素美白护肤水的制备：将甘油、丙二醇溶解于去离子水中；再将植物香精和聚氧乙烯油醇溶于乙醇中；然后将以上两种溶液混合，经过滤后，再加入褪黑素和茶多酚充分溶解，分装即可。

(2) 褪黑素美白护肤霜的制备：按常规冷霜制法制得冷霜，将褪黑素和茶多酚溶入冷霜后充分搅拌，静置过夜，次日经三辊机研磨，真空脱气后装瓶即可。

**产品应用**　本品主要用于美白皮肤，减少皮肤老化，解决皮肤变黑、色素沉积、黑斑、黄褐斑等皮肤问题。

**产品特性**　本品配方科学，利用褪黑素（松果体素）控制皮肤黑色素的形成，使用效果显著持久，无任何毒副作用，安全可靠。

### 配方 9　护肤用化妆品

**原料配比**

实例 1：抗菌肽多功能护肤品

| 原　料 | | 配比（质量份） |
| --- | --- | --- |
| A 组分 | 甘油 | 20 |
| | 聚乙二醇 | 2 |
| | 羟丙基纤维素 | 2 |
| | 对羟基苯甲酸甲酯 | 0.2 |
| | 聚甲基丙烯甘油酯 | 0.6 |
| B 组分 | 抗菌肽 | 0.5 |
| | 胚胎素 | 2 |
| | 表皮生长因子 | $10 \times 10^{-6}$ |

续表

| 原料 | | 配比（质量份） |
|---|---|---|
| B组分 | 葡聚糖硫酸酯 | 0.05 |
| | 透明质酸 | 0.05 |
| | 去离子水 | 加至100 |
| 氢氧化钠溶液 | | 适量 |

**制备方法** 将A组分在55℃溶解并充分混合后，冷却至40℃，加入水溶液B组分并用搅拌器进一步混合均匀，然后加入0.1mol/L氢氧化钠溶液将所得凝胶的pH值调节至约6.5。此时含水凝胶的黏度较小，可加入稳定剂维持表皮生长因子和抗菌肽的生物学活性。

### 实例2：抗菌肽多功能护肤品冻干粉

| 原料 | | 配比（质量份） |
|---|---|---|
| 水溶液基质 | 丙三醇 | 1 |
| | 丙二醇 | 1 |
| | 氮酮 | 0.2 |
| | 聚乙二醇 | 1 |
| | 硫酸葡聚糖 | 0.02 |
| | 生理盐水 | 加至100 |
| 冻干粉 | 甘露醇 | 3 |
| | 半胱氨酸盐酸盐 | 0.2 |
| | 抗菌肽 | 2 |
| | 胚胎素 | 2 |
| | 表皮生长因子 | $10 \times 10^{-6}$ |
| | 白蛋白等 | 适量 |

**制备方法**

（1）将制备冻干粉的各种原料混合，充分溶解，超滤除菌，冻至$-50 \sim -55$℃，冷冻干燥，分装、加盖、包装。

（2）将制备水溶液基质的各种原料混合，充分溶解，超滤除菌，分装、加盖、包装。

### 实例3：抗菌肽多功能护肤品膏体

| 原料 | | 配比（质量份） |
|---|---|---|
| A组分 | 石蜡 | 4 |
| | 蜂蜡 | 2 |
| | 凡士林 | 4 |
| | 羊毛脂 | 5 |
| | 液体石蜡 | 10 |
| | 乙酰化羊毛脂醇 | 2 |
| | 聚乙二醇硬脂酸酯 | 8 |

| 原　料 | | 配比（质量份） |
|---|---|---|
| B 组分 | 甘油 | 2 |
| | 单硬脂酸甘油酯 | 3 |
| | 三乙醇胺 | 1 |
| | 磷酸烷酯 | 8 |
| | 去离子水 | 4.8 |
| C 组分 | 抗菌肽 | 0.2 |
| | 胚胎素 | 1 |
| | 表皮生长因子 | $10 \times 10^{-6}$ |
| | 丝素肽 | 3 |
| | 明胶 | 适量 |
| | 香料 | 适量 |

**制备方法**

(1) 将 A 组分中的成分混合，加热至 55℃；

(2) 将 B 组分中的成分混合，加热至 80～85℃；

(3) 将（1）所得混合物加入（2）所得混合物中，搅拌进行乳化，待温度降至 40℃后加入 C 组分，混合搅拌 30min，然后分装、加盖、质检即可。

**产品应用**　本品可用于受损肌肤修复过程中的抗感染以及对病理性皮肤病（细菌引起的皮肤问题）的预防。

冻干粉的使用方法：将水溶液基质单独保存，使用时由使用者抽取少量（2mL）该水溶液用以溶解置于另一无菌容器内的冻干粉末，待充分溶解后，重新注入所述水溶液基质内，充分混匀并按规定剂量尽快使用。

**产品特性**　本品润湿性和渗透性好，以具有广谱高效杀菌活性的抗菌肽及其稳定剂取代传统的化学合成抗菌剂或抗生素，不易引起抗药性，长期使用对皮肤无刺激，效果显著，安全可靠。

## 配方 10　修复因子男用化妆品

**原料配比**

### 实例 1：男士霜

| 原　料 | 配比（质量份） | 原　料 | 配比（质量份） |
|---|---|---|---|
| 高级脂肪醇 | 6 | 防腐抗氧剂 | 0.15 |
| 硬脂酸 | 4 | 成纤维细胞修复因子 | 0.15 |
| 液体石蜡 | 5 | 有机锗 | 0.01 |
| 棕榈酸异丙酯 | 3.5 | 弹性蛋白酶 | 0.02 |
| 丙二醇 | 12 | 香精 | 0.5 |
| 乳化剂 | 2.5 | 精制水 | 66.17 |

**制备方法**

（1）将高级脂肪醇、硬脂酸、液体石蜡、棕榈酸异丙酯放入容器 A 中，加热至 95℃±1℃，过滤、保温；

（2）将丙二醇、乳化剂、防腐抗氧剂、精制水放入容器 B 中，加热至 95℃±1℃，经过滤，置于搅拌桶内；

（3）开启搅拌机进行搅拌，将容器 A 中的溶剂徐徐加入，搅拌均匀；

（4）待料温降至 50℃±1℃时，将成纤维细胞修复因子、有机锗、弹性蛋白酶、香精加入搅拌桶，搅拌均匀；

（5）待料温降至 40℃±1℃时，停止搅拌，卸去搅拌机，在料体表面覆盖薄膜，隔日分装即可。

**实例 2：男士乳液**

| 原 料 | 配比（质量份） | 原 料 | 配比（质量份） |
|---|---|---|---|
| 高级脂肪醇 | 4 | 防腐抗氧剂 | 0.2 |
| 硬脂酸 | 2 | 成纤维细胞修复因子 | 0.15 |
| 羊毛脂 | 1.5 | 有机锗 | 0.01 |
| 液体石蜡 | 5 | 弹性蛋白酶 | 0.02 |
| 丙二醇 | 12 | 香精 | 0.3 |
| 乳化剂 | 1 | 精制水 | 73.82 |

**制备方法**

（1）将高级脂肪醇、硬脂酸、羊毛脂、液体石蜡放入容器 A 中，加热至 90℃±1℃，过滤、保温；

（2）将精制水、丙二醇、乳化剂、防腐抗氧剂放入容器 B 中，加热至 90℃±1℃，经过滤，置于搅拌桶内；

（3）开启搅拌机进行搅拌，将容器 A 中的溶剂徐徐加入，搅拌均匀；

（4）待料温降至 50℃±1℃时，将成纤维细胞修复因子、有机锗、弹性蛋白酶、香精逐一加入搅拌桶，继续搅拌；

（5）待料温降至 40℃±1℃时，停止搅拌，卸去搅拌机，静置，隔日分装即可。

**原料介绍** 成纤维细胞修复因子是由 146 个氨基酸组成的蛋白因子，是一种多功能的细胞分裂促进因子，能刺激 DNA、RNA 和蛋白等大分子的生物合成，促进表皮组织增生和生长，增强细胞活力。

有机锗能扩张血管，活化细胞和富集氧，促进表皮组织新陈代谢，有抗癌、抗衰老及美容作用。

弹性蛋白酶是专一性较强的内肽酶，也是唯一能完全水解弹性蛋白的酶类，通过向上皮组织的渗透，改善皮肤的血液循环及脂质的代谢，分解老化弹性纤维，促进蛋白新生，延缓皮肤老化，同时还具有促进毛发生长、防止脱发的作用。

**产品应用** 本品为男士专用化妆品，可用于滋润肌肤，防止肌肤干燥、粗糙，减轻皱纹，祛除色斑及粉刺，改善脂质过剩，延缓衰老，美化容颜。

**产品特性** 本品配方合理，针对男士特有生理现象，集美容、治疗于一体，效果显著；无毒副作用，对人体无不良影响，使用安全。

### 配方 11 天然活性化妆品

原料配比

实例 1：膏霜

| 原料 | | 配比（质量份） | | | | |
|---|---|---|---|---|---|---|
| | | 1# | 2# | 3# | 4# | 5# |
| A组分 | 十六十八醇（醚） | 15 | 15 | 15 | 15 | 15 |
| | 硬脂醇 | 10 | 10 | 10 | 10 | 10 |
| | 单硬脂酸甘油酯 | 10 | 10 | 10 | 10 | 10 |
| | 二聚亚麻酸二异丙酯 | 25 | 25 | 25 | 25 | 25 |
| | 棕榈酸辛酯 | 25 | 25 | 25 | 25 | 25 |
| | 二甲基硅氧烷 | 5 | 5 | 5 | 5 | 5 |
| | 凡士林 | 15 | 15 | 15 | 15 | 15 |
| B组分 | 羟丙基瓜尔豆胶 | 3 | 3 | 3 | 3 | 3 |
| | 甘油 | 35 | 35 | 35 | 35 | 35 |
| | 硅铝酸酶 | 10 | 10 | 10 | 10 | 10 |
| | 对羟基苯甲酸甲酯 | 5 | 5 | 5 | 5 | 5 |
| | 去离子水 | 300 | 300 | 300 | 300 | 300 |
| 香精 | | 适量 | 适量 | 适量 | 适量 | 适量 |
| 防腐剂 | | 适量 | 适量 | 适量 | 适量 | 适量 |
| 天然活性添加剂 | 茶多酚 | 5 | 7 | 8 | 9 | 10 |
| | 黄芪萃取液 | 5 | 6 | 8 | 9 | 10 |
| | 柴胡萃取液 | 6 | 7 | 8 | 9 | 10 |
| | 透明质酸 | 5 | 7 | 8 | 9 | 10 |
| | 维生素 A | 5 | 7 | 8 | 9 | 10 |
| | 果酸 | 5 | 7 | 8 | 9 | 10 |
| | 人参活性细胞 | 20 | 18 | 18 | 17 | 15 |

实例 2：润肤乳液

| 原料 | | 配比（质量份） | | | | |
|---|---|---|---|---|---|---|
| | | 1# | 2# | 3# | 4# | 5# |
| A组分 | 白油 | 15 | 15 | 15 | 15 | 15 |
| | 硬脂酸 | 10 | 10 | 10 | 10 | 10 |
| | 单硬脂酸甘油酯 | 20 | 20 | 20 | 20 | 20 |
| | 辛酸/癸酸甘油三酯 | 20 | 20 | 20 | 20 | 20 |
| | 氢化植物油 | 10 | 10 | 10 | 10 | 10 |

| 原　料 | | 配比（质量份） | | | | |
|---|---|---|---|---|---|---|
| | | 1# | 2# | 3# | 4# | 5# |
| B组分 | 三乙醇胺 | 3 | 3 | 3 | 3 | 3 |
| | 丙二醇 | 15 | 15 | 15 | 15 | 15 |
| | 山梨（糖）醇（70%水溶液） | 10 | 10 | 10 | 10 | 10 |
| | 对羟苯甲酸甲酯 | 1 | 1 | 1 | 1 | 1 |
| | 聚丙烯酸树脂（2%分散液） | 75 | 75 | 75 | 75 | 75 |
| | 去离子水 | 300 | 300 | 300 | 300 | 300 |
| 香精 | | 适量 | 适量 | 适量 | 适量 | 适量 |
| 防腐剂 | | 适量 | 适量 | 适量 | 适量 | 适量 |
| 天然活性添加剂 | 茶多酚 | 5 | 7 | 8 | 9 | 10 |
| | 黄芪萃取液 | 5 | 6 | 8 | 9 | 10 |
| | 柴胡萃取液 | 6 | 7 | 8 | 9 | 10 |
| | 透明质酸 | 5 | 7 | 8 | 9 | 10 |
| | 维生素A | 5 | 7 | 8 | 9 | 10 |
| | 果酸 | 5 | 7 | 8 | 9 | 10 |
| | 人参活性细胞 | 20 | 18 | 18 | 17 | 15 |

**制备方法**　实例1与实例2的制法如下：

（1）将A组分加热至85℃，熔化搅拌均匀，作为油相原料；

（2）将B组分放入容器中加热至85℃，搅拌溶解，制成水相原料；

（3）将（1）所得油相加入（2）所得水相中搅拌，得到乳化均质后，冷却至35℃，加入天然活性添加剂和香精、防腐剂，搅拌均匀，包装贮藏即可。

**产品特性**　本品能清除皮肤中过量有害的自由基，抗氧化，增加皮肤中的胶原蛋白含量，祛皱抗衰、驻颜美容的功效突出；性质稳定，选药合理，使用方便。

## 配方 12　营养保健化妆品

**原料配比**

| 原　料 | | 配比（质量份） | |
|---|---|---|---|
| | | 1# | 2# |
| A组分 | 硬脂酸 | 9 | 4 |
| | 鲸蜡醇 | 6 | 8 |
| | 蜂蜡 | 8 | 10 |
| | 羊毛脂 | 8 | 4 |
| | 固体石蜡 | 3 | 6 |
| | 液体石蜡 | 3.5 | 2 |

续表

| 原 料 | | 配比（质量份） | |
|---|---|---|---|
| | | 1# | 2# |
| A组分 | 亲油表面活性剂 | 5 | 3 |
| | 防腐剂 | 0.2 | 0.2 |
| | 抗氧剂 | 0.3 | 0.3 |
| B组分 | 甘油 | 9 | 10 |
| | 三乙醇胺 | 5 | 3 |
| | 无菌水 | 40 | 42 |
| 蜜蜂血液 | | 3 | — |
| 土元血液 | | — | 7.5 |
| 香精 | | 0.2 | 0.2 |

**制备方法**

1. 昆虫血液的提取

（1）将活的昆虫、昆幼虫用 75% 酒精消毒，采用昆幼虫时，消毒后将昆幼虫放至冰箱中在 0℃ 以下冷冻；

（2）在无菌工作室内，用特制的小刀和夹子将消毒后的活昆虫或消毒后冷冻的昆幼虫放在工作台上，用刀切开昆虫和昆幼虫体，把昆虫血液流放在低温的冰浴容器内，容器内温度保持在 0℃ 以下；

（3）用适当剂量$^{60}$Co辐射灭菌或远红外灭菌，灭菌后昆虫的含菌量接近于零，以保证用于化妆品的昆虫血液不含致病菌，然后立即装罐密封。

2. 化妆品制法

（1）将硬脂酸、鲸蜡醇、蜂蜡、羊毛脂、固体石蜡、液体石蜡、亲油表面活性剂、防腐剂、抗氧剂作为油相基质原料 A 组分，加热至 85～95℃；

（2）将甘油、三乙醇胺、无菌水作为水相基质原料 B 组分，加热至 85～95℃；

（3）将 B 组分缓慢注入 A 组分中，搅拌使之乳化，温度降至 50℃ 以下时，将经低温杀菌消毒过的新鲜昆虫血液、香精混合加入乳液中于（40±2）℃ 搅拌，停机，降温至 20℃ 时装罐密封即可（整个过程均在无菌状态下进行）。

**原料介绍**　亲油表面活性剂可以是丙二醇单硬脂酸酯、缩水山梨醇单棕榈酸酯、缩水山梨醇单油酸酯。

防腐剂可以是咪唑烷基脲、尼泊金甲酯、尼泊金乙酯。

抗氧剂可以是二羟基酚、愈创木酚、没食子酸、二叔丁基对苯二酚、小麦胚芽油等。

所述昆虫及昆幼虫可以是蜜蜂类、蝉类、甲虫类、冬虫夏草类、班蝥类、蚂蚁类、松毛虫类、芝麻虫类、蚱蜢类、菜虫类、巢虫类、蟑螂类、蟥虫类、甘蔗螟类、蝗虫类、地老虎类、稻螟类、蚜虫类、玉米螟类、土元类、蚕类、蝴蝶类、草蛉类、蝇类、蚊类、虻虫类、龙虱类及幼虫。

昆虫血液是无色液体，不凝固，呈弱酸性，pH 值为 5，与天然皮肤酸度一致。其中含有溶菌酶、淀粉酶、过氧化酶、过氧化氢酶、超氧化物歧化酶，以及人体所需的十多种氨基酸，各种维生素，调节生命活动各个过程的生命激素、耐热性抗生物质、不耐热性抗生物质，蛋白质、脂肪、糖类、无机盐等营养成分，此外还含有脑激素、蜕皮激素、保动激素等其他生物制品中所没有的特殊激素。

**产品应用** 本品可用于祛除皱纹，增加皮肤弹性和光泽，使皮肤细腻，延缓衰老，提高免疫力，防止头发干枯脱落，保护指甲健康有光泽。

**产品特性** 本品配方合理，加工精细，所采用的昆虫血液在常温、低温下提取和贮存，不经过高温、高压处理，使各种营养物质都保持原有的活性，使用效果显著持久。

### 配方 13  油粉混溶化妆品

原料配比

| 原　料 | | 配比（质量份） |
|---|---|---|
| A 组分 | 纯净色素 | 27.5 |
| | 羊毛脂 | 30 |
| | 凡士林 | 50 |
| | 蜂蜡 | 25 |
| | 白油 | 550 |
| | 硬脂酸 | 130 |
| | 单硬脂酸甘油酯 | 150 |
| B 组分 | 甘油 | 250 |
| | SE 乳化剂 | 15 |
| | 三乙醇胺 | 25 |
| | 精制水 | 3000 |
| 防腐剂凯松 | | 适量 |
| 保湿剂甘油 | | 适量 |
| 抗氧剂 | | 适量 |
| 营养剂 | | 适量 |

**制备方法**

(1) 将 A 组分中的纯净色素与羊毛脂、凡士林、蜂蜡和部分白油混溶，用研磨机处理后放入硬脂酸、单硬脂酸甘油酯和剩余白油的溶液中，升温至 70～90℃；

(2) 将 B 组分中的甘油加入含有 SE 乳化剂、三乙醇胺的精制水溶液中，升温至 70～90℃；

(3) 将 A 组分加入 B 组分中进行乳化，并加入防腐剂、保湿剂、抗氧剂和营养剂等，在热交换器中边搅拌边冷却，完成全过程后注入容器。

**产品应用** 本品可上色，应用于日用或舞台化妆，还可防治日光性皮炎、湿疹等强光过敏的皮肤病。

**产品特性**  本品对皮肤的附着力强，黏度低，上色均匀自然，感觉柔软润滑，不易干燥脱皮，使用方便，效果好。

### 配方 14  美容保健化妆品

**原料配比**

实例 1：霜剂

| 原料 | 配比（质量份） | 原料 | | 配比（质量份） |
|---|---|---|---|---|
| 硬脂酸 | 1 | 山梨醇 | | 5 |
| 十八醇 | 3 | 精制水 | | 73.65 |
| 硅油 | 3 | 鲜枸杞提取物 | 枸杞油 | 2 |
| 棕榈酸异丙酯 | 6 | | 枸杞多糖 | 2 |
| 单硬脂酸甘油酯 | 1.5 | 香精 | | 0.3 |
| 乙氧基化甲基葡萄糖苷酯 | 2.5 | 防腐剂凯松（Kathon CG） | | 0.05 |

**制备方法**

（1）将硬脂酸、十八醇、硅油、棕榈酸异丙酯、单硬脂酸甘油酯、乙氧基化甲基葡萄糖苷酯六种油基原料组成的油相混合物和山梨醇、精制水等水相原料组成的水相混合物分别加热至85℃；

（2）将水相混合物缓缓注入油相混合物中，搅拌使之乳化，温度降至50℃时，将枸杞油、枸杞多糖、香精和凯松加入乳液中，搅拌，30℃出料。

实例 2：乳剂

| 原料 | 配比（质量份） | 原料 | | 配比（质量份） |
|---|---|---|---|---|
| 硬脂酸 | 2 | 鲜枸杞提取物 | 枸杞油 | 2 |
| 十六醇 | 4 | | 枸杞多糖 | 3 |
| 单硬脂酸甘油酯 | 2 | 香精 | | 0.3 |
| 聚氧乙烯油酸酯 | 1 | 防腐剂凯松 | | 0.05 |
| 甘油 | 5 | 精制水 | | 80.95 |

**制备方法**

（1）将硬脂酸、十六醇、单硬脂酸甘油酯和枸杞油混合并加热至70℃；

（2）将除香精以外的其他组分溶于水并加热至70℃；

（3）在搅拌下将（1）所得混合物和（2）所得混合物混合乳化，搅拌冷却至45℃时加入香精即可。

**原料介绍**  鲜枸杞提取物可以是鲜枸杞的水浓缩提取物、醇浓缩提取物、压榨粉碎浓缩提取物。水浓缩提取物包括枸杞油，醇浓缩提取物包括枸杞多糖，压榨粉碎浓缩提取物包括枸杞冻干全粉。

**产品应用**  本品具有美容及保健的双重功效。

**产品特性**  本品原料易得，配比科学，工艺简单，适合工业化生产；产品包括霜剂、乳剂、水剂、粉剂、面膜等，可满足不同消费需求。

### 配方 15  美容肉毒素膏剂

**原料配比**

| 原料 | 配比（质量份） | | | | | | | | | |
|---|---|---|---|---|---|---|---|---|---|---|
| | 1# | 2# | 3# | 4# | 5# | 6# | 7# | 8# | 9# | 10# |
| 肉毒素 A | 30 | 11 | 20 | 25 | 35 | 12 | 22 | 40 | 17 | 19 |
| 二甲基亚砜 | 8 | — | 5 | 9 | 5 | 3 | 10 | 4 | — | — |
| 丙二醇 | 6 | 5 | 2 | 4 | 9 | 10 | 2 | 7 | 1 | 4 |
| 氮酮 | 0.2 | 0.8 | 1 | 1.5 | 1.9 | 1 | 1.2 | 1.2 | 1.7 | 1.5 |
| 丙三醇 | 8 | 4 | 5 | 4 | 2 | 1 | 8 | 8 | 6 | 5 |
| 香料 | 1 | 1 | 0.8 | 1 | 1.4 | | 0.8 | 1.2 | 0.1 | 1.3 |
| 十二烷基硫酸钠 | 1 | 1 | | 1 | 1 | | 1 | 1 | 1 | |
| 十四烷基硫酸钠 | — | 5 | 1 | | | 10 | | | | |
| 胶原蛋白 | 11 | 19 | 13 | 17 | 10 | 17 | 18 | 15 | 10 | 13 |
| 维生素 E | 1 | 2 | 1.5 | 1 | 1 | 2 | 1.5 | 1 | 1 | 1 |
| 维生素 C | 2 | 1 | 1.5 | 2 | 2 | 1 | 1 | 1.3 | 1.7 | 2 |
| 月桂酸 | 0.1 | 0.1 | — | 0.1 | 0.1 | 0.1 | — | — | — | |
| 油酸 | | | 0.1 | 0.1 | | | 0.1 | 0.1 | 0.1 | 0.1 |
| 冰片 | | | | 0.3 | | | 0.5 | 0.5 | 0.4 | 0.4 |
| 脱氧核糖核酸钠盐 | 1.2 | 1 | 1.5 | 1 | 1.8 | 1.9 | 2 | 1 | 1.2 | 1 |
| 水解蛋白 | 15 | — | 10 | 5 | | 3 | 16 | | | 8 |
| 丝素蛋白 | | 10 | | 2 | | | | 15 | 18 | 15 |
| 柠檬烯 | — | — | 4 | 4 | | | 4 | 3 | 6 | |
| 癸基甲基亚砜 | — | 5 | | 3 | | 2 | 7 | | 9 | |
| 薄荷醇 | — | 1 | 1 | 1 | | 1.5 | 2 | — | 2 | 1 |
| 水 | 加至100 | 加至100 | 加至100 | 加至100 | 加至100 | 加至100 | 加至100 | 加至100 | 加至100 | 加至100 |

**制备方法**

(1) 将丙二醇、丙三醇加热至 80℃；

(2) 将肉毒素 A、脱氧核糖核酸钠盐充分溶解于少量水中，制成混合物；

(3) 将丙二醇和丙三醇冷却至 25℃时，将维生素 E、维生素 C 缓慢加入其中，边加入边搅拌，使之充分混合；

(4) 将（2）所得混合物缓慢倒入（3）所得混合物中，同时加入其他成分及剩余水，搅拌，全部混合后，充分振荡 1h；

(5) 将所得膏剂经常规检验后包装即为成品。

**产品应用**  本品用于保湿、除皱、养颜。

**产品特性**　本品配方科学，加工精细，在常温下稳定，不受运输必须冷冻条件的限制，能减少运输费用和贮存成本；使用方便，不受时间和环境限制，避免了注射的痛苦，美容效果理想且费用低。

### 配方 16　水包油护肤乳液

**原料配比**

| 原料 | 配比（质量份） | 原料 | 配比（质量份） |
|---|---|---|---|
| 去离子水 | 65 | 保持皮肤水分与抗皱物质 | 0.005 |
| 纳米氧化银颗粒 | 0.005 | 非离子表面活性剂 | 10～18 |
| 磷酸酯分散剂 | 0.0005～0.01 | 增稠剂 | 0.75 |
| 脂肪相物质 | 25 | 抗氧化物 | 0.75 |
| 表皮细胞修复物质 | 0.5～2 | | |

**制备方法**

（1）在 40～60℃下，将非离子表面活性剂、抗氧化物分散到去离子水中，边加热，边搅拌，搅拌速率为 1000～1500r/min，然后停止加热，自然降温，得水相物质；

（2）在 1000～1500r/min 搅拌下，将步骤（1）得到的水相物质加到脂肪相物质中，在 40～60℃下预热，然后在 15～30℃下冷却；

（3）在搅拌下，将增稠剂，磷酸酯分散剂、纳米氧化银颗粒、表皮细胞修复物质、保持皮肤水分与抗皱物质加入步骤（2）得到的乳液中，搅拌速率为 1000～1500r/min，最后得到所需要的水包油 O/W 护肤乳液。

**原料介绍**　所述的纳米氧化银颗粒灭菌机理是 $Ag_2O$ 在水环境中形成 AgOH，$Ag^+$ 将菌体中赖以生存的酶中的巯基—SH 置换成—SAg，使酶丧失活性，导致病菌死亡。该纳米氧化银颗粒抗菌 40 多种，包括绿脓杆菌、黄金色葡萄球菌、大肠杆菌、白色念珠菌等。颗粒大小为 10～200nm，由于比表面积大，所以用量很少就可以达到灭菌的功效，使用极性物质作纳米氧化银颗粒的分散剂，例如磷酸酯分散剂。

所述的表皮细胞修复物质为超氧化物歧化酶（SOD）和谷胱甘肽（GSH），该两种物质均可以清除人体有害自由基。SOD 包括 Cu、Zn-SOD、Mn-SOD、Fe-SOD、EC-SOD 和基因重组 HR-SOD，在使用中可以使用其中任意一种或几种。

所述保持皮肤水分和抗皱物质为玻尿酸，即透明质酸。

所述的非离子表面活性剂采用具有亲水亲油平衡值（HLB）为 10～18 的脱水山梨糖醇酯类和亲水亲油平衡值低于 10 的脱水山梨糖醇类配合使用。

所述的增稠剂可以选择聚丙烯酰胺均聚物或者纤维素醚等物质。

所述的抗氧化物为抗坏血酸、β-胡萝卜素（用油调和，因其是脂溶性的）、茶多酚、花青素等，可以选择其中的一种或多种。

**产品应用**　本品是一种具有灭菌、清除皮肤表面的自由基、修复受损的表皮细胞、保持皮肤水分、防止色素沉着的护肤乳液。

**产品特性** 本品具有灭菌、清除皮肤表面的自由基、修复受损的表皮细胞、保持皮肤水分、防止色素沉着和黑色素形成的特性。本品能使皮肤光洁、润泽、富有弹性和具有更好的通透性。

本品在连续水相中具有软膏的优点和乳液的优点，既有包藏性和润肤性，又具有易涂抹和无残留的特点。

### 配方 17 天门冬护肤霜

**原料配比**

| 原　料 | 配比（质量份） | |
|---|---|---|
| | 1# | 2# |
| 乙氧化蓖麻油 | 2 | 1 |
| 乙醇 | 8 | 8 |
| 天门冬 | 2 | 1 |
| 拉考杆菌 | 0.8 | 0.5 |
| 山梨醇 | 5 | 3 |
| 马尾木贼 | 0.3 | 0.1 |
| 吡咯酮羧酸钠 | 3.5 | 3 |
| 防腐剂 | 0.2 | 0.1 |
| 香精 | 0.5 | 0.1 |
| 精制水 | 加至 100 | 加至 100 |

**制备方法** 将各组分混合，按常规方法配制成护肤霜。

**原料介绍** 所述的"天门冬"为天门冬提取液、"拉考杆菌"为拉考杆菌提取物、"马尾木贼"为马尾木贼提取物。

**产品应用** 本品主要用于防止紫外线伤害，活化细胞，抗氧化，保湿。

**产品特性** 本品具有防止紫外线伤害，活化细胞，抗氧化，保湿的作用。

本品中含有 13 种人体必需的氨基酸和钙、锗、硒、锌等微量元素，特别是含有的葛根素、黄豆苷等异黄酮类物质，有独特的清热除燥之功效。能够有效地抵抗阳光，防止皮肤晒伤。本品具有防止紫外线伤害，活化细胞，抗氧化，保湿的作用。

### 配方 18 天然丝瓜藤茎水美容护肤品

**原料配比**

| 原　料 | 配比（质量份） | | | |
|---|---|---|---|---|
| | 1# | 2# | 3# | 4# |
| 丝瓜藤茎水 | 78 | 80 | 79 | 80 |
| 医用酒精 | 13.5 | 5 | 6.5 | 6 |
| 雪制净水 | — | 12.7 | 12 | 12.2 |

续表

| 原　料 | 配比（质量份） | | | |
|---|---|---|---|---|
| | 1# | 2# | 3# | 4# |
| 金缕梅提取液 | 0.8 | 0.7 | 0.8 | 0.8 |
| 桃花瓣汁液 | 0.02 | 0.03 | 0.03 | 0.03 |
| 透明质酸 | 0.03 | 0.04 | 0.03 | 0.03 |
| 维生素 E | 1 | 0.8 | 0.5 | 0.44 |
| 维生素 C | 0.4 | 0.6 | 0.5 | 0.5 |
| 芦荟汁 | 0.25 | 0.13 | 0.64 | — |

**制备方法**　分别取出丝瓜藤茎水、雪制净水，在容器里搅拌调匀，然后加进医用酒精、金缕梅提取液、维生素 E、维生素 C、桃花瓣汁液、透明质酸和芦荟汁，配制即成。

**产品特性**　本品为全天然制品，无任何毒副作用且美容功效极佳。可维持角质层正常含水量，减慢脱水与延长水合作用，能补充肌肤必要的水分，保持肌肤水嫩、细腻。

### 配方 19　天然植物提取祛斑增白护肤养颜液

原料配比

| 原　料 | 配比（质量份） | 原　料 | 配比（质量份） |
|---|---|---|---|
| 人参 | 20 | 当归 | 15 |
| 丹参 | 15 | 苦参 | 10 |
| 绞股蓝 | 20 | 水 | 适量 |
| 芦荟 | 20 | 80％乙醇 | 适量 |

**制备方法**

（1）按比例称重人参、丹参、绞股蓝、芦荟、当归、苦参，混合，冲洗除尘入罐，加水浸泡 2h 后，开锅煮 2h 后滤出药液；

（2）然后滤渣再加水升温至 100℃煮提 2h 后滤取药液，与步骤（1）所得药液混合，再装入浓缩罐内进行负压浓缩至原材料与水的质量比为 1：1，出罐待药液冷却后，加入 3 倍 80％乙醇，搅拌；

（3）待醇沉 24h 后，将橙色上清液滤出，将上清液装入浓缩罐内浓缩，待冷却后经过杀菌消毒处理后即可灌装使用。

**产品应用**　本品主要用于男女老幼人群不良皮肤的改善及养护，为人们的皮肤及面部美容保健提供了理想的选择和方便。

**产品特性**　本品是由天然植物提取的祛皱、祛斑、除痘、增白、护肤养颜液，它能迅速有效地解除人们因皮肤长皱、长斑、长痘、暗黄而带来的烦恼，在人们能够安全使用的同时，使皮肤有效地得到改善和养护。

该产品由于提取液特有的药物作用，除具有一般美容护肤效果外，突出特点为：皮肤吸收快，祛皱、祛斑、除痘、增白、护肤、养颜效果快而显著。

### 配方 20　透明啫喱护肤用品

原料配比

| 原　料 | 配比（质量份） | 原　料 | 配比（质量份） |
|---|---|---|---|
| 去离子水 | 83 | 碘丙炔醇丁基氨甲酸酯 | 0.012 |
| 甘油 | 9 | 卡波姆 | 0.4 |
| 丁二醇 | 4.5 | 烟酰胺 | 1.2 |
| 聚二甲基硅氧烷 | 0.6 | 生育酚乙酸酯 | 0.4 |
| 聚二甲基硅氧烷醇 | 2.5 | 泛醇 | 0.6 |
| 紫草根提取物 | 0.8 | 肌肽 | 0.8 |
| 石榴提取物 | 1.3 | EDTA-2Na | 0.08 |
| 己内酰脲（DMDM） | 0.035 | | |

**制备方法**

（1）取去离子水 40 份加热至 95℃，灭菌 20min 后冷却至 60℃，在搅拌的情况下加入卡波姆，待完全分散后，用 15％的 NaOH 溶液将 pH 值调至 6.5～7.0，搅拌均匀备用；

（2）将余下的去离子水、甘油、丁二醇和 EDTA-2Na 加热至 95℃，灭菌 20min 后冷却至 40℃，再加入泛醇、肌肽、石榴提取物、烟酰胺、己内酰脲和碘丙炔醇丁基氨甲酸酯，搅拌均匀；

（3）合并步骤（1）和（2）的溶液，搅拌均匀；

（4）将聚二甲基硅氧烷、聚二甲基硅氧烷醇、紫草根提取物和生育酚乙酸酯混合均匀后加入步骤（3）形成的体系中，搅拌均匀即成本品。

**产品特性**　本品采用独特新颖的非乳化溶脂技术，产品与肌肤亲和性好，涂敷性佳，能于肌肤表面形成透气性好的双重保护膜，有效补充流失的水分，润泽肌肤，强化皮肤抵抗外界环境污染的能力，令肌肤如丝缎般平滑细致、自然丰润。

### 配方 21　微乳化环保型护肤乳液

原料配比

| 原　料 | 配比（质量份） | | | | | |
|---|---|---|---|---|---|---|
| | 1# | 2# | 3# | 4# | 5# | 6# |
| 烷基磷酸酯钾盐 | 1.2 | 1.5 | 2 | 2.8 | 3.4 | 4.5 |
| 棕榈酸异丙酯 | 2.5 | 3 | 3 | 3.5 | 4 | 5 |
| 角鲨烷 | 2.5 | 2.5 | 2.5 | 3 | 3 | 3 |
| 白油 | — | — | 2 | 3 | 2 | 2 |
| 十六十八醇 | 1 | 1 | 1 | 1 | 1 | 1 |

续表

| 原　料 | 配比（质量份） | | | | | |
|---|---|---|---|---|---|---|
| | 1# | 2# | 3# | 4# | 5# | 6# |
| 硅油 | 2 | 2 | 2 | 2 | 2 | 2 |
| 凡士林 | 3 | 4 | 4.5 | 5 | 5 | 6 |
| 单硬脂酸甘油酯 | 1.2 | 1.2 | 1.2 | 1.2 | 1.2 | 1.2 |
| 霍霍巴油 | 3 | 3 | 3 | 3 | 3 | 3 |
| 羊毛油 | 2 | 2.2 | 2.5 | 3 | 4.5 | 5 |
| 1,3-丁二醇 | 5 | 5 | 5 | 5 | 5 | 5 |
| 甘油 | 8 | 8 | 8 | 8 | 8 | 8 |
| 透明质酸 | 0.01 | 0.01 | 0.03 | 0.03 | 0.03 | 0.03 |
| 神经酰胺 | 0.01 | 0.01 | 0.01 | 0.01 | 0.01 | 0.01 |
| 卡波树脂 | 0.3 | 0.3 | 0.3 | 0.3 | 0.3 | 0.3 |
| 去离子水 | 加至100 | 加至100 | 加至100 | 加至100 | 加至100 | 加至100 |
| 三乙醇胺 | 0.25 | 0.25 | 0.25 | 0.25 | 0.25 | 0.25 |
| 防腐剂 | 0.2 | 0.2 | 0.2 | 0.2 | 0.2 | 0.2 |
| 香精 | 0.2 | 0.2 | 0.2 | 0.2 | 0.2 | 0.2 |

**制备方法**

（1）将油相成分加热到65～85℃，将乳化剂加入油相中，得到均匀分散的油相；

（2）将水相成分加热到65～85℃，得到均匀的水相；

（3）将（2）和（1）所得水相和油相先后抽到乳化锅中，搅拌均匀，然后开启均质机3～15min，在1000～28000r/min下乳化；

（4）搅拌，然后急速降温至45℃时加入防腐剂、香精；

（5）再降温到36℃以下时加入酶催化剂和叶绿素，搅拌再均质2min；

（6）此时保持此温度放料灌装，保存温度不得超过36℃。

**原料介绍**　所述的乳化剂采用非离子乳化剂：烷基磷酸酯钾盐。

所述的油相成分为矿物油脂、植物油脂、动物油脂及合成油脂的一种或两种以上的上述油脂混合物，其中植物油脂包括：杏仁油、霍霍巴油、棕榈仁油、月见草油、橄榄油、山茶油、亚麻荠油、鳄梨油不饱和油脂；动物油脂如羊毛脂、牛脂、水貂油、角鲨烷；矿物油脂为液体石蜡、凡士林、石蜡、微晶蜡；合成油脂为羊毛油、二甲基硅油、脂肪酸、脂肪醇和酯类。

所述的水相成分包括去离子水、保湿剂、悬浮剂和pH值调节剂，保湿剂如甘油、丙二醇、多元醇类保湿剂及其他高效保湿如透明质酸、神经酰胺；悬浮剂包括卡波树脂或汉生胶；pH值调节剂为三乙醇胺或氢氧化钠。

所述的酶催化剂是SOD酶，反应温度为36～38℃。

所述的防腐剂为对羟基苯甲酸酯类、苯氧乙醇、尼泊金甲酯、尼泊金乙酯、尼泊金丙酯、尼泊金丁酯、尼泊金异丁酯，双（羟甲基）咪唑烷基脲、碘代丙炔基丁基氨基甲酸酯（IPBC）之一或几种复合使用。

**产品特性** 本品生产中通过微乳化技术，由于其微滴直径小于100nm，所以其比表面足够大，比表面越大，微乳液越易被皮肤所吸收，护肤乳液的功效性成分就越会发挥作用。

### 配方 22　雪蛤精华美容护肤液

原料配比

| 原　料 | 配比（质量份） | 原　料 | 配比（质量份） |
|---|---|---|---|
| 十二烷基聚氧乙烯醚硫酸钠 | 10 | 珠光剂 | 1 |
| 十二烷基磺酸钠 | 10 | 硅油精 | 5 |
| 椰子油烷基二乙醇酰胺 | 2 | 香精 | 适量 |
| 甘油 | 2 | 盐基玫瑰红 | 适量 |
| 苯甲酸钠 | 0.5 | 去离子水 | 加至100 |
| NaCl | 2 | | |

**制备方法**

（1）称取十二烷基聚氧乙烯醚硫酸钠、十二烷基磺酸钠和苯甲酸钠，在称好原料中加入去离子水，加热至60~70℃，搅拌使原料全部溶解；

（2）适当降温后，加入椰子油烷基二乙醇酰胺、甘油和珠光剂，搅拌均匀；

（3）加入去离子水、适量香精、盐基玫瑰红、硅油精，搅拌均匀；

（4）搅拌下缓慢加入NaCl，调节产品黏度。

**产品应用** 本品主要用作改善皮肤老化、干燥的化妆品。

**产品特性** 本品源自天然，效果好，涂抹后清凉舒爽，能明显改善皮肤老化、干燥的问题。

### 配方 23　雪莲净白护肤化妆品

原料配比

| 原　料 | 配比（质量份） | | | | | |
|---|---|---|---|---|---|---|
| | 1# | 2# | 3# | 4# | 5# | 6# |
| 雪莲提取物 | 0.05 | 2 | 1 | — | 1 | 2 |
| 雪莲、甘草、银杏混合后的提取物 | 0.5 | — | 4 | 10 | 3 | 7 |
| L-抗坏血酸-2-己基癸四酯 | — | 0.1 | — | 0.5 | 1 | — |
| 1,3-丁二醇 | 0.5 | — | 5 | — | 8 | — |
| Seppic305 | — | 1 | — | 1.5 | 2 | — |
| 鲸蜡醇 | — | 0.5 | — | 1 | 1 | — |
| 硬脂醇 | — | 0.5 | — | 1 | 2 | — |
| 二十二烷 | — | 0.5 | — | 3 | 4 | — |
| 对羟基苯甲酸甲酯 | 0.15 | 0.15 | 0.15 | 0.15 | 0.15 | 0.15 |

续表

| 原　料 | 配比（质量份） | | | | | |
|---|---|---|---|---|---|---|
| | 1# | 2# | 3# | 4# | 5# | 6# |
| 对羟基苯甲酸丙酯 | — | 0.05 | — | 0.1 | 0.1 | — |
| EDTA-2Na | 0.01 | 0.1 | 0.1 | 0.1 | 0.1 | 0.1 |
| 柠檬酸 | — | 0.05 | — | — | 0.05 | — |
| 偏亚硫酸氢钠 | 0.01 | 0.01 | 0.01 | 0.01 | 0.05 | 0.1 |
| 三乙醇胺 | 0.3 | 0.5 | 0.5 | 0.5 | 0.5 | 0.5 |
| 增稠剂 | 1 | 1 | 1 | 1 | 1 | 1 |
| 去离子水 | 加至 100 | 加至 100 | 加至 100 | 加至 100 | 加至 100 | 加至 100 |

**制备方法**

（1）雪莲提取物制备方法：采用减压蒸馏提取工艺，在蒸馏釜中加入雪莲和溶剂，质量比为 1：1，溶剂为丙二醇和水，比例为 1：20，真空压力为 0.05MPa，温度为 60℃±2℃，蒸馏时间为 4h。

（2）雪莲、甘草、银杏混合后的提取物制备方法（湿提取方法）：将干雪莲花、甘草、银杏三种植物等量混合，加入溶剂，比例为 1：5；溶剂为丙二醇、乙醇、1,3-丁二醇和水，比例为 1：2：3：4，浸泡时间为 48h，过滤得到提取物。

（3）制备水相成分：将多元醇 1,3-丁二醇、增效稳定剂 EDTA-2Na、柠檬酸、偏亚硫酸氢钠等溶于去离子水中并放入乳化锅中，先在室温下搅拌 30～50min，直到彻底分散，然后边搅拌边升温到 75～80℃，继续搅拌并溶解均匀，保持温度。

（4）油相成分的制备：将鲸蜡醇、硬脂醇、二十二烷以及防腐剂对羟基苯甲酸甲酯、对羟基苯甲酸丙酯加到一起搅拌并加热到 75～80℃，直到溶解并保持温度。

（5）乳化：将制备好的油相成分加入水相成分中，并将温度控制在 75～80℃之间，然后进行均质乳化，10min 后开始通冷却水降温，当降温到 65℃时分别加入中和剂三乙醇胺和增稠剂、Seppic305，继续冷却并降温，当温度降到 40℃时，将活性成分雪莲提取物，雪莲、甘草、银杏混合后的提取物，L-抗坏血酸-2-己基癸四酯等混合在一起加入乳液中并继续搅拌 10min，当温度介于 35～38℃之间，pH 值介于 5～7 的范围内时即可出料并完成工艺操作。

**产品特性**　该化妆品特别适合用于皮肤的净白或亮肤等，当涂抹到面部皮肤上时，可提供长期的净白或亮肤等效果，能有效改善肌肤皱纹、细纹、毛孔及肤色。

### 配方 24　燕麦蛋白肽系列护肤品

**原料配比**

| 原　料 | 配比（质量份） | | | |
|---|---|---|---|---|
| | 1# | 2# | 3# | 4# |
| 纯化水 | 70～80 | 64～66 | 70～72 | 70～73 |
| 丙二醇 | 8～9 | — | 5～5.5 | 5～5.5 |

续表

| 原料 | 配比（质量份） | | | |
|---|---|---|---|---|
| | 1# | 2# | 3# | 4# |
| 聚乙二醇 | — | 10～12 | — | — |
| 甘油 | — | 10～11 | — | — |
| 燕麦蛋白肽 | 3～4.5 | 8～10.5 | 5～5.5 | 5.5～6 |
| 透明质酸 | 3～3.5 | 3～3.5 | | 4～4.5 |
| 天然角鲨烷 | 2～2.5 | — | 2～2.8 | 2.5～3 |
| 海洋多糖 | 2～2.5 | | 2～2.5 | 1.4～1.6 |
| 水溶性维生素 E | 1～1.5 | | 1.5～1.8 | 1～1.3 |
| 水溶性霍霍巴油 | 0.5～8 | 1～1.5 | 2～2.5 | 1.5～2 |
| 水溶性羊毛脂 | 0.5～0.8 | | | |
| 尼泊金甲酯和尼泊金丙酯 | 0.2～0.3 | 0.2～0.5 | 0.2～0.3 | 0.2～0.3 |
| 羟乙基纤维素 | 0.1～0.2 | | | |
| 清新百花香精 | 0.01～0.03 | 0.01～0.03 | 0.01～0.03 | |
| 月桂醇醚 | — | 2～2.5 | 3～3.5 | 2.8～3.1 |
| 肉豆蔻酸异丙酯 | | | 2～2.5 | 1.6～2 |
| 芦荟粉 | | | 0.1～0.3 | |

**制备方法**

1. (燕麦蛋白肽柔肤水)制备方法

(1) 乳化罐中加入纯化水，加热至85～90℃，搅拌下加入透明质酸、海洋多糖、天然角鲨烷，保温搅拌使之溶解均匀。

(2) 按用量比例称取尼泊金甲酯和尼泊金丙酯，取质量是尼泊金甲酯和尼泊金丙酯20倍的纯化水，加热至沸，加入尼泊金甲酯和尼泊金丙酯至全部溶解后，趁热加入乳化罐中，搅拌均匀。

(3) 把羟乙基纤维素加入丙二醇中，将其悬浮成糊状后加入乳化罐中，充分混匀，溶胀1～2h。

(4) 依次加入水溶性维生素 E、水溶性霍霍巴油及水溶性羊毛脂，保温溶解均匀。

(5) 降温至50～55℃，加入燕麦蛋白肽，搅拌均匀。

(6) 降温至40～45℃，加入清新百花香精，搅拌均匀，得燕麦蛋白肽柔肤水。

2. (燕麦蛋白肽精华素)制备方法

(1) 水罐中加入纯化水，加热至85～90℃，依次加入透明质酸、水溶性霍霍巴油，搅拌溶解均匀。

(2) 乳化罐中依次加入甘油、聚乙二醇、月桂醇醚，充分搅拌混合均匀。

(3) 按比例称取防腐相尼泊金甲酯和尼泊金丙酯，取质量是尼泊金甲酯和尼泊金丙酯20倍的纯化水，加热至沸，加入防腐相至全部溶解后，趁热加入乳化罐中，搅拌均匀。

（4）乳化罐抽负压至 0.5～1MPa，将水相罐中的液体吸入乳化罐中均质 10min，充分搅拌。

（5）降温至 50～55℃，加入燕麦蛋白肽，搅拌均匀。

（6）降温至 40～45℃，加入清新百花香精，搅拌均匀，得燕麦蛋白肽精华素。

**3. (燕麦蛋白肽日霜)制备方法**

（1）水罐中加入纯化水，加热至 85～90℃，搅拌下依次加入丙二醇、海洋多糖、芦荟粉，搅拌溶解均匀。

（2）乳化罐中依次加入水溶性霍霍巴油、天然角鲨烷、肉豆蔻酸异丙酯、水溶性维生素 E、月桂醇醚，搅拌升温至 80～85℃，使固体物完全溶解后，加入油相中的防腐相，搅拌溶解均匀。

（3）按比例称取水相中的防腐相尼泊金甲酯和尼泊金丙酯，取质量是尼泊金甲酯和尼泊金丙酯 20 倍的纯化水，加热至沸，加入尼泊金甲酯和尼泊金丙酯至全部溶解后，趁热加入水罐中，搅拌均匀。

（4）乳化罐抽负压至 0.5～1MPa，将水罐中的溶液吸入乳化罐中均质 10min，充分搅拌。

（5）降温至 50～55℃加入燕麦蛋白肽，搅拌均匀。

（6）降温至 40～45℃，加入清新百花香精，混匀，得燕麦蛋白肽日霜。

**4. (燕麦蛋白肽晚霜)制备方法**

（1）水罐中加入纯化水，加热至 85～90℃，搅拌下依次加入丙二醇、透明质酸、海洋多糖，搅拌溶解均匀。

（2）乳化罐中依次加入水溶性霍霍巴油、天然角鲨烷、肉豆蔻酸异丙酯、水溶性维生素 E、月桂醇醚，搅拌升温至 80～85℃，使固体物完全溶解后，加入油相中的防腐相，搅拌溶解均匀。

（3）按比例称取水相中的防腐相尼泊金甲酯和尼泊金丙酯，取质量是尼泊金甲酯和尼泊金丙酯 20 倍的纯化水，加热至沸，加入尼泊金甲酯和尼泊金丙酯至全部溶解后，趁热加入水罐中，搅拌均匀。

（4）乳化罐抽负压至 0.5～1MPa，将水罐中的溶液吸入乳化罐中均质 10min，充分搅拌。

（5）降温至 50～55℃加入燕麦蛋白肽，搅拌均匀。

（6）降温至 40～45℃，得燕麦蛋白肽晚霜。

**产品应用**　使用柔肤水、精华素后，取适量本品均匀涂抹于肌肤处，轻按至完全吸收。本品适合日间使用，使用后上妆或涂抹防晒霜。

**产品特性**　本品的燕麦蛋白肽能显著增加成纤维细胞中胶原蛋白的含量，抑制并预防皮肤衰老，其化妆品功效明显高于合成肽类。本品中的透明质酸能使动脉壁的通透性明显增加，提高皮肤对外界环境变化的适应性。

## 配方 25  婴儿护肤品

原料配比

| 原料 | | 配比（质量份） | |
|---|---|---|---|
| | | 1# | 2# |
| A 组分 | 甜杏仁油 | 4.3 | 4 |
| | 霍霍巴油 | 6 | 4.5 |
| | 橄榄油 | 7 | 4.6 |
| | 十六十八醇 | 3 | 2 |
| | 单硬脂酸甘油酯 | 4 | 2 |
| | 西番莲油 | 3.5 | 2 |
| B 组分 | 十六/十八烷基葡萄糖苷 | 3.5 | 2 |
| | 硅酸镁铝 | 0.2 | — |
| | 汉生胶 | 0.1 | — |
| | 卡波 981 | — | 0.3 |
| | 三乙醇胺 | — | 0.3 |
| | 甘油 | 3 | 3 |
| | 1,3-丁二醇 | 2 | 2 |
| | 海藻糖 | 2.25 | 2.25 |
| | 苯氧乙醇 | 0.7 | — |
| | 乙基己基甘油醚 | — | 0.7 |
| | 去离子水 | 59.11 | 69.21 |
| C 组分 | 天然绣线菊提取液 | 1.3 | 1.1 |
| | 香精 | 0.04 | 0.04 |

**制备方法**

（1）按配比称取 B 组分各物质放入 B 组分罐中，使硅酸镁铝和汉生胶分散均匀，并加热至 78～82℃；

（2）按配比称取 A 组分各物质放入 A 组分罐中，将其加热至 85～90℃；

（3）将 A 组分罐中的溶液过滤后加入 B 组分罐中乳化 10～19min，过滤后打入真空釜，冷却到 60～70℃后抽取真空，真空度为 0.06MPa，并进行搅拌；

（4）降低温度至 43～47℃，过滤后加入 C 组分各原料，继续搅拌；

（5）继续降温至 38～41℃时，停止搅拌，出料后即得护肤品。

**产品特性**  本品在制备原料上选择了安全、温和、生物降解度高的原料成分，还特别添加了西番莲油和天然绣线菊提取液两种珍贵营养成分，具有较高营养价值，是 4～6 个月婴幼儿皮肤必须补充的营养元素，并通过西番莲油与天然绣线菊提取液的协同增效作用，保证在皮肤呼吸通畅的前提下，提供充足的营养和水分，同时减少皮肤的透皮水分损失，从而充足给养，预防婴儿皮肤问题，使婴儿皮肤拥有愉悦的丝般肤感。

### 配方 26 婴儿护肤化妆品

**原料配比**

| 原 料 | 配比（质量份） | 原 料 | 配比（质量份） |
|---|---|---|---|
| 当归 | 200 | 款冬 | 100 |
| 金缕梅 | 100 | 山药 | 200 |
| 白木 | 200 | 牡荆叶 | 100 |
| 益母草 | 100 | 银杏 | 100 |
| 白及 | 200 | 绞股蓝 | 100 |
| 芍药 | 100 | 透明质酸钠 | 60 |
| 菊花 | 200 | 吐温-20 | 1 |
| 玉竹 | 200 | 去离子水 | 10000 |
| 薏苡仁 | 300 | 玫瑰精油 | 0.5 |
| 马鞭草 | 100 | 迷迭香精油 | 0.5 |
| 野山楂 | 100 | 乙醇 | 0.5 |

**制备方法**

（1）当归、金缕梅、白木、益母草、白及、芍药、菊花、玉竹、薏苡仁、马鞭草、野山楂、款冬、山药、牡荆叶、银杏、绞股蓝材料混合后高温烘干，并磨成粉末，加 3 倍的水量后，煮沸 2h，将材料的滤液分离后，加入等量的乙醇沉淀除杂质，回收乙醇并浓缩成流浸膏 A；

（2）在 10000 份的去离子水中加入 60 份透明质酸钠，溶解，制成溶解液 B；

（3）用 1 份吐温-20 溶解 0.5 份玫瑰精油、0.5 份迷迭香精油，制成香精 C；

（4）将 C 加入 B 中，搅拌均匀，再加入 A，搅拌静置，经过过滤即可为成品。

**产品应用** 本品是一种具有保湿作用的护肤品。本品的中药材料可以制成任何膏状，即液体状、散剂、洗剂、贴敷剂、粉剂等，可以制成外用的化妆品膏、霜、搽剂、润肤乳液、洗面乳液、面膜产品。

**产品特性** 该护肤品提取天然药材来保持皮肤滋润，并利用药材来调节肤感，抵御皮肤衰老，达到滋润皮肤的目的。本品对于滋润皮肤有着显著的效果。

### 配方 27 婴儿护肤用山茶油

**原料配比**

| 原 料 | 配比（质量份） | | | |
|---|---|---|---|---|
| | 1# | 2# | 3# | 4# |
| 山茶油 | 845.5 | 795 | 580 | 550 |
| 维生素 E 醋酸酯 | 2 | — | 5 | 20 |
| 维生素 C 棕榈酸酯 | 2 | 2 | 5 | 20 |

续表

| 原 料 | 配比（质量份） | | | |
|---|---|---|---|---|
| | 1# | 2# | 3# | 4# |
| 肉豆蔻酸异丙酯 | 150 | — | — | — |
| 玫瑰精油 | 0.5 | — | — | — |
| 油酸甲酯 | — | — | 400 | — |
| 茉莉精油 | — | — | 10 | — |
| 油酸乙酯 | — | — | — | 400 |
| 薰衣草精油 | — | — | — | 10 |
| 玫瑰精油 | — | 1 | — | — |
| 棕榈酸异丙酯 | — | 200 | — | — |
| 维生素 E 烟酸酯 | — | 2 | — | — |

**制备方法** 将各组分加入不锈钢容器中，混匀后即得婴儿护肤用的山茶油。

**产品特性** 本品是以天然植物来源物质为主要组分配制的婴儿护肤油，在化妆品用的山茶油中加入有生物活性物质达到了护肤，提高护肤油的稳定性，延长护肤油保存期的效果；本品具有天然无刺激、对婴儿皮肤营养、保护作用强、制作简便、使用安全可靠等优点。

## 配方 28　婴幼儿护肤霜

**原料配比**

| 原 料 | 配比（质量份） | 原 料 | 配比（质量份） |
|---|---|---|---|
| 白凡士林 | 20 | 地肤子提取物 | 5 |
| 白矿物油 | 6 | 氧化锌 | 5 |
| 白蜡 | 2 | 香精 | 0.2 |
| 柠檬油 | 3 | 水 | 加至100 |
| 单硬脂酸甘油酯 | 6 | | |

**制备方法**

（1）将白凡士林、白矿物油、白蜡、柠檬油和单硬脂酸甘油酯作为第一组混合加热；

（2）将地肤子提取物、氧化锌和水作为第二组混合加热，再加入第一组混合物中；

（3）降温后加入香精并搅匀。

**产品应用** 本品主要适用于婴幼儿的皮肤，不会影响皮肤健康。

**产品特性** 本品无毒、无刺激性，能消痱祛湿疹，又能清洁皮肤，经常使用还能增强皮肤的抗病能力。

## 配方 29 营养护肤组合物

**原料配比**

| 原 料 | 配比（质量份） | | | |
|---|---|---|---|---|
| | 1# | 2# | 3# | 4# |
| 硬脂酸 | 11 | 13 | 14 | 14 |
| 单硬脂酸甘油酯 | 46 | 44 | 45 | 46 |
| 硬脂酸异丙醇 | 6 | 5 | 6 | 4 |
| 丙酸花生酯 | 1.3 | 1.2 | 1.3 | 1.2 |
| 十八醇 | 20 | 20 | 19 | 20 |
| 尼泊金丙酯 | 9 | 8 | 9 | 7 |
| 丁基化羟基甲苯 | 4 | 3 | 4 | 2 |
| 尼泊金甲酯 | 3 | 3 | 2 | 3 |
| 聚氧乙烯山梨醇脂肪酸酯 | 1.2 | 1.1 | 1 | 1 |
| 聚氧乙烯 | 3 | 3 | 2 | 3 |
| 三乙醇胺 | 3 | 3 | 3 | 3 |
| 香精 | 适量 | 适量 | 适量 | 适量 |
| 水 | 130 | 125 | 140 | 150 |

**制备方法**

（1）按质量比称取硬脂酸、单硬脂酸甘油酯、硬脂酸异丙醇、丙酸花生酯、十八醇、尼泊金丙酯、丁基化羟基甲苯倒入带有机械搅拌器的反应釜中混合并搅拌 10～20min 后，混合物升温到 70～75℃，再继续搅拌 5～10min；

（2）按质量比称取水、尼泊金甲酯、聚氧乙烯山梨醇脂肪酸酯、聚氧乙烯倒入带有机械搅拌器的反应釜中混合并搅拌 10～20min 后，混合物升温到 70～75℃，再继续搅拌 5～10min；

（3）将步骤（1）的混合物倒入步骤（2）的混合物中，中速搅拌 10～20min 后，混合物保温到 70～75℃；

（4）在步骤（3）的混合物中慢慢加入三乙醇胺，高速搅拌 10～15min 后，冷却至 40～50℃；

（5）添加香精；

（6）待上述步骤完成后，再低速搅拌 5～10min 后，冷却至室温，装瓶入库。

**产品应用** 本品是一种对皮肤无刺激作用的以硬脂酸类为主要成分的营养护肤组合物。

**产品特性** 本品除对皮肤有润滑和保湿去污作用外，还有营养皮肤、杀菌、抑脂、溶角质功能，成本低，对皮肤无刺激作用。

### 配方 30 用于手消毒的护肤凝胶

**原料配比**

| 原　料 | 配比（质量份） | 原　料 | 配比（质量份） |
|---|---|---|---|
| 三氯生 | 0.2 | 芦荟冻干粉 | 0.5 |
| 乙醇 | 55 | 脂肪醇聚氧乙烯醚硫酸钠 | 1 |
| 丙烯酸树脂 | 1 | 三乙醇胺 | 1 |
| 甘油 | 5 | 去离子水 | 36.3 |

**制备方法**

（1）预分散：将脂肪醇聚氧乙烯醚硫酸钠加入 3 倍质量的去离子水溶解后，再将三氯生加入，搅拌分散均匀。

（2）将丙烯酸树脂加入乙醇和去离子水中溶解，分散均匀后，加入甘油，加热至 90℃保温 30min 后开始降温。

（3）降温至 65℃时，加入三乙醇胺中和，至形成透明凝胶。

（4）降温至 50℃时，加入（1）所得预分散物料和芦荟冻干粉，搅拌均匀。

（5）冷却至 35℃时，出料。

（6）灌装、包装。

**产品应用** 本护肤凝胶使用时采用压泵式喷头，既卫生又方便，只要压泵一次，即可使双手消毒。

**产品特性** 本品既能消毒，又不伤手，消毒后不需要洗手，节约了时间。

### 配方 31 油包水透明护肤凝胶

**原料配比**

| 原　料 | 配比（质量份） |
|---|---|
| 鲸蜡基聚乙二醇/聚丙二醇-10/1-二甲基硅酮 | 2 |
| 环五聚二甲基硅氧烷 | 12 |
| 环五硅氧烷（及）二甲基硅氧烷/乙烯基二甲基硅氧烷交叉聚合物 | 3 |
| 丙二醇 | 18 |
| 甘油 | 23 |
| 氯化钠 | 0.9 |
| 双（羟甲基）咪唑烷基脲 | 0.3 |
| 香精 | 0.06 |
| 去离子水 | 75 |

**制备方法**

（1）将鲸蜡基聚乙二醇/聚丙二醇-10/1-二甲基硅酮、环五聚二甲基硅氧烷、环五硅氧烷（及）二甲基硅氧烷/乙烯基二甲基硅氧烷交叉聚合物搅拌溶解均匀；

实用化妆品配方与制备 200 例

（2）将丙二醇、甘油、氯化钠、去离子水搅拌溶解均匀后，加热至 95℃，灭菌 20min，降至室温；

（3）在高速搅拌下，将（2）所得混合物缓慢加入（1）所得混合物中，充分搅拌均匀后加入双（羟甲基）咪唑烷基脲和香精，搅拌均匀即成本产品。

**产品特性** 本品油相和水相的折射率一致，使其具有良好的透明性，虽然产品是油包水的乳化型结构，但与传统的产品外观不同，本品的外观是透明的，其保湿性好，能 24h 保持皮肤滋润不干燥。

### 配方 32 柚叶提取物护肤霜

**原料配比**

| 原　料 | 配比（质量份） | | |
|---|---|---|---|
| | 1# | 2# | 3# |
| 脂肪醇聚氧乙烯（6）醚及硬脂醇 | 1.5 | 1.5 | 1.5 |
| 脂肪醇聚氧乙烯（25）醚 | 1.5 | 1.5 | 1.5 |
| 十六十八醇 | 1.5 | 3.5 | 3 |
| 辛酸/癸酸甘油三酯 | 2.5 | 7 | 3 |
| 异壬酸异壬醇酯 | 2.5 | 7 | 3 |
| 液体石蜡 | 1.5 | 5.5 | 5 |
| 霍霍巴油 | 3 | 6 | 3 |
| 聚二甲基硅氧烷 | 1 | 4 | 2 |
| 柚叶提取物 | 1 | 15 | 2 |
| 维生素 E | 0.2 | 1 | 0.5 |
| 卡波姆 | 0.1 | 0.4 | 0.15 |
| 三乙醇胺 | 0.1 | 0.4 | 0.15 |
| 丙二醇 | 2.5 | 10 | 4 |
| 甘油 | 3 | 10 | 3 |
| 透明质酸 | 0.02 | 0.1 | 0.05 |
| 去离子水 | 80 | 70 | 75 |
| 防腐剂 | 适量 | 适量 | 适量 |
| 香精 | 适量 | 适量 | 适量 |

**制备方法**

（1）按配方量准确称去离子水加入水相锅，开启搅拌器高速搅拌，缓慢加入卡波姆和透明质酸充分溶解，依次加入丙二醇和甘油，升温至 80℃保温溶解；

（2）将脂肪醇聚氧乙烯（6）醚及硬脂醇，脂肪醇聚氧乙烯（25）醚，十六十八醇，辛酸/癸酸甘油三酯，异壬酸异壬醇酯，液体石蜡，霍霍巴油，聚二甲基硅氧烷和维生素 E 依次加入油相锅，并升温至 80℃保温溶解；

（3）用真空泵将油相锅中的油相吸入乳化锅，开启搅拌器以 25～35r/min 的转速搅拌，然后继续吸入水相锅物料，在 80℃均质 6~10min，再保温乳化 8~12min；

（4）开始降温，降温至 70℃加入三乙醇胺，降温至 50℃加入香精，降温至 35~40℃加入柚叶提取物，保温缓慢搅拌 20~30min，然后加入防腐剂，充分搅拌均匀。

**原料介绍** 所述柚叶提取物是采用新鲜柚叶通过以下步骤制备成的：先将新鲜柚叶浸泡于石油醚中进行脱脂，过滤掉石油醚；取脱脂后的柚叶滤渣置于浓度为 80%的乙醇溶液中浸泡，柚叶滤渣与乙醇溶液的固液比为 1g：4mL；放置 16~24h 后进行过滤，取浸泡液进行减压浓缩至粉状，得柚叶提取物。

**产品应用** 本品是一种含有柚叶提取物的护肤霜。

**产品特性** 本品中含有大量的黄酮类化合物。黄酮类化合物与护肤品的配方匹配后使相应的护肤品具有抗过敏、抗炎、抗菌、抗氧化、美白、抗衰老以及增强免疫力等多种功效，能满足人们对多功能化妆品的需求。

### 配方 33 鱼皮活性胶原肽和橄榄油复配护肤品

**原料配比**

| 原 料 | 配比（质量份） | | | |
|---|---|---|---|---|
| | 1# | 2# | 3# | 4# |
| 优级原生橄榄油 | 0.5 | 2.5 | 5 | 5 |
| 鲸蜡硬脂醇和甘油硬脂酸酯的混合物 | 0.1 | 1.6 | 5 | 2.5 |
| 丙二醇 | 0.5 | — | — | — |
| 香料 | 0.1 | 0.05 | 0.01 | 0.01 |
| 鱼皮活性胶原肽 | 5 | 2.5 | 0.5 | 0.05 |
| 甘油 | — | 0.8 | — | — |
| 丁二醇 | — | — | 1 | 1 |

**制备方法**

（1）鱼皮活性胶原肽的制备：配制 5%~15%鱼皮胶原蛋白水溶液，调节 pH 值，加入鱼皮胶原蛋白质量 1%~3%的蛋白酶，45~65℃恒温搅拌水解，监控水解度，水解度达到 15~30 时，90℃灭酶 10min，冷却后离心 15min，收集上清液，上清液为酶解液，将酶解液通过 1000~3000Da 的膜进行微滤，收集滤液，浓缩，杀菌，喷雾干燥，制得分子量为 1000~3000 的鱼皮活性胶原肽；

（2）鱼皮活性胶原肽和橄榄油复配的营养护肤品的配制：取优级原生橄榄油，加热至 25~35℃，恒温搅拌，加入乳化剂，搅拌均匀后，加入水，使橄榄油乳化剂水溶液中橄榄油浓度为 0.5%~5%，搅拌均匀后，加入保湿剂和香料，搅拌均匀，最后加入鱼皮活性胶原肽，搅拌、均质使其溶解均匀，即得鱼皮活性胶原肽和橄榄油复配的营养护肤品。

**原料介绍** 所述的蛋白酶为胰蛋白酶、木瓜蛋白酶、风味蛋白酶、碱性蛋白酶、酸性蛋白酶和中性蛋白酶的一种或两种的任意混合物。

所述的保湿剂为甘油、丙二醇、丁二醇中的一种或几种的任意混合物。

所述的乳化剂为硬脂醇、鲸蜡硬脂醇、硬脂醇聚醚、甘油硬脂酸酯中的一种或几种的任意混合物。

**产品应用** 本品是一种鱼皮活性胶原肽和优级原生橄榄油复配成的营养型高档护肤品。

**产品特性** 本品以鱼皮活性胶原肽和优级原生橄榄油作为有效护肤成分，使两者的护肤作用相互补充、相互促进，成为高效、安全的营养型高档护肤品。

### 配方 34 珍珠护肤品

**原料配比**

| 原　料 | 配比（质量份） | | | |
|---|---|---|---|---|
| | 1# | 2# | 3# | 4# |
| 乳木果油 | 3 | 2.85 | 3.15 | 3 |
| 核仁油 | 2 | 1.9 | 2.1 | 2 |
| 十六十八醇与烷基葡糖苷（乳化剂） | 2 | 1.9 | 2.1 | 2 |
| 十六十八醇（助乳化剂） | 1.5 | 1.425 | 1.575 | 1.5 |
| 维生素 E | 2.5 | 0.375 | 2.625 | 2.5 |
| 辛酸/癸酸甘油三酯 | 6 | 5.7 | 6.3 | 6 |
| 硬脂酸 | 2 | 1.9 | 2.1 | 2 |
| 甘草提取物 | 1 | 0.95 | 1.05 | 1 |
| 葡萄籽提取物 | 0.5 | 0.475 | 0.525 | 0.5 |
| 甲氧基肉桂酸乙基己基酯 | 0.1 | 0.095 | 0.105 | 0.1 |
| 1,3-丁二醇（保湿剂） | 3 | 4.75 | 5.25 | 5 |
| 卡波 941（增稠剂） | 0.25 | 0.238 | 3.263 | 0.25 |
| 三乙醇胺（缓冲剂） | 0.5 | 0.475 | 0.525 | 0.5 |
| 尼泊金甲酯（防腐剂） | 0.1 | 0.1 | 0.1 | — |
| 樱花香精 | 0.3 | 0.2 | 0.1 | — |
| 去离子水 | 加至 100 | 加至 100 | 加至 100 | 加至 100 |

**制备方法**

（1）将卡波 941、1,3-丁二醇、甘草提取物、葡萄籽提取物和紫外线吸收剂甲氧基肉桂酸乙基己基酯各种水溶性成分溶解于去离子水中，升温至 80～85℃ 溶解，形成水相备用。

（2）将乳木果油、核仁油、十六十八醇与烷基葡糖苷、十六十八醇、维生素 E、辛酸/癸酸甘油三酯、硬脂酸混合加热至 80～85℃，制成油相，备用。

（3）把油相加入水相中，温度控制在 80～85℃，同向搅拌，搅拌速率保持在 60r/min，均质 5min 后保温消泡。

（4）待消泡完全后开启冷却水，搅拌速率调至 40r/min。

（5）冷却至 45℃ 时，加入三乙醇胺、尼泊金甲酯、樱花香精各辅料，并保持搅拌。

（6）连续搅拌至40℃出料，得到所述的护肤乳。

**原料介绍** 所述的乳化剂为十六十八醇与烷基葡糖苷的质量配比为1：1的混合物，是植物来源的液晶型乳化剂，既安全温和、肤感清爽又能达到长效保湿的效果；所述的助乳化剂为十六十八醇，市场上可以直接购得，或者十六醇、十八醇混合比例为1：（0.8～1.3）的混合脂肪醇，优选两者比例为4.5/5.5的混合醇；所述的保湿剂为1,3-丁二醇；增稠剂为卡波941；所述的缓冲剂为三乙醇胺；所述防腐剂为尼泊金甲酯；所述的香精为花香型香精，本品选用樱花香精。

**产品应用** 本品是珍珠护肤产品，美白、保湿、抗衰老效果好。

**产品特性** 本品从细胞根本上改善皮肤，使皮肤的光泽、柔软程度明显得到改善，使细小皱纹得到舒展，黑色素渐渐淡化，具有美白黑色皮肤的作用，护肤功效显著，产品质量稳定。

## 配方35 止痒护肤化妆品

**原料配比**

| 原　料 | 配比（质量份） | | | | | |
|---|---|---|---|---|---|---|
| | 1# | 2# | 3# | 4# | 5# | 6# |
| 水杨酸 | 0.03 | 0.1 | 0.2 | 0.05 | 0.06 | 0.07 |
| 乳化剂W-7A | 0.3 | 0.5 | 0.4 | 0.9 | 0.8 | 0.7 |
| 十八醇 | 3 | 2 | 4 | 3 | 3 | 3 |
| 单硬脂酸甘油酯 | 2.5 | 2 | 3 | 2.5 | 2.5 | 2.5 |
| 十八醇聚氧乙烯醚 | 1 | 2 | 1.5 | — | — | — |
| 十六醇聚氧乙烯醚 | — | — | — | 1 | 1 | 1 |
| 尼泊金甲酯 | 0.2 | 0.1 | 0.3 | 0.2 | 0.2 | 0.2 |
| 尼泊金丙酯 | 0.1 | 0.2 | 0.15 | 0.1 | 0.1 | 0.1 |
| 矿物油 | 6 | 5 | 7 | 6 | 6 | 6 |
| 二甲基硅油 | 1 | 2 | 1.5 | 1 | 1 | 1 |
| 2,6-二叔丁基对甲酚 | 0.02 | 0.01 | 0.03 | 0.02 | 0.02 | 0.02 |
| 汉生胶 | 0.3 | 0.2 | 0.4 | 0.3 | 0.3 | 0.3 |
| 甘油 | 8 | 7 | 9 | 8 | 8 | 8 |
| 十二醇硫酸钠 | 0.1 | 0.2 | 0.15 | 0.1 | 0.1 | 0.1 |
| 复合花香香精 | 0.2 | 0.2 | 0.3 | 0.2 | 0.2 | 0.2 |
| 咪唑烷基脲 | 0.3 | 0.2 | 0.4 | 0.3 | 0.3 | 0.3 |
| 去离子水 | 加至100 | 加至100 | 加至100 | 加至100 | 加至100 | 加至100 |

**制备方法**

（1）将汉生胶加入甘油中，并加入去离子水，搅拌至溶解后加入十二醇硫酸钠和乳化剂W-7A，记为A组分；将十八醇、单硬脂酸甘油酯、十八醇聚氧乙烯醚、十六醇聚氧乙烯醚、尼泊金甲酯、尼泊金丙酯、矿物油、二甲基硅油加热至熔化，记为B组分。

（2）灭菌：将 A 组分和 B 组分分别加热至 88～92℃，维持 18～22min 灭菌，后将 2,6-二叔丁基对甲酚加入 B 组分，将水杨酸加入 A 组分，混匀。

（3）乳化：将 B 组分加入 A 组分中并搅拌，维持温度 78～82℃左右，25～35min 后冷却。

（4）补料：料温 48～52℃时加入复合花香香精和咪唑烷基脲。

（5）冷却：乳化补料后继续冷却至 38～42℃包装产品。

**产品特性**　本品中选择了无毒无副作用的水杨酸，并巧妙选择了乳化剂 W-7A 与其配伍，其能使水杨酸溶解在水和油组成的乳化体系中，解决了水杨酸作为化妆品添加剂溶解能力差的缺陷。本品外观细腻亮白，肤感滑而不黏腻，较易被皮肤吸收，对皮肤无刺激，具有止痒润肤的功效。

### 配方 36　治裂护肤膏

**原料配比**

| 原　料 | 配比（质量份） | 原　料 | 配比（质量份） |
| --- | --- | --- | --- |
| 凡士林 | 12 | 山莨菪碱 | 0.002 |
| 维生素 E | 0.03 | 甘油 | 2.7 |
| 蜂蜜 | 3.2 | 液体石蜡 | 2.2 |

**制备方法**

（1）将凡士林加热熔化，待凡士林温度下降到（45±5）℃时，加入蜂蜜搅拌混匀；

（2）接着加入甘油搅拌混匀，再逐渐加入液体石蜡混匀；

（3）最后加入维生素 E 及山莨菪碱搅拌均匀成膏体。

**产品应用**　本品主要用于促进干裂皮肤愈合。

本治裂护肤膏的用法：将护肤膏均匀涂覆于皲裂部位，每天 1～2 次；对于有皮肤皲裂史的患者，每逢干燥季节来临，坚持每日将治裂护肤膏涂覆在易皲裂部位，直至天气干燥的季节过去；对于已有皮肤皲裂患者，将治裂护肤膏涂覆在皲裂的部位，痊愈后仍坚持使用，直至天气干燥的季节过去。另外，涂覆治裂护肤膏之前，将所需涂覆的部位洗干净后再行涂覆，效果更好。

**产品特性**　本品有润燥、止痛、解毒之作用，它能营养肌肤、保护皮肤和裂损伤面、减少水分蒸发、促进水合作用、使皮肤润滑、防止干裂，还具有润滑、抗衰老、改善微循环、扩张微血管、防治冻疮、增加血流量、促进伤口愈合的作用。本品是集治疗、美容、养颜、防皱、护肤于一体的护肤佳品。

# 二、美白化妆品

## 配方 1  保健美白霜

原料配比

| 原 料 | | 配比（质量份） | |
| --- | --- | --- | --- |
| | | 1# | 2# |
| A组分 | 甲基葡萄糖苷和硬脂酸酯 SS | 1.5 | 1.52 |
| | 甲基葡萄糖苷和硬脂酸环氧乙烷加成物 SSE-20 | 2 | 1.98 |
| | 硅油 DC-200 | 0.5 | 0.52 |
| | 辛酸/癸酸甘油三酯（GTCC） | 3 | 2.98 |
| | 天然角鲨烷 | 6 | 6.02 |
| | 异辛酸异辛酯 | 5 | 4.98 |
| | 棕榈酸异丙酯 | 2 | 1.98 |
| | 抗氧剂 501（BHT） | 0.1 | 0.12 |
| | 维生素 E | 1.5 | 1.52 |
| | 霍霍巴油 | 3 | 2.98 |
| B组分 | 卡波树脂 CAP940 | 0.2 | 0.22 |
| | 水 | 60.3 | 60.28 |
| | 甘油 | 6 | 5.98 |
| | 泛醇 | 0.5 | 0.52 |
| | 海德油 | 2 | 1.98 |
| | 塞西灵 | 0.2 | 0.22 |
| C组分 | 三乙醇胺（TEA） | 0.15 | 0.17 |
| | 水 | 0.5 | 0.48 |
| D组分 | 表皮生长因子（EGF） | 0.03 | 0.04 |
| | 氨基酸美白剂 ATB-26000 | 1 | 0.99 |
| | 抗坏血酸单磷酸酯钠盐 STAY-C50 | 1.5 | 1.52 |
| | 水 | 2.97 | 2.95 |
| E组分 | 香精 | 0.05 | 0.05 |

**制备方法**

(1) 将 A 组分各成分按百分比含量称好，混合拌匀后，放入油相罐内加热至 75～80℃，恒温灭菌（20±5）min。

(2) 将 B 组分的 CAP940 卡波树脂称好，加入 B 组分的水中溶解，然后加入 B 组分其他原料加热溶解，加热至 75～80℃后，恒温灭菌（20±5）min。

(3) 将 C 组分的三乙醇胺和水按含量称重后，将三乙醇胺加入水中溶解待用。

(4) 将 D 组分各成分按含量称好，将表皮生长因子、氨基酸美白剂、抗坏血酸单磷酸酯钠盐放入 D 组分的水中溶解待用。

(5) 在（75±5）℃时，将恒温灭菌后的 A 组分半成品加入 B 组分半成品中乳化，均匀搅拌 5～10min，再放置（10±5)min 后降温。

(6) 温度降至（50±5）℃加入 C 组分半成品混合物，搅拌均匀后再加入 D 组分半成品混合物，搅拌均匀。

(7) 将上述加工品温度降至（45±5）℃加入 E 组分（香精）搅拌 5～10min，温度降至（35±5）℃，即可出料。

**产品应用**　本品主要用于皮肤修复和护理。

**产品特性**　EGF 表皮生长因子是以定向靶机理作用于人体的。人体的某些类型细胞上有 hEGF 受体，hEGF 是一种糖蛋白，存在于人体多种类型细胞的细胞膜表面，以上皮细胞膜含量最为丰富，成纤维细胞和平滑肌细胞的细胞膜上也存在着很多 hEGF 受体，所有含有 hEGF 的受体都接受 EGF 的作用，只有当 EGF 与 hEGF 受体结合，才能经过一系列复杂的细胞生化反应，促进细胞糖酵解、加速细胞新陈代谢。

### 配方 2　纯植物去皱美白润肤液

**原料配比**

| 原　料 | 配比（质量份） | 原　料 | 配比（质量份） |
|---|---|---|---|
| 果蔬汁 | 10 | 天门冬（粉碎） | 0.16～0.32 |
| 弱碱性小分子团水 | 10 | 黄酒或米酒 | 0.5～1 |
| 黄柏（粉碎） | 0.2～0.4 | 植物甘油 | 1～2 |
| 木瓜（粉碎） | 0.3～0.6 | | |

**制备方法**　首先将多种果蔬混合压榨成汁，再加入同等量的弱碱性小分子团水，然后再加入黄柏（粉碎）、木瓜（粉碎）、天门冬（粉碎）、黄酒或米酒，混合，100℃加热 15～30min，过滤，用弱碱性小分子团水调节 pH 值为 5，加入植物甘油调黏度，即成为纯植物去皱美白润肤液。

**产品特性**　本品涂于肌肤表面有紧缩感，可快速消除肌肤皱纹，长期使用可使皮肤白里透红，也可消除女性的妊娠纹。

### 配方 3　纯中药美白护肤液

原料配比

| 原　料 | 配比（质量份） | | |
|---|---|---|---|
| | 1# | 2# | 3# |
| 芦荟 | 5 | 4 | 5 |
| 白丁香 | 8 | 8 | 7 |
| 白牵牛 | 6 | 7 | 7 |
| 白茯苓 | 10 | 11 | 11 |
| 白果仁 | 11 | 10 | 10 |
| 白及 | 10 | 10 | 10 |
| 白芷 | 7 | 7 | 7 |
| 白术 | 10 | 11 | 11 |
| 燕窝 | 4 | 4 | 3 |
| 薏仁 | 8 | 8 | 8 |
| 龙胆草 | 6 | 5 | 5 |
| 当归 | 6 | 6 | 7 |
| 银杏 | 9 | 9 | 9 |
| 水 | 适量 | 适量 | 适量 |

**制备方法**　将各组分用清水洗净，用清水浸泡 10～15min，然后进行水煎 1～3 次，每次加水在 2～5 倍，待水开后再文火煎制 30～50min，再通过澄清、去渣、过滤工序得产品。本产品色淡黄、无异味。

**产品特性**　本品中的中药成分能够被皮肤有效吸收，并能被人体组织吸收利用，从而综合调节人体所需，改善人体内部微循环，调节内分泌，从根本上解决美白嫩肤问题；同时有效成分被皮肤吸收后也能够迅速洁净、收缩皮肤表面，从而有效美白皮肤。

### 配方 4　蜂肽焕颜双效美白粉底液

原料配比

| 原　料 | 配比（质量份） | 原　料 | 配比（质量份） |
|---|---|---|---|
| 蜂子冻干粉 | 2～4 | 卡拉胶 | 0.2 |
| 维生素 E | 0.5 | 调色粉 | 适量 |
| 辛酸/癸酸甘油三酯（GTCC） | 12 | 氨基酸 | 1 |
| 凡士林 | 2 | 多元醇 | 10 |
| 蜂蜡 | 1.5 | 防腐剂 | 适量 |
| 矿油 | 5 | 硫酸镁 | 0.8 |
| 硅油 | 8 | 香精 | 适量 |
| 棕榈酸异辛酯 | 10 | 去离子水 | 37.3～39.3 |
| 纳米粉 | 8 | | |

**制备方法** 先分别将凡士林、蜂蜡、硅油、辛酸/癸酸甘油三酯、棕榈酸异辛酯和矿油混合加热到 70～75℃，搅拌并保温，将维生素 E、卡拉胶、多元醇、氨基酸、纳米粉和硫酸镁、调色粉混合加热到 70～75℃，然后再将上述两组成分混合搅拌，当温度降低到 40～50℃时，加入蜂子冻干粉、防腐剂、去离子水和香精，搅拌均匀，即成。

**原料介绍** 所述防腐剂为对羟基苯甲酸乙酯。

**产品特性** 本方法工艺简单，方便实际生产操作，产品能有效保持蜂子冻干粉自身的特性，有效遮盖瑕疵，调整、修饰肤色，持久贴合，肌肤全天候呈现健康自然的出色妆容。

### 配方 5 肤感清爽的啫喱美白防护乳粉

**原料配比**

| 原　料 | 配比（质量份） | 原　料 | 配比（质量份） |
|---|---|---|---|
| 去离子水 | 72 | 丙烯酸铵和丙烯酰胺共聚物/聚异丁烯/聚山梨酸酯-20 | 1.6 |
| 丙二醇 | 6 | 丁二醇 | 1.7 |
| 二氧化钛 | 1.8 | 黄原胶 | 0.2 |
| 氢化聚癸烯 | 2.3 | 尿囊素 | 0.25 |
| 羟基硬脂酸 | 9.2 | 石榴提取物 | 1～2 |
| 聚二甲基硅氧烷 | 5 | 肌肽 | 0.6 |
| 肉豆蔻酸异丙酯 | 3.4 | 双（羟甲基）咪唑烷基脲 | 0.12 |
| 甘油 | 3.7 | 碘丙炔醇丁基氨甲酸酯 | 0.015 |
| 棕榈酰脯氨酸/棕榈酰谷氨酸镁/棕榈酰肌氨酸钠 | 2.8 | EDTA-2Na | 0.06 |
| 十六十八醇与烷基葡糖苷 | 1.8 | | |

**制备方法**

（1）将二氧化钛、氢化聚癸烯、羟基硬脂酸、聚二甲基硅氧烷、肉豆蔻酸异丙酯、棕榈酰脯氨酸/棕榈酰谷氨酸镁/棕榈酰肌氨酸钠和十六十八醇与烷基葡糖苷混合均匀，加热至 85℃，保温灭菌 30min；

（2）将丁二醇和黄原胶混合均匀后，加入去离子水，搅拌溶解后，再加入尿囊素和 EDTA-2Na，加热至 85℃，保温灭菌 30min；

（3）将温度约 75℃步骤（2）所得溶液在搅拌的情况下加入温度约为 75℃步骤（1）所得溶液中，搅拌均质 5min，再加入丙烯酸铵和丙烯酰胺共聚物/聚异丁烯/聚山梨酸酯-20，搅拌均质 5min，冷却降温至 45℃后，加入石榴提取物、肌肽、双（羟甲基）咪唑烷基脲和碘丙炔醇丁基氨甲酸酯、丙二醇和甘油，搅拌均匀即成本品。

**产品特性** 本品能在肌肤表面形成透气佳的防护膜，透明感强，不影响皮肤动能的正常发挥，并有瞬间细致毛孔、平滑肌肤的效果。

### 配方 6　复合美白淡斑液

**原料配比**

| 原料 | | 配比（质量份） | | | |
|---|---|---|---|---|---|
| | | 1# | 2# | 3# | 4# |
| 中药活性提取物 | 人参 | 5 | 5 | 10 | 15 |
| | 黄芪 | 5 | 10 | 10 | 20 |
| | 白芍 | 5 | 20 | 20 | 25 |
| | 甘草 | 5 | 10 | 20 | 30 |
| | 芙蓉花 | 5 | 10 | 20 | 35 |
| 30%～85%乙醇 | | 适量 | 适量 | 适量 | 适量 |
| 中药活性提取物 | | 2.5 | 5 | 8 | 25 |
| 熊果苷 | | 0.5 | 5 | 2 | 5 |
| 透明质酸钠 | | 0.05 | 0.1 | 0.1 | 0.2 |
| 大豆发酵提取液 | | 5 | 5 | 10 | 10 |
| 1,3-丁二醇 | | 1 | 5 | 5 | 10 |
| 丙二醇 | | 1 | 3 | 3 | 10 |
| 吐温-80 | | 0.2 | 0.4 | 0.4 | 0.8 |
| 尼泊金甲酯 | | 0.1 | 0.2 | 0.2 | 0.4 |
| 尼泊金丙酯 | | 0.1 | 0.1 | 0.2 | 0.4 |
| 乙醇 | | 0.5 | 4 | 2 | 5 |
| 去离子水 | | 89.05 | 72.2 | 69.1 | 33.2 |

**制备方法**

(1) 中药活性提取物的提取纯化方法为：将人参、黄芪、白芍、甘草以及芙蓉花按照 (1∶5)～(1∶10) 的药物和溶剂比例浸泡于浓度（体积分数，后同）为 30%～85% 乙醇中，浸泡时间为 24～96h；然后过滤，将滤液于 50～80℃减压回收乙醇至无醇味后，加 2～5 倍量水稀释，再上型号为 D101 或 AB-8 的大孔树脂柱水洗到无色后，再用 30%～80%乙醇洗脱到洗脱液无色，并收集乙醇洗脱液，再于 50～80℃减压回收乙醇至药材与药液比为 (1∶2)～(1∶10)，制得中药活性提取物；

(2) 将所述中药活性提取物、熊果苷、透明质酸钠、1,3-丁二醇、丙二醇以及大豆发酵提取液加入 20～40 份去离子水中，在加料过程中一边加料一边搅拌，且在加料结束之后再搅拌 10～20min；

(3) 再加入尼泊金甲酯、吐温-80、尼泊金丙酯和乙醇混合物，再加入去离子水至总量达到 100 份，并充分搅拌均匀；

(4) 紫外线灭菌 40～60min，静置 6～48h，上清液即为成品。

**产品应用**　本品主要应用于美白淡斑。

**产品特性**　本品通过中药活性成分与其他美白祛斑活性物相互协同的作用，能有效抑制酪氨酸酶的活性，高效清除氧自由基，防止黑色素产生，分解淡化已经形成的黑色素，同时能够调节人体的内分泌系统，修复由于激素等化学成分对皮肤造成的损伤，从而达到全面快速、标本兼治的效果。本品不含对人体有毒有害的物质，是一种安全有效的产品。

### 配方 7 复合美白祛斑修复组合化妆品

**原料配比**

| 原 料 | | 配比（质量份） | | | | |
|---|---|---|---|---|---|---|
| | | 1# | 2# | 3# | 4# | 5# |
| 植物水溶性提取物 | 人参 | 3 | 2 | 2.5 | 2 | 3 |
| | 白芷 | 3.5 | 2.5 | 3 | 3.5 | 2.5 |
| | 白花蛇舌草 | 2 | 1 | 1.5 | 1 | 2 |
| | 白芍 | 2.5 | 1.5 | 2 | 2.5 | 1.5 |
| | 三七 | 4 | 3 | 3.5 | 3 | 4 |
| | 当归 | 5 | 4 | 4.5 | 5 | 4 |
| | 川芎 | 5 | 4 | 4.5 | 4 | 5 |
| | 半枝莲 | 2 | 1 | 1.5 | 2 | 1 |
| | 去离子水 | 适量 | 适量 | 适量 | 适量 | 适量 |
| | 95%乙醇 | 适量 | 适量 | 适量 | 适量 | 适量 |
| 复合美白祛斑液 | 植物水溶性提取物 | 9 | 12 | 10 | 11 | 10 |
| | 曲酸 | 2 | 3 | 2.5 | 2.5 | 2.5 |
| | 丙二醇 | 5 | 10 | 6 | 9 | 7 |
| | 甘油 | 5 | 8 | 6 | 7 | 7 |
| | 维生素 B | 1 | 2 | 1.5 | 1.5 | 1.5 |
| | 咖啡酸 | 1 | 2 | 1.5 | 1.5 | 1.5 |
| | 维生素 C | 5 | 8 | 6 | 7 | 7 |
| | 维生素 E | 3 | 5 | 4 | 4 | 4 |
| | 甘草黄酮 | 0.05 | 0.25 | 0.15 | 0.15 | 0.15 |
| | 防腐剂 | 0.15 | 0.25 | 0.2 | 0.2 | 0.2 |
| | 增溶剂 | 0.4 | 0.7 | 0.55 | 0.55 | 0.55 |
| | 香精 | 0.4 | 0.8 | 0.6 | 0.6 | 0.6 |
| | 去离子水 | 68 | 48 | 61 | 55 | 58 |
| 美白修复霜 | 硬脂酸 | 2 | 6 | 4 | 5 | 3 |
| | 十六十八醇 | 2 | 4 | 3 | 2.5 | 3.5 |
| | 单硬脂酸甘油酯 | 1 | 3 | 2 | 1.5 | 2.5 |
| | 斯盘-60 | 0.5 | 1.5 | 1 | 1 | 1 |
| | 吐温-60 | 1 | 3 | 2 | 2 | 2 |
| | 白油 | 8 | 12 | 10 | 9 | 11 |

续表

| 原　料 | | 配比（质量份） | | | | |
|---|---|---|---|---|---|---|
| | | 1# | 2# | 3# | 4# | 5# |
| 美白修复霜 | 羟苯甲酯 | 0.15 | 0.25 | 0.2 | 0.2 | 0.2 |
| | 羟苯丙酯 | 0.05 | 0.15 | 0.1 | 0.1 | 0.1 |
| | 三乙醇胺 | 0.1 | 0.5 | 0.3 | 0.3 | 0.3 |
| | 丙二醇 | 3 | 7 | 5 | 6 | 4 |
| | 特效美白复合剂 TWC | 1 | 3 | 2 | 2.5 | 1.5 |
| | 修复因子 BFGF | 2 | 4 | 3 | 2.5 | 3.5 |
| | 樟脑 | 0.05 | 0.15 | 0.1 | 0.1 | 0.1 |
| | 防腐剂 | 0.1 | 0.3 | 0.2 | 0.1 | 0.2 |
| | 香精 | 0.05 | 0.15 | 0.1 | 0.1 | 0.1 |
| | 去离子水 | 7 | 55 | 67 | 67 | 67 |

**制备方法**　植物水溶性提取物按以下步骤制得：

（1）将所述质量份的人参、白芷、白花蛇舌草、白芍、三七、当归、川芎、半枝莲按 1：（10～20）加去离子水，浸泡，煎煮，过滤，收集滤液；

（2）将滤渣按 1：（10～20）加去离子水，浸泡，煎煮，过滤，收集滤液；

（3）将滤渣按 1：（5～10）加 95％乙醇，浸泡，过滤，收集滤液；

（4）将滤渣重复步骤（3），收集滤液；

（5）合并（1）～（4）所得的滤液即得植物水溶性提取物。

美白祛斑液制备方法：

（1）将所述质量份的植物水溶性提取物、曲酸、丙二醇、甘油、维生素 B、咖啡酸、维生素 C、维生素 E、甘草黄酮，依次加入去离子水中，边混合边搅拌均匀；

（2）加入防腐剂、增溶剂、香精，充分搅拌均匀；

（3）紫外线灭菌 30～40min，滤去不溶物，出料，静置 24h，检验合格后分装，即得成品。

美白修复霜制备方法：

（1）所述包括三个组分：A 组分包括硬脂酸、十六十八醇、单硬脂酸甘油酯、斯盘-60、吐温-60、白油、羟苯甲酯、羟苯丙酯；B 组分包括去离子水、三乙醇胺、丙二醇、特效美白复合剂 TWC、修复因子 BFGF、樟脑；C 组分包括防腐剂、香精。

（2）将 A 组分和 B 组分分别升温至 80～85℃，同时抽入乳化锅中搅拌均匀后均质 1～2min，在转速为 65r/min 的情况下，缓慢降温到 48℃，加入 C 组分，搅拌均匀并降温到 45℃，出料，半成品检验，合格后灌装，得成品。

**原料介绍**　防腐剂和增溶剂都是本领域即化妆品领域公知的，例如，防腐剂可采用杰马 B，增溶剂可采用 PEG。

特效美白复合剂 TWC 是商品美白复合剂，TWC 是其商品名，用于增强美白效果。

BFGF 是碱性成纤维细胞生长因子的英文缩写，对皮肤损伤的修复起主要作用。

**产品应用**　本品主要应用于美容领域，本品对于因日晒、荷尔蒙分泌失调、年龄增大而引起的雀斑、黄褐斑、老年斑及黑色素沉积等都能发挥出有效的抑制和分解作用，在美白祛斑同时，减少对皮肤的损伤，无任何毒副作用，是高效而安全的美白祛斑化妆品。

使用时，先涂搽复合美白祛斑液，稍等片刻，再涂搽美白修复霜，两部分需配套使用方能达到最佳效果。其中，复合美白祛斑液为透明的液体，气味轻微，pH 值为 4.0～6.5；美白修复霜为乳白色霜剂。整体产品应于 15～25℃ 密封存储于阴暗干燥的环境，避免直接受阳光或强光照射。

**产品特性**　本品利用多方位护养调理的原理，因而能达到治标兼治本的效果。为了减退面上的色素沉着，本品利用与安全有效的美白祛斑修护成分进行搭配，完成一定的美白护理，具有抑制皮肤的黑色素制造，促进表皮脱落，加速黑色素排泄的功效。该组合化妆品既能够快速美白祛斑，使各种色素斑彻底消失，又能修复在美白祛斑过程中对皮肤的损伤，起到修复效果，使美白效果更持久。

### 配方 8　甘草美白润肤乳

原料配比

| 原　料 | | 配比（质量份） | | |
| --- | --- | --- | --- | --- |
| | | 1# | 2# | 3# |
| A 组分 | 甘草细胞提取物有效活性成分 | 2 | 3 | 4 |
| | 甘油 | 1 | 2 | 4 |
| | 吐温-80 | 0.85 | 0.56 | 0.6 |
| | 斯盘-80 | 0.5 | 0.78 | 0.8 |
| | 去离子水 | 65 | 65 | 52 |
| B 组分 | 十八醇 | 0.65 | 1.2 | 2.2 |
| | 白油 | 2 | 3 | 4 |
| | 单硬脂酸甘油酯 | 0.5 | 0.7 | 0.8 |
| 丁香香精 | | 0.5 | 0.1 | 0.3 |
| 2-甲基-4-异噻唑啉-3-酮 | | 0.02 | 0.03 | 0.067 |
| 5-氯-2-甲基-4-异噻唑啉-3-酮 | | 0.02 | 0.03 | 0.067 |
| 三乙醇胺 | | 适量 | 适量 | 适量 |

**制备方法**

(1) 按质量份称取甘草细胞提取物有效活性成分、甘油、斯盘-80、吐温-80 和去离子水，混合搅拌均匀，制得 A 组分；

(2) 按质量份称取十八醇、白油、单硬脂酸甘油酯，混合搅拌均匀，制得 B 组分；

(3) 将 A 组分加热至 100℃，维持 1～2min 灭菌，冷却到 30～40℃，备用，将 B 组分加热至 85℃，在搅拌速率为 250～300 r/min 的条件下，将 A 组分缓慢加入 B 组分中形成均匀相，保持搅拌，温度降至 80℃时，开启真空泵（真空度为 -0.085～-0.1MPa），温度降至 40℃时，按质量份加入丁香香精、2-甲基-4-异噻唑啉-3-酮、5-氯-2-甲基-4-异噻唑啉-3-酮，用三乙醇胺调 pH 值至 6.1，再降温至 30～40℃时出料，经$^{60}$Co-γ 射线照射消毒，即得甘草美白润肤乳。

**产品特性** 本品甘草细胞提取物的有效活性成分含量高，能较好地抑制黑色素的形成，达到良好的美白效果。另外本品不含其他药物成分，提取制备过程简单。

### 配方 9  甘草细胞提取物美白润肤霜

**原料配比**

| 原料 | | 配比（质量份） | | |
| --- | --- | --- | --- | --- |
| | | 1# | 2# | 3# |
| A组分 | 黄酮和三萜皂苷的甘草细胞提取物 | 10 | 8 | 9 |
| | 三乙醇胺 | 0.4 | 0.2 | 0.3 |
| | 甘油 | 7 | 6 | 6.5 |
| | 去离子水 | 65 | 70 | 66 |
| B组分 | 硬脂酸 | 5 | 4 | 5 |
| | 羊毛脂 | 1.5 | 1 | 1.5 |
| | 棕榈酸异丙酯 | 6 | 5 | 6 |
| | 吐温-80 | 3 | 30 | 3 |
| | 斯盘-80 | 19 | 1 | 1.2 |
| | 橄榄油 | 0.5 | | 0.5 |
| 丁香香精 | | 0.6 | 0.1 | 0.5 |
| 异噻唑啉酮 | | 0.12 | 0.06 | 0.1 |

**制备方法**

（1）将含有黄酮和三萜皂苷的甘草细胞提取物、三乙醇胺、甘油和去离子水进行混合，搅拌均匀制得 A 组分。

（2）将硬脂酸、羊毛脂、棕榈酸异丙酯、吐温-80、斯盘-80 和橄榄油进行混合，搅拌均匀制得 B 组分。

（3）将 A 组分与 B 组分分别加热至 80～90℃，在搅拌速率为 800～1500 r/min 的条件下，将 B 组分缓慢加入 A 组分中形成均匀相。保持搅拌，温度降至 80℃时，真空下继续降温至 50℃时，加入丁香香精、异噻唑啉酮，再降温至 40～45℃时出料，经$^{60}$Co-γ 射线照射消毒，即得甘草细胞提取物美白润肤霜。

**产品特性** 本品含有的甘草细胞提取物中既包括黄酮类成分又包括三萜皂苷类成分，有效成分含量高，能较好地抑制黑色素的形成，达到良好的美白效果。另外本品不含其他药物成分，提取制备过程简单。

### 配方 10　瓜蒌展皱祛斑美白霜

**原料配比**

| 原料 | | 配比（质量份） | |
|---|---|---|---|
| | | 1# | 2# |
| 中药提取液 | 瓜蒌实 | 30 | 10 |
| | 甜杏仁 | 30 | 10 |
| | 当归 | 6 | 3 |
| | 川芎 | 6 | 3 |
| | 白芷 | 15 | 10 |
| | 去离子水 | 适量 | 适量 |
| | 白酒 | 适量 | 适量 |
| | 95%乙醇 | 适量 | 适量 |
| 辅料 | 小麦胚芽油 | 30（体积份） | 15（体积份） |
| | 甘油 | 10（体积份） | 5（体积份） |
| | 乳化剂 | 5 | 5 |
| | 维生素 E | 2（体积份） | 1（体积份） |
| | 水溶液胶原蛋白 | 10（体积份） | 5（体积份） |
| | 橄榄油 | 10（体积份） | 15（体积份） |
| | 抗菌剂 | 0.5 | 0.8 |
| | 中药提取液 | 30（体积份） | 30（体积份） |

**制备方法**

（1）选取瓜蒌实、甜杏仁、当归、川芎、白芷，将其混合用去离子水 200 份加入白酒 10 份快速漂洗干净，待用；稍干后用 200 目粉碎机粉碎成粗粉。

（2）萃取药液，用 95%乙醇浸泡 24h 后用六层纱布将药液滤出，用隔水蒸馏法回收乙醇，余膏汁加入一定量的纯水稀释，加入消毒锅煮沸 10min，移取上清液补充失水至原液量，用稀 HCl 与 10%NaOH 溶液调节至中性待用。

（3）先将小麦胚芽油与维生素 E 混合稍热，然后将其余原料倾入小麦胚芽油与维生素 E 液中，趁热搅均匀，得到产品。

**产品应用**　本品主要用作展皱祛斑美白霜。早晚洁面后，用手指蘸取瓜蒌展皱祛斑美白霜适量，均匀搽抹于手面部，再轻轻按摩 1min 即可。此时会觉得手面部光滑无比。

**产品特性**　本品对皮肤有保养功效，可促进血液循环并具有较好的美白作用。

### 配方 11　肌肤美白液

**原料配比**

| 原料 | 配比（质量份） | | | | | | |
|---|---|---|---|---|---|---|---|
| | 1# | 2# | 3# | 4# | 5# | 6# | 7# |
| 三乙醇胺 | 0.025 | 0.4 | 0.3 | 0.3 | 0.35 | 0.3 | 0.025 |
| 透明质酸钠 | 0.2 | 0.005 | 0.015 | 0.01 | 0.2 | 0.08 | 0.01 |

| 原 料 | 配比（质量份） | | | | | | |
|---|---|---|---|---|---|---|---|
| | 1# | 2# | 3# | 4# | 5# | 6# | 7# |
| 偏重亚硫酸钠 | 0.5 | 0.2 | 0.3 | 0.4 | 0.4 | 0.5 | 0.4 |
| 甲基丙二醇 | 2 | 5 | 4 | 4 | 4 | 3 | 5 |
| 十一碳烯酰基苯丙氨酸 | 0.08 | 0.03 | 0.06 | 0.06 | 0.06 | 0.07 | 0.05 |
| 聚二甲基硅氧烷 | 1 | 3 | 2 | 2 | 2.5 | 2 | 1 |
| 香精 | 0.05 | 0.1 | 0.08 | 0.08 | 0.07 | 0.05 | 0.08 |
| 柠檬酸 | 0.05 | 0.01 | 0.02 | 0.02 | 0.02 | 0.02 | 0.02 |
| 氢化卵磷脂 | 0.5 | 1.5 | 1 | 1 | 1.2 | 1.5 | 1 |
| 氢化聚癸烯 | 4 | 1 | 3 | 3 | 3 | 3 | 3 |
| 植物甾醇异硬脂酸酯 | 0.1 | 0.5 | 0.3 | 0.3 | 0.4 | 0.5 | 0.3 |
| 抗坏血酸四异棕榈酸酯 | 1 | 4 | 2 | 2 | 3 | 2 | 2.5 |
| A组分 | 0.3 | 0.1 | 0.2 | 0.2 | 0.3 | 0.3 | 0.2 |
| B组分 | 1 | 0.5 | 0.8 | 0.8 | 0.8 | 0.8 | 0.8 |
| C组分 | 1 | 3 | 2 | 2 | 1.5 | 2 | 2 |
| D组分 | 1 | 3 | 2 | 2 | 1.5 | 2 | 3 |
| E组分 | 1.5 | 0.5 | 1 | 1 | 1 | 1.5 | 0.5 |
| F组分 | 6 | 2 | 4 | 4 | 4 | 5 | 5 |
| G组分 | 3 | 0.5 | 2 | 2 | 2 | 2.5 | 1 |
| H组分 | 0.2 | 1 | 0.5 | 0.5 | 0.5 | 1 | 0.5 |
| I组分 | 1 | 0.1 | 0.5 | 0.5 | 0.5 | 0.3 | 0.8 |
| J组分 | 0.05 | 0.1 | 0.08 | 0.08 | 0.08 | 0.6 | 0.1 |
| 去离子水 | 加至100 | 加至100 | 加至100 | 加至100 | 加至100 | 加至100 | 加至100 |

**制备方法**

(1) 将去离子水放入真空乳化釜中，再加入三乙醇胺、透明质酸钠、偏重亚硫酸钠、甲基丙二醇、十一碳烯酰基苯丙氨酸、F组分、香精、柠檬酸，分散均匀后，抽取真空至5～10Pa，同时升温至80～90℃；

(2) 将A组分、B组分、氢化卵磷脂、氢化聚癸烯、植物甾醇异硬脂酸酯、抗坏血酸四异棕榈酸酯、C组分、D组分、聚二甲基硅氧烷、E组分、J组分放入油相釜中，升温至80～90℃；

(3) 将步骤（2）制备的油相组分吸入真空乳化釜中，并维持5～10Pa；

(4) 将真空乳化釜内温度降至40～45℃，加入G组分、H组分、I组分，并维持5～10Pa：

(5) 待乳化反应釜中混合物温度自然降至36～38℃时，出料并过滤，即得本肌肤美白液。

**原料介绍** A组分为丙烯酸（酯）类/$C_{10}$～$C_{30}$烷醇丙烯酸酯交联聚合物，主要用作化妆品增稠剂，例如商品ULR维生素E。

B组分为PEG和PPG的共聚物，例如PEG/PPG-17/6共聚物75-H-450。

C组分为丙烯酸铵/丙烯酰胺共聚物、聚异丁烯和吐温-20 的混合物，例如法国赛比克公司的商品 Sepiplus 265。

D组分为环状二甲基硅氧烷，例如美国道康宁公司的商品 DC345。

E组分为二甲基硅油/环戊二甲基硅油凝胶，例如商品 Gransil DMCM-5。

F组分为锁水磁石，例如瑞士潘得法公司的锁水磁石。

G组分为黄芩根、光果甘草根和枣果的三种植物提取物，按照下述步骤进行制备：首先将黄芩根、光果甘草根和枣果等质量地投入反应釜中，加入无菌去离子水至浸没物料，浸泡 1～3h 后除去杂质，再加入物料总质量 8～10 倍量的无菌去离子水，加温煮沸 2～4h 后，出料并过滤，得到植物提取物。

H组分为松茸提取物，按照下述步骤进行制备：首先将松茸投入反应釜中，加入无菌去离子水至浸没松茸，浸泡 1～3h 后除去杂质，再加入松茸总质量 8～10 倍量的无菌去离子水，加温煮沸 2～4h 后，出料并过滤，得到松茸提取物。

I组分为红没药醇、姜根提取物，例如产地德国 Symrise 的商品 SymRelief（馨敏舒），为油溶性浅黄至淡棕色液体。

J组分为甲基异噻唑酮（和）碘丙炔醇丁基氨甲酸酯，对霉菌防腐效果很好。

**产品应用**　本品主要应用于化妆品领域，是一种外敷使用的肌肤美白液。

**产品特性**　本品集隔离、美白、保湿三效合一，滋润皮肤，全面补水，调整肤色，保持皮肤健康，增强肌肤弹性，令肌肤重新呈现天然光泽，同时能够隔离日间外界各种污物及辐射等对肌肤的侵害。

### 配方 12　灵芝孢子美白液

**原料配比**

| 原　料 | 配比（质量份） | | |
| --- | --- | --- | --- |
| | 1# | 2# | 3# |
| 灵芝孢子提取液 | 10 | 20 | 15 |
| 维生素 C 磷酸酯 | 5 | 10 | 8 |
| 透明质酸 | 0.3 | 0.1 | 0.5 |
| 白茯苓 | 5 | 8 | 6 |
| 七叶树提取液 | 3 | 5 | 2 |
| 去离子水 | 76.7 | 56.9 | 69.5 |

**制备方法**

（1）混合灵芝孢子提取液、维生素 C 磷酸酯、透明质酸、白茯苓、七叶树提取液、去离子水；

（2）搅拌；

（3）沉析；

（4）过滤，制得本灵芝孢子美白液。

**产品特性**　本灵芝孢子美白液，能够分解黑色素，抑制酪氨酸酶活性，阻止黑色素形成，祛除脸部黄气、色斑、暗哑，促进新陈代谢，调节生理周期，提高细胞活性，令皮肤逐渐白皙水嫩。

### 配方 13  美白保湿柔肤水

原料配比

| 原　料 | | 配比（质量份） | | |
| --- | --- | --- | --- | --- |
| | | 1# | 2# | 3# |
| A组分 | 1,3-丁二醇 | 4 | 3 | 5 |
| | 丙二醇 | 4 | 3 | 5 |
| | 吡咯烷酮羧酸钠 | 5 | 4 | 6 |
| | 甘草酸二钾 | 0.3 | 0.2 | 0.4 |
| | 氨基酸保湿剂 NMF-50 | 3 | 0.2 | 0.4 |
| | 抗过敏剂 CD-2901 | 5 | 4 | 6 |
| | EDTA-2Na | 0.05 | 0.04 | 0.06 |
| | 羟苯甲酯 | 0.1 | 0.05 | 0.15 |
| | 去离子水 | 105 | 100 | 110 |
| B组分 | 1%透明质酸 | 5 | 4 | 6 |
| | 熊果苷 | 2 | 1.5 | 2.5 |
| | 氢化蓖麻油 | 0.3 | 0.2 | 0.4 |
| | 壬二酸衍生物 | 5 | 4 | 6 |
| | 75%乙醇 | 5 | 4 | 6 |
| | 杰马-115 | 0.03 | 0.2 | 0.4 |
| C组分 | 香精 | 适量 | 适量 | 适量 |
| | 柠檬酸 | 适量 | 适量 | 适量 |

**制备方法**　首先将 A 组分放入混合搅拌器中，边搅拌边加热至 55～65℃，保温 15～25min；之后再加热、搅拌，升温至 90～100℃，保温 15～25min；之后再搅拌降温至 44～46℃时，加入 B 组分，持续搅拌、降温至 38～42℃时，加入香精，测试溶液的 pH 值，并用柠檬酸将 pH 值调至 6.5～7.5 时为佳；之后边搅拌边降温，当温度降至 38～42℃时，停止搅拌；静放 24h 后，即可。

**原料介绍**　吡咯烷酮羧酸钠：本品用作保湿剂。其溶于水，可使人体表面皮肤角质层柔润，如人体皮肤含量少则皮肤粗糙、干燥。

NMF-50：氨基酸保湿剂。由植物中提取的纯天然物质，白色晶体，溶于水及乙醇，能有效改善皮肤的水分保持力，激发细胞活力，使皮肤光润、光泽。

甘草酸二钾：甘草中提取的物质，溶于水。本品用作美白、去斑剂，抗过敏剂。阻止组胺的释放，具有解毒、消炎、抗过敏的作用。

抗过敏剂 CD-2901：从甘草中提取的有效成分，与防腐剂复配的复合物。又称甘草提取物。本品中被用作防敏剂。

1‰透明质酸：又名玻璃糖醛酸，由哺乳动物的眼球中提取的物质，具有汲湿性，能结合大量的水，易溶于水。本品用作保湿剂。

熊果苷：源于绿色植物中的天然活性物质，白色针状结晶体，溶于水，能够渗入肌肤，有效地抑制酪氨酸酶活性，阻断黑色素形成，从而抑制黑色素沉积，去除色斑。本品还有杀菌、消炎作用。本品用作美白剂。

氢化蓖麻油为黏稠液状。本品用作增溶剂。

壬二酸衍生物：又名壬二酸氨基酸钾盐，易溶于水，调节皮脂分泌，对葡萄球菌、变形杆菌、大肠杆菌、痤疮棒状杆菌有抑制作用，改善皮肤弹性。本品用作美白、保湿剂。

杰马-115：无色、无臭的固体，极易溶于水。本品用作防腐剂。其具有广谱性，有效的抗菌性。对皮肤无毒性，无致敏性，无刺激性，使用安全。

柠檬酸：白色晶体，易溶于水。本品用作调节 pH 值。

75％乙醇：杀菌剂、防腐剂。

**产品应用** 本品主要应用于滋养人体皮肤的护肤品，是一种专用于人的面部皮肤且又兼有美白、保湿作用的柔肤水。使用时将本品数滴涂于面部，轻轻拍入皮肤即可。1日用 2～3 次。

**产品特性** 本品透明、清晰、不分层。本品使用数日后，便可有明显的滋养皮肤、美白、保湿效果。

### 配方 14 美白保湿滋养凝胶

**原料配比**

| 原　料 | 配比（质量份） | |
|---|---|---|
| | 1# | 2# |
| 卡波姆 | 0.5 | 1 |
| 三乙醇胺 | 0.0918 | 0.0918 |
| 甘油 | 6 | 3 |
| 蜂蜜 | 2 | 3 |
| 白及提取物 | 3.5 | 2.5 |
| 黄瓜提取物 | 17 | 18 |
| 橄榄油 | 4 | 5 |
| 吐温-80 | 0.7 | 0.5 |
| 70％山梨醇溶液 | 2.5（体积份） | 3.5（体积份） |
| 去离子水 | 122 | 125 |
| 对羟基苯甲酸乙酯 | 0.32 | 0.37 |
| 无水乙醇 | 适量 | 适量 |
| 香精 | 适量 | 适量 |

**制备方法**

(1) 所述的白及提取物通过以下方法制备：称取白及适量，浸泡 0.25～0.75h，加热至 90～100℃，煎煮提取 3 次，第 1 次加 6～10 倍量水，提取 0.5～2h，第 2 次加 4～8 倍量水，提取 0.5～1.5h，第 3 次加 3～6 倍量水，提取 0.5～1.5h，合并滤液，滤液的体积浓缩至白及质量的 3～6 倍（g/mL），过滤即得。

(2) 所述的黄瓜提取物通过以下方法制备：黄瓜削皮，切块，用榨汁机榨汁，过滤，滤渣弃掉，滤液在 3～6℃中保温 8～12h，过滤即可。

(3) 所述的美白保湿滋养凝胶的制备方法：在卡波姆中加入甘油，充分搅拌使润湿，再加入适量的去离子水，搅拌，自然溶胀过夜或于 40～60℃水浴上加热溶胀，待卡波姆完全溶胀后，加蜂蜜、白及提取物、黄瓜提取物、橄榄油、吐温-80，朝同一个方向搅拌，直至橄榄油在水相中均匀分散后，加三乙醇胺，搅拌，再加 70%山梨醇溶液，搅拌混合均匀，接着将剩余的去离子水加入，得基质，然后将对羟基苯甲酸乙酯溶解在尽可能少的无水乙醇中，加到基质中，再加入香精，搅拌至形成晶莹透明、细腻均匀的凝胶。

**产品特性**　本美白保湿滋养凝胶透明晶莹，黏度适宜，稠度适宜，稳定性好，气味芬芳，用在皮肤上感觉好，吸收快。

### 配方 15　美白淡斑霜化妆品

**原料配比**

| 原料 | | 配比（质量份） | | |
|---|---|---|---|---|
| | | 1# | 2# | 3# |
| 主体美白淡斑组分（A 组分） | | 5.21 | 21 | 10 |
| 辅助美白淡斑组分（B 组分） | | 3 | 0.4 | 2 |
| 油相组分（C 组分） | | 32.5 | 13.5 | 25 |
| 水相组分（D 组分） | | 57.29 | 64.3 | 61.8 |
| 增稠稳定组分（E 组分） | | 1 | 0.5 | 0.7 |
| 助剂组分（F 组分） | | 1 | 0.3 | 0.5 |
| 主体美白淡斑组分（A 组分） | 光果甘草（GLYCYRRHIZA GLABRA）根提取物 | 0.01 | 5 | 2 |
| | 烟酰胺（维生素 $B_3$） | 2 | 6 | 3 |
| | 熊果苷 | 2 | 6 | 3 |
| | 羟癸基泛醌 | 0.2 | 1 | 0.5 |
| | 超细钛白粉 | 1 | 3 | 1.5 |
| 辅助美白淡斑组分（B 组分） | 噻克索酮 | 1 | 0.2 | 0.5 |
| | 生育酚乙酸酯 | 2 | 0.2 | 1.5 |
| 油相组分（C 组分） | PEG-100 硬脂酸酯 | 3 | 1 | 2 |
| | 鲸蜡硬脂醇 | 3.5 | 1.5 | 2 |

续表

| 原　料 | | 配比（质量份） | | |
|---|---|---|---|---|
| | | 1# | 2# | 3# |
| 油相组分<br>（C组分） | 聚二甲基硅氧烷 | 5 | 3 | 4 |
| | 辛酸癸酸甘油三酯 | 8 | 4 | 6 |
| | 氢化聚癸烯 | 10 | 3 | 9 |
| | 貂油 | 3 | 1 | 2 |
| 水相组分<br>（D组分） | EDTA-2Na | 0.2 | 0.01 | 0.1 |
| | 尿囊素 | 0.5 | 0.1 | 0.3 |
| | 甘油 | 10 | 1 | 5 |
| | 1,3-丁二醇 | 10 | 1 | 5 |
| | 黄原胶 | 0.3 | 0.1 | 0.2 |
| | 水 | 36.29 | 62.09 | 51.2 |
| 增稠稳定组分<br>（E组分） | 聚丙烯酰胺 | 1 | — | — |
| | $C_{13}$～$C_{14}$ 异链烷烃 | — | 0.5 | — |
| | $C_{13}$～$C_{14}$ 异链烷烃和月桂醇醚-7 的混合物 | — | — | 0.7 |
| 助剂组分<br>（F组分） | 香精和防腐剂的混合物 | 1 | — | — |
| | 防腐剂 | — | — | 0.5 |
| | 香精 | — | 0.3 | — |

**制备方法**

（1）将 C 组分升温到 65～95℃，保温到 75～85℃，加入 B 组分，搅拌均匀；

（2）将 D 组分升温到 65～95℃，保温到 75～85℃，搅拌溶解完全；

（3）先将（1）所得混合物抽入乳化锅，再缓缓抽入 D 组分，再加入 A 组分，均质 5～15min，保温搅拌 5～15min，抽真空降温；

（4）50～70℃时加入 E 组分，均质 2～3min，搅拌均匀；

（5）30～50℃时加入 F 组分，搅拌均匀，即得产品。

**产品特性**　本品对于雀斑、痤疮、粉刺、黑头、黄褐斑、太阳斑等症状有极佳的淡化效果，且有较好的增白效果。

### 配方 16　美白防晒化妆品

**原料配比**

| 原　料 | | 配比（质量份） | | |
|---|---|---|---|---|
| | | 1# | 2# | 3# |
| A组分 | 十六十八醇 | 2.5 | 3 | 2 |
| | 单硬脂酸甘油酯 | 5.2 | — | 5.2 |
| | PEG-100 硬脂酸甘油酯 | — | 5.2 | — |
| | 维生素 E 醋酸酯 | 0.8 | 0.8 | 1.5 |
| | 红没药醇 | 0.2 | 0.3 | 0.3 |

续表

| 原料 | | 配比（质量份） | | |
|---|---|---|---|---|
| | | 1# | 2# | 3# |
| A组分 | 葡萄籽油 | 8 | 8 | 8 |
| | 二甲基硅油 | 1.8 | 1.8 | 1.8 |
| | 霍霍巴油 | 4 | 4 | 4 |
| | 乳木果油 | 1.5 | 1.5 | 2 |
| | 角鲨烷 | — | 4 | 6 |
| | 羊毛脂 | — | — | 1.5 |
| | 辛酸/癸酸甘油酯 | — | — | 4 |
| B组分 | 去离子水 | 48 | 42 | 35 |
| | 肝素钠 | 0.3 | 0.3 | 0.3 |
| | 硬脂酰谷氨酸钠 | 0.5 | 0.5 | 0.5 |
| | 尿囊素 | | 0.15 | 0.15 |
| | $\beta$-葡聚糖 | 3 | 3 | 3 |
| | 甲基丙二醇 | 5 | 5 | 8 |
| | 藻提取物 | — | — | 1 |
| | 汉生胶 | 0.3 | 0.3 | 0.3 |
| C组分 | 防晒剂 | 10 | 15 | 10 |
| D组分 | 果酸混合溶液 | 4 | | 3 |
| | 乳酸杆菌/大豆发酵产物 | — | 1 | — |
| | 视黄醇包裹物 | 0.8 | 0.6 | 0.8 |
| | 芽孢杆菌发酵产物 | 1.5 | 0.8 | 0.8 |
| | 阿魏树根提取物 | 2 | 2 | — |
| | 超氧化物歧化酶 | | | 0.5 |
| | 防腐剂混合物 | 0.55 | 0.55 | 0.55 |
| | 香精 | 0.1 | 0.1 | 0.1 |

**制备方法**

(1) 将 A 组分加入油相锅，B 组分加入水相锅，搅拌加热至溶解完全；

(2) 将 A 组分和 B 组分混合，乳化均匀；

(3) 乳化完毕后，加入 C 组分防晒剂，搅拌分散均匀，降温；

(4) 温度降至 30～50℃以下时，加入 D 组分，搅拌均匀，得到美白防晒组合物。

**原料介绍**　所述 C 组分中的防晒剂为甲氧基肉桂酸乙基己酯和叔丁基甲氧基二苯甲酰甲烷经混合复配，通过高压高剪切，再用磷脂包裹的混合物。

**产品特性**　本美白防晒化妆品，能够促进皮肤表皮细胞的更新，加快角质层的更新，有利于黑色素和斑点的代谢。

### 配方 17  美白淡斑化妆品

原料配比

| 原料 | | 配比（质量份） | | |
|---|---|---|---|---|
| | | 1# | 2# | 3# |
| A组分 | 甲基葡萄糖苷倍半硬脂酸酯 | 2 | 2 | 6.28 |
| | 多元醇 | 3.5 | 3.5 | — |
| | 油脂：硬脂酸甘油酯 | 1 | 1 | 1.2 |
| | 硬脂酸 | 2 | 2.1 | — |
| | 肉豆蔻酸异丙酯 | 5.5 | 5 | 7 |
| | 二甲基硅氧烷 | 3 | 1.5 | — |
| | 乳木果油 | 2.5 | 1.5 | 2.5 |
| | 辛酸/癸酸甘油三酯 | 3 | 2 | — |
| | 异构十六烷 | 2.5 | 2 | — |
| | 维生素 E | 0.8 | 2 | 2 |
| | 曲酸二棕榈酸酯 | 0.8 | 1.8 | 2 |
| | 棕榈酸异辛酯 | 3.1 | 3.1 | 4.5 |
| | 甜杏仁油 | 4 | 5 | 6.5 |
| | 氮酮 | 0.6 | 0.6 | — |
| | 2,6-二叔丁基对苯酚 | 0.15 | 0.15 | 0.1 |
| B组分 | 六角水 | 35 | 35 | 40 |
| | 丙二醇 | 5 | 3.2 | |
| | 氨基酸保湿剂 | 1.5 | 1.5 | 2.5 |
| | 尿囊素 | 0.1 | 0.1 | — |
| | 稳定剂：汉生胶 | 0.21 | 0.21 | 0.22 |
| C组分 | 玫瑰活力素 | 4 | 4.5 | 4 |
| | 柠檬活力素 | 3 | 4 | 3 |
| | M-440 保湿剂 | 1 | 1.3 | 1 |
| | 植物精油 | 0.09 | 0.09 | 0.1 |
| | 左旋维生素 C | 3 | 4 | 3.5 |
| | 生化左旋维生素 C 衍生物 | 3 | 3 | 3 |
| | 传明酸 | 2 | 2.5 | 2.5 |
| | 熊果苷 | 2 | 2 | 2 |
| | 六角水 | 适量 | 适量 | 适量 |
| | 小黄瓜萃取液 | 2.5 | 2 | 2 |
| | 银杏萃取液 | 2.5 | 2.6 | 2.5 |
| | 神经酰胺 | 0.5 | 0.6 | 0.5 |

**制备方法**

（1）将 A、B 两组分分别加入油相锅及水相锅中，80～85℃加热至料体全部溶解完全；

（2）将 A、B 两组分抽入乳化锅中，抽真空、搅拌、均质 5～8min 后，保湿 20～30min；

（3）将 C 组分中的熊果苷用含量为 2% 的六角水溶解，加入乳化锅中再向乳化锅中加入其余 C 组分，均质 3min 后，真空消泡降温，搅拌分散均质，35℃出料。

**产品应用**　本品主要用作美白化妆品。早晚涂抹各一次有明显的使皮肤柔白细嫩、光洁如新的效果，并有褪黑、祛黄、淡斑的作用。

**产品特性**　本品能促进胶原蛋白的合成，淡化黑色素、黑斑、雀斑老人斑、晒斑等各种类型斑点，还能迅速祛除暗沉色素、增加肌肤弹性，尤其对于容易干燥、敏感的肌肤具有独特的免疫保护作用。

## 配方 18　美白亮肤化妆品

**原料配比**

| 原　料 | | 配比（质量份） | | | | | |
|---|---|---|---|---|---|---|---|
| | | 1# | 2# | 3# | 4# | 5# | 6# |
| 海洋鱼胶原蛋白肽 | | 4 | 6 | 2.5 | 1 | 2 | 1 |
| 溶解海洋鱼胶原蛋白肽用去离子水 | | 20 | 20 | 20 | 15 | 20 | 20 |
| 对二甲氨基苯甲醛缩氨基硫脲 | | 0.3 | 0.035 | 0.028 | 0.03 | 0.025 | 0.02 |
| 无水乙醇（体积份） | | 1.5 | 1 | 1.2 | 1 | 1 | 0.8 |
| 甘油（体积份） | | 18 | 25 | 18 | 12.5 | 15 | 10 |
| 丙二醇（体积份） | | 3.1 | 1.2 | 1.2 | 1.5 | 1.5 | 1 |
| 去离子水 | | 30 | 20 | 30 | 20 | 12.5 | 18 |
| 添加剂 | 植物香精（体积份） | 3.1 | 4.5 | 5 | 3 | 2 | 2.5 |
| 防腐剂 | 尼泊金甲酯 | 0.05 | 0.25 | 0.15 | 0.18 | 0.1 | 0.15 |

**制备方法**

（1）按上述配比称取海洋鱼胶原蛋白肽，溶于去离子水中，得海洋鱼胶原蛋白肽溶液，记为溶液 A；

（2）称取防腐剂和对二甲氨基苯甲醛缩氨基硫脲溶于无水乙醇，得溶液 B；

（3）在溶液 B 中加入甘油和丙二醇，得溶液 C；

（4）将溶液 A 和溶液 C 混合，加去离子水混匀，得溶液 D；

（5）在溶液 D 中加入植物香精，混匀，得到产物去皱美白化妆水。

**产品特性**　本品能淡化黑色素沉淀、晒斑等各种类型斑点还能迅速祛除暗沉色素，增加肌肤亮白弹性，具有较好的美白作用。

### 配方 19　美白肌肤化妆品

**原料配比**

| 原料 | 配比（质量份） | | |
|---|---|---|---|
| | 1#（美白凝胶） | 2#（美白凝胶） | 3#（美白洁面乳） |
| 甘草提取物 | 0.5 | — | 0.5 |
| 松茸提取物 | — | 2 | 2 |
| AES（70%） | — | — | 8 |
| 月桂酰肌氨酸钠（30%） | — | — | 2 |
| 椰油酰胺丙基甜菜碱（35%） | — | — | 1.5 |
| 维生素 C 磷酸酯钠 | 2 | 2.5 | 0.1 |
| 烟酰胺 | 1 | 0.5 | — |
| 卡波姆 | 0.5 | 0.8 | — |
| 卡波 2020 | — | — | 0.8 |
| 三乙醇胺 | 2 | 2.5 | 1.2 |
| 丙二醇 | 5 | 4 | — |
| 甘油 | — | 20 | 2 |
| 去离子水 | 加至 100 | 加至 100 | 加至 100 |
| 防腐剂 | — | — | 0.1 |
| 香精 | — | — | 适量 |

4#（美白霜）

| 原料 | | 配比（质量份） |
|---|---|---|
| 油相 | BRIJ 72（硬酯醇醚-2） | 1.5 |
| | BRIJ-721（硬酯醇醚-21） | 3 |
| | 鲸蜡醇 | 1.5 |
| | 单硬脂酸甘油酯 | 2.5 |
| | 白油 | 8 |
| | 棕榈酸异丙酯 | 5 |
| | 角鲨烷 | 3 |
| | 维生素 C 棕榈酸酯 | 0.5 |
| | 烟酰胺 | 1 |
| | BHT 抗氧化剂 | 0.03 |
| 水相 | 汉生胶 | 0.2 |
| | EDTA-2Na | 0.1 |
| | 去离子水 | 加至 100 |
| 甘油 | | 3 |
| 丙二醇 | | 5 |
| 甘草提取物（光甘草定） | | 0.2 |

续表

| 原　料 | 配比（质量份） |
|---|---|
| 松茸提取物 | 1 |
| 海藻提取物 | 3 |
| 香精 | 适量 |
| 防腐剂 | 适量 |

**制备方法**　美白凝胶的制备方法：

（1）将卡波姆与去离子水或去离子水和甘油混合，搅拌使其溶解；

（2）三乙醇胺用水溶解成10%的溶液；

（3）将所配制的三乙醇胺溶液加入（1）所得溶液，边加边搅拌，搅拌均匀后即得透明凝胶基质；

（4）取甘草提取物或松茸提取物，加入丙二醇，搅拌使其混合均匀，再加入维生素C磷酸酯钠、烟酰胺制成混合液；

（5）将（4）所得混合液与凝胶基质混合搅拌均匀，去离子水加至全量；

（6）调节 pH 值至 5.5～6.5 之间；

（7）将上述凝胶进行检验，合格后，再进行灌装即得美白凝胶护肤品。

美白洁面乳的制备方法：取卡波2020，加入甘油、去离子水混合，搅拌使其溶解；取三乙醇胺用去离子水稀释；将所配制的三乙醇胺溶液加入卡波姆甘油溶液，边加边搅拌，搅拌均匀后即得透明凝胶基质；取 AES（70%），加入上述透明凝胶基质中，加热（不超过75℃）搅拌溶解；加入月桂酰肌氨酸钠、椰油酰胺丙基甜菜碱，冷却降至45℃以下，依次加入剩余原料，搅拌溶解均匀。

美白霜的制备方法：将油相、水相分别加热到80℃后，两相混合均质数分钟，搅拌降温，降温到45℃加入甘油、丙二醇、甘草提取物（光甘草定）、松茸提取物、海藻提取物、香精、防腐剂，搅拌均匀，35℃成淡黄色细腻均匀的膏体。

**产品特性**　本化妆品的特点是以天然草本提取物为主要原料，复配维生素活性添加剂，以联合协同的方式起到抑制黑色素生成和转移的作用，并且能维护肌肤的正常生理代谢和机能，通过多种途径抑制黑色素的生成和淡化肤色，具有安全、有效的美白效果。

## 配方 20　美白抗皱护肤乳剂

原料配比

| 原　料 | 配比（质量份） | | |
|---|---|---|---|
| | 1# | 2# | 3# |
| 花青素 | 1 | 4 | 2 |
| 胶原蛋白 | 5 | 20 | 10 |

续表

| 原料 | 配比（质量份） | | |
|---|---|---|---|
| | 1# | 2# | 3# |
| 熊果苷 | 2.5 | 10 | 5 |
| 透明质酸钠 | 1.5 | 6 | 3 |
| 十二烷基硫酸钠 | 8 | 12 | 10 |
| N-乙酰基乙醇胺 | 1 | 6 | 3 |
| 十八醇 | 80 | 100 | 90 |
| 甲基萘磺酸钠 | 1 | 6 | 3 |
| 甘油 | 45 | 55 | 50 |
| 对羟基甲酸酯 | 0.5 | 2 | 1 |
| 环聚二甲基硅氧烷 | 20 | 10 | 40 |
| 去离子水 | 加至 1000 | 加至 1000 | 加至 1000 |

**制备方法**

（1）油相的调制：先将液态油 N-乙酰基乙醇胺、环聚二甲基硅氧烷、甲基萘磺酸钠加入 1000mL 的烧杯中，在不断搅拌的情况下，将固态油十八醇加入，加热至 70～75℃，使其完全溶解混合并保持在 90℃ 左右，维持 20min 灭菌；

（2）水相的调制：将甘油、十二烷基硫酸钠加入盛有去离子水的 1000mL 的烧杯中，加热至约 85～95℃，维持 20min 灭菌；

（3）将调制好的水相和油相及透明质酸钠、胶原蛋白、对羟基甲酸酯加入胶体磨进行乳化；

（4）将熊果苷在 45℃ 少量水中溶解，膏霜乳化完全后 45℃ 将其加入；

（5）冷却至室温，加入花青素。

**产品特性**　本品配方独特，制备工艺科学合理，乳化温度在 70～90℃ 范围内，使得乳剂乳化更充分，产品更细腻，性质更稳定。本护肤乳剂使用于面部，能迅速改善细胞微生态环境；减少皮肤色素沉积，祛除创伤斑、晒斑、黄褐斑以及雀斑等；消除皱纹，改善皮肤过度角质化，使皮肤逐渐红润、光泽；使用过程中性质稳定，无过敏现象发生。

## 配方 21　美白抗皱修复液

**原料配比**

| 原料 | | 配比（质量份） |
|---|---|---|
| EGF-S | 表皮生长因子（EGF）冻干粉 | 0.001 |
| | 丝肽 | 0.08～0.12 |
| | 透明角质 | 0.4～0.6 |
| | 生理盐水 | 适量 |

续表

| 原　料 | | 配比（质量份） |
|---|---|---|
| EGF-M | 褪黑素 | 0.008～0.012 |
| | 离子水 | 90 |
| | EGF-S | 100 |
| | 融合蛋白 | 5～8 |
| 营养液 | 海藻糖 | 0.4～0.6 |
| | 复方维生素 | 0.15～0.25 |
| | 甘露醇 | 0.15～0.25 |
| | 透明质酸 | 0.4～0.8 |
| | 85～90℃的离子水 | 90 |

**制备方法**

（1）EGF-S 溶液的配制：将 EGF 冻干粉、丝肽、透明角质溶解于生理盐水，5～10℃水浴中，均匀搅拌，稀释成 100 份的 EGF-S 溶液；

（2）EGF-M 的配制：将褪黑素溶解于 90 份离子水中，85～90℃水浴中，均匀搅拌 30min，保温 1h 后，冷至室温，搅拌，加入酸度调节剂，调节 pH 值至 4～5，在 0～20℃时分批、逐量加入配制好的 EGF-S 溶液后，加入融合蛋白，低速均匀搅拌 24h，调节 pH 值，过滤，冷冻干燥后，制成干粉，真空包装；

（3）营养液的配制：将海藻糖、复方维生素、甘露醇和透明质酸，溶解于 90 份 85～90℃的离子水中，均匀搅拌 1h 后，冷至室温，调节 pH 值；制成产品。

**产品应用**　本品是一种含有表皮生长因子（EGF）的皮肤修复液。

使用方法：在使用前将营养液注入 EGF-M 干粉包装中，完全溶解后使用。

早晨，先用温水或洗面奶清洁皮肤，擦干，将本美白抗皱修复液均匀地涂在皮肤上，用手指轻轻按摩 5～10min 后，再进行其他；本品可以清新皮肤，防晒、去除氧自由基。

临睡前，先用温水或洗面奶清洁皮肤，擦干，将本美白抗皱修复液均匀地涂在皮肤上，用手指轻轻按摩 10～20min 后，使皮肤得以吸收，再用湿毛巾擦干皮肤即可。

**产品特性**　本品通过褪黑素对 EGF 活性成分的稳定修饰技术，促进 EGF 用于护肤过程中的细胞分化，达到更有效的渗透、修复及恒温下活性的保持时间增长，可以使得 EGF 使用方法更加便捷与灵活；可广泛应用于对皮肤的修复，抗衰老、美白去斑等系列护肤用品。

## 配方 22　美白嫩肤奶膏

**原料配比**

| 原　料 | | 配比（质量份） |
|---|---|---|
| A 组分 | 十六烷基糖苷和十六醇 | 3 |
| | 165 自乳化单硬脂酸甘油酯 | 2 |

续表

| 原　料 | | 配比（质量份） |
|---|---|---|
| A 组分 | 鲸蜡硬脂醇 | 1 |
| | 聚二甲硅氧烷 | 1 |
| | 油溶月桂氮草酮 | 1.5 |
| | 红没药醇 | 0.5 |
| | L-抗坏血酸-2-磷酸铝镁盐 | 0.5 |
| | 霍霍巴油 | 2 |
| | 白油 | 4 |
| | 神经酰胺 E | 0.5 |
| | 二叔丁基对甲酚 | 0.02 |
| B 组分 | 1,3-丁二醇 | 3 |
| | 去离子水 | 50 |
| | 鲜牛奶 | 25 |
| | 丙二醇 | 2 |
| | 氨基酸保湿剂 NMF-50 | 3 |
| C 组分 | EDTA-2Na | 0.03 |
| | 胶原蛋白 | 2 |
| | 丝肽液 | 2 |
| | 甘草黄酮 | 4 |
| D 组分 | 咪唑烷基脲 | 0.3 |

**制备方法**　首先将十六烷基糖苷和十六醇、165 自乳化单硬脂酸甘油酯、鲸蜡硬脂醇、聚二甲硅氧烷、L-抗坏血酸-2-磷酸铝镁盐、霍霍巴油、白油、神经酰胺 E 放入 A 组分混合容器（油相）中加热至 80～90℃，保温 5min，之后加入油溶月桂氮草酮、红没药醇、二叔丁基对甲酚，升温至 100℃，保温 10～15min，之后再降温至 85～90℃，保温待用；将 1,3-丁二醇、鲜牛奶、丙二醇、NMF-50、去离子水加入 B 组分混合容器（水相）并加热至 85～90℃，保温待用；将胶原蛋白、甘草黄酮、丝肽液、EDTA-2Na 混合放入 C 组分混合容器内，加热至 50～60℃保温待用；之后将 A 组分混合容器、B 组分混合容器中的原料放入 D 组分混合容器中，在 3000r/min 的搅拌速率下均质搅拌乳化 5～8min，之后降温至 50～60℃，再将 C 组分混合容器内的原料放入 D 组分混合容器内，在 60r/min 的搅拌速率下搅拌 20min。待 D 组分混合容器温度降至 40℃时，加入咪唑烷基脲，继续搅拌 10min，待温度降至 30℃以下时，停止搅拌。放置 24h 后，方可包装入库。

**产品应用**　本品是一种专用于护理人体皮肤、改善人体皮肤性能的美白嫩肤奶膏。

**产品特性**

（1）本品美白、嫩肤效果好。由于所选的原料都是从纯天然原料中提取的，故作用于皮肤后不产生任何副作用，滋养、美白皮肤。

（2）本品无中药气味、见效快。由于本品的原料都是纯天然原料的提取物，故无味、无色；又因是在皮肤保养做面部按摩情况下使用的，故做面部按摩10～20min后，其有效成分即可渗入皮肤，起到快速美白的作用。

（3）本品护理皮肤后，不过敏。由于本品配方中，加有防敏原料，故本品奶膏安全、不过敏，即使是敏感性皮肤也不会产生皮肤过敏现象。

### 配方23 美白祛斑化妆品

**原料配比**

| 原　料 | | 配比（质量份） |
|---|---|---|
| 中药提取液 | 山药 | 40 |
| | 黄芪 | 15 |
| | 金合欢 | 10 |
| | 大枣 | 10 |
| | 玫瑰花 | 15 |
| | 菊花 | 10 |
| | 去离子水 | 200 |
| 美白祛斑面膜水溶液 | 羟乙基纤维素 | 2 |
| | 胶原多胜肽 | 3 |
| | 中药提取液 | 20 |
| | 玫瑰花水 | 20 |
| | 水溶性氮酮 | 4 |
| | 甲壳素 | 4 |
| | 1,3-丁二醇 | 5 |
| | 液体极美Ⅱ防腐剂 | 0.4 |
| | 柠檬酸 | 调节溶液的pH值至5.0～6.0 |
| | 去离子水 | 加到100 |

**制备方法**

（1）混料釜中加去离子水并加热至85℃，加入羟乙基纤维素，搅拌至透明；

（2）降温至50℃，加胶原多胜肽，搅拌至透明；

（3）加入中药提取液、玫瑰花水、水溶性氮酮、甲壳素、1,3-丁二醇；

（4）40℃以下加入防腐剂，用柠檬酸调节溶液的pH值至5.0～6.0即得。

**产品应用**　本品是一种美白祛斑产品。

**产品特性**

（1）本品采用山药、黄芪、金合欢、大枣、玫瑰花、菊花一起煎煮所得的混合提取物，对作为黑色素细胞活化酶的酪氨酸酶具有协同的抑制作用，其抑制率达94.3%，远高于各组分单独提取液的抑制效果；

（2）本品所提供的美白祛斑面膜用溶液不仅可抑制黑色素的形成，同时有活血化瘀、清热解毒、刺激皮肤新陈代谢的作用，可达到综合调理、美白祛斑效果；

(3) 本品选择传导水溶性基质最直接的无纺布贴敷式面膜为剂型，添加特殊渗透剂——与皮肤细胞结构相近的胶原多胜肽，保持了有效成分的保留时间及渗透性，改善皮肤细胞机能，紧致肌肤。

## 配方 24　美白祛斑祛痘营养霜

**原料配比**

| 原料 | 配比（质量份） | 原料 | 配比（质量份） |
|---|---|---|---|
| 银耳 | 5 | 单硬脂酸甘油酯 | 2 |
| 黄芪 | 10 | 硬脂酸 | 5 |
| 白芷 | 20 | 甘油 | 10 |
| 玉竹 | 20 | 十六醇 | 8 |
| 白人参 | 24 | 香精 | 适量 |
| 茯苓 | 20 | 去离子水 | 适量 |

**制备方法**

(1) 漂洗：将银耳、黄芪、白芷、玉竹、白人参、茯苓洗去泥沙，去除杂质；

(2) 蒸馏：加入去离子水浸泡，然后常压蒸馏 8h 以提取有效成分；

(3) 浓缩：调节温度至 40～60℃ 之间去除多余水分；

(4) 添加单硬脂酸甘油酯、硬脂酸、甘油、十六醇、香精适量；

(5) 混合均匀得成品白色膏霜。

**产品应用**　本品是一种美白祛斑祛痘营养霜。早晚洗面后使用，面部按摩 3～5min。

**产品特性**　本品退斑、祛痘、美白、养颜。由于本品为纯中药制剂，天然无毒，坚持使用肌肤有显著改变，原有斑点会慢慢褪去，痘点消失，皮肤皱纹消失，肤质白皙有光泽。

## 配方 25　美白祛斑霜

**原料配比**

| 原料 | | 配比（质量份） |
|---|---|---|
| 中药提取浓缩液 | 手参 | 40 |
| | 人参花 | 15 |
| | 金合欢 | 10 |
| | 金银花 | 10 |
| | 玫瑰花 | 15 |
| | 菊花 | 10 |
| | 去离子水 | 300 |
| 美白祛斑霜 | 中药提取浓缩液 | 10 |
| | 聚氧丙烯葡萄糖苷 | 3 |

续表

| 原 料 | | 配比（质量份） |
|---|---|---|
| 美白祛斑霜 | 单硬脂酸甘油酯 | 1.5 |
| | 鲸蜡醇 | 5 |
| | 胶原多胜肽 | 2 |
| | 羊毛油 | 2 |
| | 棕榈酸异辛酯 | 4 |
| | 纳米钛白粉 | 4 |
| | 1,3-丁二醇 | 5 |
| | 卡波姆940 | 0.3 |
| | 三乙醇胺 | 0.3 |
| | 防腐剂 | 0.3 |
| | 去离子水 | 加至100 |

**制备方法**

（1）将手参、人参花、金合欢、金银花、玫瑰花、菊花碾碎，加去离子水浸泡24h，然后加热至沸腾保持恒温1h，滤出药液。药渣另加100份去离子水，再加热至沸腾煎熬30min，滤去药渣，将两次滤得的药液合并，浓缩成100份中药提取浓缩液。

（2）在搅拌状态下于去离子水中加入卡波姆940，搅拌至透明，加热成水相料，备用。

（3）把聚氧丙烯葡萄糖苷、单硬脂酸甘油酯、鲸蜡醇、羊毛油、棕榈酸异辛酯混合加热至85℃作为油相原料。

（4）油相原料加热后与水相料混合搅拌，加入三乙醇胺中和，再加入纳米钛白粉与1,3-丁二醇混合物，恒温搅拌后冷却至50℃，再加入胶原多胜肽，搅拌均匀，真空下脱气成辅料液，冷却至45℃。本步骤搅拌速度在400r/min以上。

（5）将中药提取液和防腐剂加入步骤（4）所得的辅料液中，维持真空脱气，继续降温至40℃，出料。

**原料介绍**　所述的胶原多胜肽为胶原五胜肽和胶原六胜肽的混合物，并且胶原六胜肽的含量占85％。

**产品应用**　本品可解决黄褐斑、蝴蝶斑、老年斑等色素沉着引发的肌肤问题。

**产品特性**　本美白祛斑霜不仅可抑制黑色素的形成，同时有活血化瘀，清热解毒，刺激皮肤新陈代谢的作用，达到综合调理的美白祛斑效果。

## 配方 26　美白润肤精华霜

**原料配比**

| 原 料 | 配比（质量份） | 原 料 | 配比（质量份） |
|---|---|---|---|
| 甘油硬脂酸酯 | 1.3 | 棕榈酸乙基己酯 | 1.5 |
| 山嵛醇聚醚-25 | 0.5 | 矿油 | 3 |
| 鲸蜡硬脂醇 | 5 | 二$C_{12}$～$C_{13}$醇苹果酸酯 | 0.8 |

续表

| 原　料 | 配比（质量份） | 原　料 | 配比（质量份） |
|---|---|---|---|
| 聚二甲基硅氧烷 | 2.5 | 去离子水 | 75 |
| 羊毛脂 | 0.5 | 苯甲醇/氯甲基异噻唑啉酮/甲基异噻唑酮 | 0.1 |
| 红没药醇 | 0.1 | 胶原蛋白 | 1.5 |
| 甘油 | 3 | 玫瑰香精 | 0.5 |
| 尿囊素 | 0.25 | 番茄红素（6%） | 0.03 |
| 聚丙烯酰胺 | 1 | 聚季铵盐-51 | 1 |

**制备方法**

（1）将原料甘油硬脂酸酯、山嵛醇聚醚-25、鲸蜡硬脂醇、总量 2/3 的棕榈酸乙基己酯、矿油、二 $C_{12}$～$C_{13}$ 醇苹果酸酯、聚二甲基硅氧烷加入油罐里搅拌，升温至 85℃。

（2）将去离子水（电导率小于 0.5$\mu$S/cm、pH 值为 6～7）加入水罐里，加热至 60℃后，再加入甘油、尿囊素，升温至 85℃。

（3）将番茄红素先用剩余量的棕榈酸乙基己酯搅拌升温到 50℃，使番茄红素完全溶解后备用。

（4）将主罐预热至 45℃抽真空（－0.8MPa），开搅拌均质器（2500r/min）。把准备好的油罐（此时油罐里先加入红没药醇）和水罐里的料全部吸入主罐，均质 8min 后，加入聚丙烯酰胺，再均质 2～3min，恒温 20min 后开始降温。

（5）降温至 50℃时，加入完全溶解的番茄红素，搅拌均质 2～3min。

（6）降温至 45℃时，加入苯甲醇/氯甲基异噻唑啉酮/甲基异噻唑酮、胶原蛋白、玫瑰香精、聚季铵盐-51（为保湿剂）等原料，搅拌均匀即可。

（7）降温至 40℃时，测得 pH 值为 4.5～7.5 时，即可出料。

**产品特性**　本品选用含量为 6% 的番茄红素和胶原蛋白作为原料，实施合理复配，能快速补充水分，抵挡和缓解紫外线对皮肤的刺激。特别是加入聚季铵盐-51 保湿剂，能高度维持皮肤的水分，使产品保湿效果更佳，特别适合干性、油性或过敏性等缺水性皮肤。

### 配方 27　美白瘦脸保湿精华乳

**原料配比**

| 原　料 | 配比（质量份） | | |
|---|---|---|---|
| | 1# | 2# | 3# |
| 冬瓜皮 | 30 | 30 | 20 |
| 荷叶 | 45 | 40 | 50 |
| 黄瓜 | 14 | 14 | 10 |
| 冬青 | 15 | 13 | 18 |
| 葡萄籽 | 7 | 5 | 7 |
| 甲壳素 | 4 | 2 | 5 |
| 汉生胶 | 0.05 | 0.05 | 0.1 |

续表

| 原　料 | 配比（质量份） | | |
|---|---|---|---|
| | 1# | 2# | 3# |
| 丙二醇 | 0.01 | 0.01 | 0.02 |
| 芦荟汁液 | 15 | 13 | 16 |
| 氨基酸美白剂 | 2.5 | 2 | 3 |
| 透明质酸 | 3 | 2 | 5 |
| 胶原蛋白 | 5 | 3 | 8 |

**制备方法**

（1）将冬瓜皮、荷叶、冬青、葡萄籽清洗干净，烘干，粉碎成200～400目粉状，加入适量水搅拌均匀，浸泡2～5天，过滤、去渣，取汁液；

（2）将黄瓜洗净、切块，放入榨汁机中进行榨汁，过滤，去除残渣，得黄瓜汁液；

（3）把芦荟清洗干净，去刺，搅碎，榨汁，得芦荟汁液；

（4）先将（1）～（3）步骤制得的汁液混合，再加入甲壳素、汉生胶、丙二醇、氨基酸美白剂、透明质酸和胶原蛋白，均质乳化；

（5）在8～18℃条件下浓缩成膏状；

（6）灭菌、包装。

**产品特性**　本品集营养、美白、保湿、瘦脸功效于一体，具有养护细胞，防止细胞老化，增白皮肤，改善皮肤光洁度之功效。

**配方28　纳米美白抗皱祛斑祛痘化妆品**

**原料配比**

| 原　料 | | 配比（质量份） | |
|---|---|---|---|
| | | 1#面霜 | 2#面膜 |
| 中药提取物 | 白附子 | 55 | 55 |
| | 白术 | 15 | 15 |
| | 桑白皮 | 25 | 25 |
| | 白扁豆 | 25 | 25 |
| | 山药 | 25 | 25 |
| | 白僵蚕 | 25 | 25 |
| | 天花粉 | 25 | 25 |
| | 绿豆粉 | 25 | 25 |
| | 白茯苓 | 25 | 25 |
| | 白芷 | 25 | 25 |
| | 珍珠粉 | 25 | 25 |
| | 白芍 | 25 | 25 |
| | 白菊花 | 25 | 25 |

续表

| 原　料 | | 配比（质量份） | |
|---|---|---|---|
| | | 1#面霜 | 2#面膜 |
| 中药提取物 | 白薇 | 25 | 25 |
| | 白及 | 25 | 25 |
| | 白鲜皮 | 25 | 25 |
| | 白降汞 | 25 | 25 |
| | 白牵牛 | 25 | 25 |
| | 白莲蕊 | 25 | 25 |
| | 白丁香 | 25 | 25 |
| | 甘松 | 25 | 25 |
| | 鹰条白 | 25 | 25 |
| | 云苓 | 25 | 25 |
| | 白细辛 | 25 | 25 |
| | 白蔹 | 25 | 25 |
| | 蒉本 | 25 | 25 |
| | 玉竹 | 25 | 25 |
| | 冬瓜仁 | 55 | 55 |
| | 薏苡仁 | 25 | 25 |
| | 砂仁 | 25 | 25 |
| | 瓜蒌仁 | 55 | 55 |
| | 零陵香 | 55 | 55 |
| | 杏仁 | 25 | 25 |
| | 桃仁 | 25 | 25 |
| | 密陀僧 | 25 | 25 |
| | 魔芋 | 25 | 25 |
| | 白果 | 25 | 25 |
| | 芦荟 | 25 | 25 |
| | 黄芪 | 45 | 45 |
| 维生素 C | | 0.5 | — |
| 维生素 A | | 0.3 | — |
| 维生素 E | | 0.5 | — |
| 富硒茶 | | 25 | 25 |
| 香精 | | 0.4 | 0.4 |
| α-亚麻酸 | | 0.5 | 0.8 |
| 二氧化钛 | | 1.2 | 0.8 |
| 甘油 | | 2 | — |
| 多元醇 | | 10 | — |
| 胶原 | | 2 | 2 |

续表

| 原料 | 配比（质量份） | |
|---|---|---|
| | 1#面霜 | 2#面膜 |
| SOD | 1.2 | 0.8 |
| 纳米银 | 0.3 | 0.3 |
| 柠檬汁 | 50 | 20 |
| 角鲨烷 | 5 | — |
| 凡士林 | 10 | — |
| 肉豆蔻酸异丙酯 | 8 | — |
| 尼泊金甲酯 | 8 | — |
| 二氧化硅 | 1.2 | — |
| 卵磷脂 | 9 | 0.7 |
| 膨润土 | 25 | — |
| 橄榄油 | 60 | — |
| 吐温-60 | 4 | — |
| 蜂蜡 | 60 | — |
| 去离子超纯水 | 500 | 30 |
| 聚氧乙烯（7）椰油酸酯 | — | 5 |
| 乙醇 | — | 10 |

**制备方法** 1#面霜制备方法：

(1) 预处理，原料需先用紫外线灯灭菌，取各味普通中药饮片，将各味中药分别置入粉碎机粉碎至80～200目，得到各种中药粗粉，同时进行颗粒筛选，颗粒过大的进行二次粉碎。

(2) 用超声波进行萃取粉碎分散，超声功率为800～3000W、超声频率为28～120kHz、粉碎提取时间为10～100min。

(3) 含液药渣采用常规的中药提取渗漉挤压法进行提取浓缩。

(4) 用摇摆式纳米球磨机采用湿磨方式研磨4～16h，得到粒径分布为40～500nm的纳米粒药物。

(5) 在GMP10000级洁净室里将上述中药或纳米药物粉按所述比例用均质乳化分散机进行混合；先将油相原料（肉豆蔻酸异丙酯、橄榄油、角鲨烷、凡士林、蜂蜡）和水相原料（$\alpha$-亚麻酸、二氧化钛、甘油、多元醇、胶原、纳米银、尼泊金甲酯、二氧化硅、卵磷脂、膨润土、吐温-60、去离子超纯水）分别混合，加热至75～90℃灭菌0.5h，然后搅拌6h后将油相原料加至水相原料均质混合乳化。

(6) 在温度不超过75℃时，加入纳米珍珠粉，在温度不超过50℃时，将配方中柠檬汁、维生素C、维生素E、维生素A和SOD加入进行乳化搅拌混合。

(7) 搅拌温度在40℃时再加入香精，搅拌0.2h后逐步降温冷却。

2#面膜的制备方法：在GMP10000级洁净室里将纳米中药粉剂按上述比例进行混合后，添加香精、$\alpha$-亚麻酸、二氧化钛、胶原、SOD、纳米银、柠檬汁、卵磷脂、聚氧乙烯（7）椰油酸酯、乙醇、去离子超纯水。成膜材料采用硅酸铝镁胶体，制成纳米中药面膜，每片含药量为 1.2～55g，每片药膜贴 30min～1h，或在水分快干时除去面膜。

**产品应用** 本品主要应用于美白抗皱、祛斑祛痘。

**产品特性** 本配方富含纳米有机硒、纳米珍珠粉、多种维生素和其他草本植物萃取精华，通过含硒酶，使脂质过氧化物、过氧化氢等得到清除。

按本配方做成日霜、晚霜、面膜，用以涂手面、贴敷面部，配方中有效物质纳米粒子可通过皮肤直接吸收，能祛手面皱纹、减轻色斑、黄褐斑、黑斑、雀斑，还可消除眼袋。

### 配方 29　皮肤美白保湿化妆品

**原料配比**

| 原　料 | 配比（质量份） | | | | |
|---|---|---|---|---|---|
| | 1# | 2# | 3# | 4# | 5# |
| 绿茶提取物 | 3 | 7 | 3 | 18.2 | 18 |
| 银杏叶提取物 | 1.5 | 2 | 4 | 1.5 | 1 |
| 积雪草提取物 | 0.5 | 1 | 3 | 0.3 | 1 |
| 白油 | 8 | 8 | 8 | 8 | 8 |
| 白凡士林 | 12 | 3 | 3 | 3 | 3 |
| 单硬脂酸甘油酯 | 10 | 3 | 3 | 8 | 8 |
| 二甲基硅油 | — | 3 | 3 | 5 | 5 |
| 甘油 | 6 | 2 | 2 | 6 | 6 |
| 混醇 | 4 | 5 | 5 | 12 | 12 |
| 1,3-丁二醇 | 18 | 22 | 22 | 30 | 30 |
| 防腐剂 | 适量 | 适量 | 适量 | 适量 | 适量 |
| 去离子水 | 加到 100 | 加到 100 | 加到 100 | 加到 100 | 加到 100 |

**制备方法** 先用 1,3-丁二醇和部分去离子水溶解绿茶提取物、银杏叶提取物、积雪草提取物，过滤待用；将白油、白凡士林、单硬脂酸甘油酯、混醇 75～80℃ 搅拌均匀，得混合物 1；将剩余去离子水、甘油、二甲基硅油、防腐剂 75～80℃ 搅拌均匀，得混合物 2；将以上两种混合物先后抽入乳化锅，均质 5min，搅拌冷却至 40℃，加入过滤好的绿茶提取物、银杏叶提取物、积雪草提取物，搅匀，冷却至室温即可。

**产品特性** 本品的绿茶提取物、银杏叶提取物和积雪草提取物组合物，三种活性成分的联合应用使得各组分功效产生协同作用，在美白的同时具有高保湿性能，无需另外添加保湿成分及保护剂；相对于同类用途产品对皮肤美白保湿功效更强，使用剂量更低；天然、安全、无毒副作用，过敏率和发炎概率低，深入皮肤真皮层，通过细胞活力的恢复真正达到活肤养肤，不改变细胞的正常凋亡程序，适量抑制三酶一素，平衡黑色素的代谢，使皮肤色泽更为自然，所产生的美白效果较确切；使用十分方便。

## 配方 30　皮肤美白组合物

原料配比

实例 1　组合物

| 原　料 | | 配比（质量份） | | | |
|---|---|---|---|---|---|
| | | 1# | 2# | 3# | 4# |
| 十一碳烯酰苯基丙氨酸 | | 10 | 30 | 20 | 30 |
| 光甘草定 | | 10 | 1 | 4 | 2 |
| 丙二醇 | | 60 | — | — | — |
| 醇混合物 | 1,3-丁二醇和丙二醇的混合物 | — | 80 | — | — |
| | 1,3-丁二醇、丙二醇和聚乙二醇的混合物 | — | — | 40 | — |
| | 1,3-丁二醇和聚乙二醇的混合物 | — | — | — | 20 |
| 水 | | 20 | 10 | 20 | 15 |

实例 2　美白营养乳液

| 原　料 | 配比（质量份） | 原　料 | 配比（质量份） |
|---|---|---|---|
| 组合物 | 10 | 氮酮 | 0.5 |
| DC5225C（环甲基硅氧烷及硅酮多元醇共聚物） | 6 | 甘油 | 5 |
| | | 胶原蛋白 | 0.5 |
| DC345（环甲基硅氧烷） | 8 | 透明质酸 | 0.1 |
| DC200（聚二甲基硅氧烷） | 6 | 水 | 加至 100 |
| M-68 乳化剂 | 2 | 防腐剂 | 适量 |
| SIMULGEL EG（增稠剂） | 2 | 香精 | 适量 |

实例 3　美白祛斑霜

| 原　料 | | 配比（质量份） |
|---|---|---|
| 油相 | 硬脂酸甘油酯 | 2.0 |
| | 鲸蜡硬脂酸醇醚-25 | 0.5 |
| | PEG-100 硬脂酸甘油酯 | 1 |
| | 十六十八醇 | 2 |
| | 硬脂酸 | 2 |
| | 角鲨烷 | 5 |
| | IPM | 3 |
| | 异构十六烷 | 5 |
| | 维生素 E | 0.5 |
| 水相 | 甘油 | 0.5 |
| | 水 | 加至 100 |
| EG | | 2 |

续表

| 原料 | 配比（质量份） |
|------|------------|
| 组合物 | 10 |
| 防腐剂 | 适量 |
| 香精 | 适量 |

**制备方法** 组合物制备方法：将十一碳烯酰苯基丙氨酸、光甘草定、丙二醇、醇混合物混合后，加入水，利用搅拌机搅拌，转速控制在 80r/min，充分搅拌 20min 使其完全溶解，得到本品组合物。

美白营养乳液制备方法：

(1) 首先将配方中 2%的水抽入水相锅中，开动搅拌机，转速控制在 80r/min，将本品组合物加入其中，充分搅拌 20min 使其完全溶解得水相，其次再将 DC5225C、DC345、DC200 分别加入油相锅，开动搅拌机转速同样控制在 80r/min，充分搅拌 10min，使其充分混合均匀，将油相抽入乳化锅，然后将水相缓慢抽入油相，控制速率在 10L/min 左右，速率过快影响乳化效果，抽完后开动高速均质机，分三次均质，每次时间为 2min，中间间隔时间为 5min，搅拌速率控制在 120r/min。最后均质完成后取样在显微镜下进行涂片观察，观察内相是否均匀分散，是否达到规定的粒径分布，否则继续进行均质，直到合格为止，若合格，停止搅拌，出料，得到油包水（W/O）型乳液，为组分 A。

(2) 将透明质酸用 5%的水浸泡过夜，预分散成透明质酸液，为组分 B。

(3) 将余下的水抽入水乳化锅，将 M-68 乳化剂用甘油预分散好后加入乳化锅中，搅拌 10min 后，将组分 A 的 W/O 相充分分散在第三相中，搅拌时间控制在 20min，当温度降至 40℃时加入香精、增稠剂、氮酮、胶原蛋白、防腐剂，继续搅拌 20min 送检，取样进行液晶观察，若观察到液晶形成，出料，可得到 W/O/W 型复合乳状液，即为产品。

美白祛斑霜制备方法：首先将油相、水相分别加温到 80℃，保温 30min，然后将水相的 3/4 抽入乳化锅，开动搅拌机，速率控制在 40r/min，将加料阀关闭，开动真空泵，控制压力为 0.02MPa，打开油相阀，控制抽料速率为 12L/min，抽完后再将余下 1/4 的水相抽入乳化锅中，停止搅拌，开动均质机，转速为 3000r/min，时间为 3min，保温搅拌 20min 后通冷却水降温，降温速率控制在 20℃/min。当温度降至 60℃加入 EG，开动均质机，均质 2min，开动真空泵，真空度为 0.02MPa。当温度降至 40℃时加入香精、防腐剂以及组合物，继续搅拌 20min，送检，合格后出料。

**产品特性**

(1) 本组合物能应用新型的美白原料十一碳烯酰苯基丙氨酸和光甘草定，同时抑制 α-促黑细胞激素、酪氨酸酶、多巴互变酶和 DHICA 氧化酶产生，有效地降低了成本，并有效地提高了美白功效，且使用安全，不会引起皮肤过敏等症状；

(2) 本品具有很好的祛斑美白作用，在防止和改善由日晒、老化等因素引起的皮肤变黑和变暗、斑点和雀斑方面效果显著。

### 配方 31　祛斑美白化妆品

**原料配比**

| 原料 | 配比（质量份） | | |
|---|---|---|---|
| | 1# | 2# | 3# |
| 单硬脂酸甘油酯 | 0.5 | 3.5 | 2 |
| 硬脂酸 | 1 | 5 | 3 |
| 十六醇 | 0.5 | 1.5 | 1 |
| 亚麻油 | 10 | 24 | 17 |
| 葡萄籽油 | 5 | 15 | 10 |
| 甘油 | 1 | 4 | 2.5 |
| 三乙醇胺 | 0.5 | 1.5 | 1 |
| 羊毛脂 | 0.5 | 3.5 | 2 |
| 水 | 50 | 100 | 75 |
| 尼泊金甲酯 | 0.1 | 0.7 | 0.4 |

**制备方法**　取一个干净容器，按比例加入单硬脂酸甘油酯、硬脂酸、十六醇、亚麻油、葡萄籽油、甘油、三乙醇胺、羊毛脂和水，搅拌均匀；然后将容器置于电炉上加热，保持温度 70~90℃加热 0.5~1.5h，在加热过程中持续搅拌，并及时加入适量水，补足蒸发的水量；待反应完毕后，冷却至 60℃，然后按比例加入尼泊金甲酯，搅拌均匀，冷却至常温，即可使用。

**产品特性**

(1) 本品能增强皮肤的免疫力，防止皮肤的老化。

(2) 恢复过度疲劳的皮肤细胞活力，促进了血液循环和细胞的再生。

(3) 对皮肤没有任何副作用，安全性大大提高。

### 配方 32　全方位美白祛斑护肤产品

**原料配比**

| 原料 | | 状态分类 | 配比（质量份） | | |
|---|---|---|---|---|---|
| | | | 1# | 2# | 3# |
| 乳化剂 | 鲸蜡硬脂醇橄榄油酯 Olivem 1000 | 油相 | 3 | 3.5 | 5.5 |
| | 鲸蜡醇棕榈酸酯 Oliwax LC | | 1 | 1.5 | — |
| | 十二烷基硫酸钠 | | — | 1 | 1 |
| | 脂肪醇聚氧乙烯醚 | | — | 1 | 1.5 |
| 润肤剂 | 角鲨烷 | 油相 | 3 | 5 | 4 |
| | 聚大豆蔗糖酯 | | 4 | 3 | 4 |
| | 乳木果油 | | 2 | 1 | 3 |
| | 硅蜡 3526 | | 3 | 4 | 2 |
| | 霍霍巴油 | | 2 | 3 | 2 |
| | 橄榄油 | | 3 | 4 | 6 |

续表

| 原　料 | | 状态分类 | 配比（质量份） | | |
|---|---|---|---|---|---|
| | | | 1# | 2# | 3# |
| 去角质剂、美白淡斑剂 | 复合果酸（甘醇酸和乳酸比为1:1） | 水相 | 2 | — | — |
| | 甘醇酸 | | — | 1 | — |
| | 乳酸 | | — | — | 1 |
| 溶剂 | 玫瑰水 | 水相 | 加至100 | 加至100 | 加至100 |
| 保湿剂 | 甘油 | 水相 | 3 | 3 | 3 |
| | 丙二醇 | | 2 | 1 | 2 |
| | 1,3-丁二醇 | | 4 | 1 | 5 |
| | 透明质酸 | | 10 | 5 | 10 |
| 美白剂 | 山花精 | 油相 | — | 4 | 2 |
| | 维生素C乙基醚 | | — | 1 | 2 |
| | 熊果苷 | 其他添加剂 | — | — | 1 |
| 调节pH | KOH（调pH值至6.5～7） | 水相 | 适量 | 适量 | 适量 |
| 消炎剂 | 甘草酸二钾 | 水相 | 0.15 | 0.15 | — |
| 防腐剂 | 山梨酸钾 | 其他添加剂 | 0.5 | — | 0.5 |
| 中药原料药醇提取物浓缩液 | 白芷 | 油相 | 5 | 8 | 8 |
| | 三七 | | 4 | 2 | 3 |
| | 干燥灯盏花全草 | | 8 | 5 | 5 |
| | 白茯苓 | | 3 | 3 | 3 |
| | 60%乙醇 | | 适量 | 适量 | 适量 |
| 天然成分 | 银耳羹 | 其他添加剂 | 5 | 10 | 8 |
| | 沙棘油 | 油相 | 3 | 1 | 2 |
| 增稠剂 | 汉生胶 | 油相 | 0.1 | — | 0.3 |
| | 卡波980 | | 0.15 | — | 0.4 |

**制备方法**

（1）按配方表中中药原料药的质量份配比称取白芷、三七、干燥灯盏花全草、白茯苓，机械粉碎为0.2～0.5cm粒径的碎粒，加入10倍质量的60%乙醇，常温下浸泡8h，浸泡两次。在萃取液中加入活性炭粉末，搅拌5～10min后放入5℃环境中静置10～20h，上清液过120目筛，在35℃下对滤液进行减压浓缩，浓缩成与起始原料药质量相等的中药原料药醇提取物浓缩液，备用。银耳羹：称取银耳，加入20倍质量的水小火熬制3～5h，过滤去渣，滤液浓缩至银耳原料5倍质量得银耳羹，备用。

（2）本品的制备方法：按配方表中的配比，称取步骤（1）制备得到的中药原料药醇提取物浓缩液、银耳羹及其他试剂。

投料程序：

（1）将水相的成分投入水相预处理罐中，加热，温度控制在92～98℃，直至完全溶解。

（2）在油相预处理罐内，投入油相原料，加热并开启搅拌器，温度控制在92～98℃，直至完全熔解。

（3）投料前，真空反应釜密闭并预热，使釜内温度达到50℃以上即可。此时开启真空泵，使釜内真空度达到60kPa。

（4）经过滤将油相全部吸入真空乳化釜中，开刮板，然后再经过滤吸入水相，开快速搅拌均质器（700L真空乳化釜的快速搅拌均质器开6～8min，1300L乳化釜的快速搅拌均质器开8～10min，均质器转速为3000r/min，刮板搅拌转速为30r/min）进行真空乳化，此时乳化釜内温度不低于85℃。均质后开启冷却装置，迅速降温。

（5）膏体温度低于50℃时，破真空，从锅盖处加入其他添加成分。在密闭乳化釜后，抽真空（700L真空乳化釜的真空度为75～80kPa，1300L乳化釜的真空度为70～75kPa），开刮板搅拌。

（6）当温度降到45℃时，按外观、黏度及pH值标准检验，合格后，停冷却水，即可过滤出料。

（7）半成品经晾料间静置24h，温度低于38℃即可灌装。

**产品特性**

（1）天然成分全方位阻断酪氨酸酶的活性以抑制黑色素的产生和积累，并淡化已经产生的黑色素，美白淡斑过程温和而效果持久。在肌肤表皮形成天然保护膜，抵御阳光、辐射、高温、风沙、污染等恶劣环境对肌肤的侵蚀，更能深入细胞核高能修护受损细胞，重整肌肤纹路。

（2）美白的同时为皮肤细胞提供代谢所需的养分和水分，特别是提供了多种使皮肤持水能力好的保湿成分和清除自由基的抗氧化成分，防止皮肤中水分丢失，为细胞持续维持较好的代谢提供了稳定的水分，从而有利于促进表皮细胞更新和修复，延缓皮肤老化。

（3）在功能上兼顾了美白、保湿、修复、去皱等目的，使用效果显著而且安全。各种成分之间相辅相成，使养分和活性成分渗透肌肤，激活皮下组织生理机能，增强血液微循环，促进皮肤对营养、水分的吸收，提升肌肤新陈代谢速率，平衡皮肤油脂分泌，从底层美白肌肤，淡化色素，从整体上塑造健康皮肤，使皮肤具有较强的对季节变换、饮食失调、花粉过敏、接触性感染及干燥等的防御能力。

## 配方 33　丝胶美白防晒乳液

**原料配比**

| 原　料 | 配比（质量份） | | |
|---|---|---|---|
| | 1# | 2# | 3# |
| 去离子水 | 69.35 | 69.55 | 69.95 |
| 甘油 | 8 | 8 | 7 |
| 4-甲氧基肉桂酸-2-乙基己基酯 | 5 | 4 | 4 |
| 硬脂酸 | 2.5 | 2 | 1.5 |

续表

| 原　料 | 配比（质量份） | | |
|---|---|---|---|
| | 1# | 2# | 3# |
| 丝胶蛋白液 | 2 | 3 | 4 |
| 硬脂酸甘油酯 | 2 | 2 | 2 |
| 硬脂醇 | 2 | 2 | 2 |
| 肉豆蔻酸异丙酯 | 2 | 2 | 2 |
| 辛酸/癸酸甘油三酯 | 1.8 | 1.5 | 1.5 |
| 矿油 | 1.8 | 2 | 2 |
| 二苯酮-3 | 1.5 | 2 | 2 |
| $C_{12} \sim C_{13}$ 烷基硫酸钠 | 0.5 | 0.6 | 0.5 |
| 月桂醇聚醚-20 | 0.5 | 0.5 | 0.6 |
| 尿囊素 | 0.3 | 0.3 | 0.3 |
| 香精 | 0.3 | 0.1 | 0.2 |
| 对羟基苯甲酸丁酯 | 0.2 | 0.2 | 0.2 |
| 对羟基苯甲酸乙酯 | 0.2 | 0.2 | 0.2 |
| 羟乙基纤维素 | 0.05 | 0.05 | 0.05 |

**制备方法**

（1）选用丝胶蛋白含量为 90％～100％ 的丝胶茧壳加入浓度为 0.2％～0.4％ 的 $Na_2CO_3$ 溶液中，升温至 80～90℃，搅拌 20～30min，充分溶解成丝胶蛋白液。

（2）称取羟乙基纤维素，在搅拌下加到去离子水中分散均匀后，加入甘油、$C_{12} \sim C_{13}$ 烷基硫酸钠、尿囊素、对羟基苯甲酸乙酯，于水相锅中加温，搅拌溶解成水溶性原料；升温至 85～90℃，搅拌溶解。

（3）称取 4-甲氧基肉桂酸-2-乙基己基酯、硬脂酸、硬脂酸甘油酯、硬脂醇、辛酸/癸酸甘油三酯、矿油、二苯酮-3、月桂醇聚醚-20、对羟基苯甲酸丁酯，投入油相锅中混合后加温，搅拌熔化成油溶性原料；在油相锅中混合后加温至 85～90℃，搅拌熔化。

（4）将步骤（2）中的水溶性原料、步骤（3）中的油溶性原料转移至已预热的均质乳化锅中，然后加入肉豆蔻酸异丙酯以及步骤（1）中的丝胶蛋白液，开启乳化锅中的均质乳化器，抽真空并均质乳化；预热的均质乳化锅的温度为 60～70℃，均质乳化时的温度为 75～80℃，均质乳化 2～4min。

（5）开启乳化锅中的搅拌器和夹套中的冷却水，搅拌并冷却后加入香精，搅拌均匀，出料；搅拌器以 30～50r/min 的转速慢速搅拌，搅拌并冷却降温至 45～50℃ 后加入香精，搅拌均匀，出料。

**产品特性**　本品能够预防紫外线对皮肤的伤害，减少皮肤出现皱纹和老化。天然丝胶蛋白与人体皮肤性质相近，对人体皮肤有很强的亲和性和良好的生物相容性。

### 配方 34　添加珍珠水解液脂质体的美白乳

原料配比

| 原 料 | 配比（质量份） | |
|---|---|---|
| | 1# | 2# |
| 十六、十八烷基（和）椰油基葡糖苷 | 3 | 8 |
| 聚二甲基硅氧烷 | 5 | 7 |
| 环甲基硅氧烷 | 3 | 7 |
| 维生素 E | 0.5 | 2 |
| 卡波树脂 | 0.05 | 0.15 |
| 尿囊素 | 0.15 | 0.4 |
| 甘油 | 5 | 12 |
| 1,3-丁二醇 | 5 | 8 |
| EDTA-2Na | 0.05 | 0.15 |
| 海藻提取液 | 3 | 7 |
| 三乙醇胺 | 0.03 | 0.1 |
| 维生素 C 包裹物 | 0.5 | 0.7 |
| 珍珠水解液脂质体 | 8 | 17 |
| 双咪唑烷基脲 | 0.5 | 1.2 |
| 香精 | 0.05 | 0.1 |
| 去离子水 | 76 | 130 |

制备方法

(1) 按配方量取各原料。

(2) 将十六、十八烷基（和）椰油基葡糖苷，聚二甲基硅氧烷，环甲基硅氧烷混合搅拌并加热至 70～85℃，得到油相混合物；将卡波树脂用少量去离子水浸泡 4～6h，然后与尿囊素、甘油、1,3-丁二醇、EDTA-2Na、海藻提取液以及剩余去离子水混合均匀并加热至 70～85℃，得到水相混合物。

(3) 将油相混合物、维生素 E 加入水相混合物中高速乳化均质 5～10min；冷却至 40～60℃加入三乙醇胺、维生素 C 包裹物、珍珠水解液脂质体、双咪唑烷基脲、香精，继续搅拌 10～20min，出料得到成品。

产品特性　本品由于添加了珍珠水解液脂质体，有效地利用了珍珠中的有效成分和活性物质，达到全身肌肤的整体调理和保养，促进新生细胞合成，并不断补充营养到皮肤表层，使皮肤光滑、细腻、有弹性，通过促进人体肌肤中歧化酶（SOD）的活性，抑制黑色素的形成，保持皮肤白皙，此外，由于 SOD 具有清除自由基的作用，可防止皮肤衰老、起皱，从而达到美容、美白作用。

### 配方 35 芸香苷活性美白霜

**原料配比**

| 原 料 | 配比（质量份） | |
|---|---|---|
| | 1# | 2# |
| 聚氧乙烯单硬脂酸酯 | 4 | 2 |
| 乙二醇单硬脂酸酯 | 7 | 5 |
| 硬脂酸 | 6 | 5 |
| 山嵛醇 | 1 | 0.5 |
| 角鲨烷 | 18 | 15 |
| 十六烷基异辛酸酯 | 6 | 5 |
| 对羟基苯甲酸丁酯 | 0 | 0.1 |
| 对羟基苯甲酸甲酯 | 0.2 | 0.1 |
| 1,3-丁二醇 | 8 | 5 |
| 甘草次酸二钾盐 | 0.4 | 0.2 |
| 芸香苷 | 0.3 | 0.2 |
| 香精 | 0.2 | 0.1 |
| 去离子水 | 加至 100 | 加至 100 |

**制备方法** 按常规方法制成美白霜。

**产品特性** 本品能够防止和对抗皮肤老化，促进血液循环，减少面部皮肤皱纹的出现，保持面部皮肤弹性，能够抵抗皮肤老化，减缓面部皮肤皱纹和色斑。

### 配方 36 珍珠美白保湿化妆水

**原料配比**

| 原 料 | 配比（质量份） | | | | |
|---|---|---|---|---|---|
| | 1# | 2# | 3# | 4# | 5# |
| 羧甲基纤维素纳 | 0.2 | 0.8 | 0.5 | 0.8 | 0.4 |
| 珍珠粉 | 5 | 8 | 5 | 10 | 7 |
| AvicelRC951（微晶纤维素） | 0.3 | 1 | 0.8 | 1.5 | 1.5 |
| 熊果苷 | 0.5 | 1.5 | 1.5 | 0.2 | 0.2 |
| 洋甘菊提取物 | 0.4 | 0.7 | 0.7 | 0.4 | 1 |
| 西印度桃提取物 | 0.2 | 0.7 | 0.7 | 0.9 | 1 |
| 维生素 E | 0.5 | 1.5 | 0.8 | 1.5 | 1.5 |
| 聚乙二醇 1500 | 2 | 3 | 3 | 4 | 2 |
| 吐温-80 | 0.3 | 1.3 | 1.3 | 2 | 1.3 |
| 对羟基苯甲酸甲酯 | 0.2 | 0.2 | 0.2 | 0.2 | 0.2 |

续表

| 原　料 | 配比（质量份） | | | | |
|---|---|---|---|---|---|
| | 1# | 2# | 3# | 4# | 5# |
| 聚氧乙烯（20）失水山梨醇单油酸酯醚 | 2 | 6 | 5 | 3 | 8 |
| 甘油 | 0.5 | 1 | 1 | 1.5 | 1.5 |
| 1,3-丁二醇 | 0.6 | 1 | 1 | 14 | 1.1 |
| 香精 | 适量 | 适量 | 适量 | 适量 | 适量 |
| 透明质酸 | 0.5 | 2.5 | 2 | 2.5 | 2.8 |
| 纯水 | 加至100 | 加至100 | 加至100 | 加至100 | 加至100 |

**制备方法**　将配方量的羧甲基纤维素钠、聚氧乙烯（20）失水山梨醇单油酸酯醚、AvicelRC951、聚乙二醇1500和吐温-80溶于去离子水中，在1000～1500r/min下搅拌5～20min制成均匀胶浆，将珍珠粉加入胶浆中，在均质机中以1000～2000r/min混合搅拌5～10min，循环2～4次，形成纳米珍珠粉胶体混悬剂，将配方其他成分与甘油、1,3-丁二醇和去离子水混合加热溶解，在搅拌机中以1000～1500r/min的搅拌速率将后者加入纳米珍珠粉胶体混悬剂中，搅拌5～20min，直至形成分散均匀的混悬液。

**产品特性**　在本品制备过程中，通过高压均质法将珍珠粉以微粒状态分散于含有表面活性剂、助悬剂、稳定剂的水溶液中，再将该粗分散体系经过高压均质多次循环后得到纳米级的珍珠粉混悬剂。通过对纳米珍珠粉表面改性前处理，活化剂包覆在纳米珍珠粉表面，使其亲油性增强，在非极性介质中分散性能得到提高。

### 配方37　植宝素高效浓缩美白精华液

原料配比

| 原　料 | | 配比（质量份） | | |
|---|---|---|---|---|
| | | 1# | 2# | 3# |
| 煎熬浓缩提取液 | 甘草 | 20～30 | 25～30 | 20～25 |
| | 五加皮 | 20～30 | 22～30 | 20～27 |
| | 当归 | 20～30 | 24～30 | 20～25 |
| | 木瓜 | 20～30 | 22～30 | 20～29 |
| | 白芷 | 20～30 | 21～30 | 20～26 |
| | 地榆 | 20～30 | 26～30 | 20～26 |
| | 珍珠 | 20～30 | 24～30 | 20～26 |
| | 丹参 | 20～30 | 22～30 | 20～27 |
| | 白附子 | 20～30 | 27～30 | 20～28 |
| | 茯苓 | 20～30 | 24～30 | 20～26 |
| | 鲜皮 | 20～30 | 23～30 | 20～24 |
| | 白芍 | 20～30 | 21～30 | 20～27 |

续表

| 原　料 | | 配比（质量份） | | |
| --- | --- | --- | --- | --- |
| | | 1# | 2# | 3# |
| 煎熬浓缩提取液 | 白术 | 20～30 | 22～30 | 20～25 |
| | 菟丝子 | 20～30 | 23～30 | 20～26 |
| | 酒（体积份） | 250 | 250 | 250 |
| | 水 | 250 | 250 | 250 |
| 精华液 | 煎熬浓缩提取液（体积份） | 90 | 90 | 90 |
| | 维生素 C 曲酸酯 | 10～20 | 10～20 | 10～28 |
| | 胎盘提取液 | 适量 | 适量 | 适量 |

**制备方法**

（1）将甘草、五加皮、当归、木瓜、白芷、地榆、珍珠、丹参、白附子、茯苓、鲜皮、白芍、白术、菟丝子药物切碎，用酒、水各 250 份，浸药一夜，然后煎至酒水干，滤去渣；

（2）用瓷器贮备，在煎熬浓缩提取液中加维生素 C 曲酸酯、胎盘提取液，混合均匀。

**产品特性**

（1）本品取自于天然的植物，能促进皮肤对药物的吸收，达到疏通经络、行气活血、软坚散结、逐步清污、除皱增白、滋润皮肤的目的。

（2）本品使用的材料为日常生活中常用的食物，对人体的毒副作用小。

（3）本品具备很强的美白和清除自由基、抗皮肤衰老的作用；曲酸衍生物与胎盘提取液配伍使用效果更好。

### 配方 38　植物美白素

**原料配比**

| 原　料 | | | 配比（质量份） | | | |
| --- | --- | --- | --- | --- | --- | --- |
| | | | 1#（护肤霜） | 2#（洁面膏） | 3#（润肤露） | 4#（护肤水） |
| A 组分 | 白苏子和玉椒的混合提取物 | 白苏子 | 20 | 20 | 20 | 18 |
| | | 玉椒 | 20 | 15 | 20 | 15 |
| | | 乙醇水溶液（90%） | 200 | 150 | 200 | 150 |
| | 淡水珍珠水解液 | 淡水珍珠粉末 | 20 | 20 | 20 | 20 |
| | | 水 | 90 | 90 | 90 | 90 |
| | | 胰蛋白酶 | 2 | 2 | 2 | 2 |
| | 维生素 $B_2$ | | 1 | 2 | 1.5 | 1.5 |
| | 维生素 $B_6$ | | 1 | 2 | 1.5 | 1.5 |
| | 麦芽寡糖基糖苷 | | 2 | — | 4 | 4 |
| | α-红没药醇 | | 1 | 1 | 1.5 | 1.5 |

| 原料 | | 配比（质量份） | | | |
|---|---|---|---|---|---|
| | | 1#（护肤霜） | 2#（洁面膏） | 3#（润肤露） | 4#（护肤水） |
| B组分 | 角鲨烷 | — | 3 | — | — |
| | 自乳化型硬脂酸单甘油酯 | — | 1 | — | — |
| | 斯盘-60 | 2 | — | — | — |
| | 咪唑烷基脲 | 0.1 | — | — | — |
| | 吐温-60 | 1 | — | — | — |
| | 硬脂酸 | — | — | — | 3 |
| | 乳化剂 | — | — | — | 3 |
| | 十六醇 | — | — | 3 | — |
| | 十八醇 | — | — | 2 | — |
| | 苯乙醇间苯二酚 | — | — | 0.5 | — |
| | 香精 | — | — | 0.2 | — |
| | 去离子水 | — | — | — | 加至100 |
| C组分 | $C_9 \sim C_{10}$ 烷基聚葡萄糖苷 | — | 20 | — | — |
| | 精制棉籽油 | 7 | — | — | — |
| | 去离子水 | — | 加至100 | 加至100 | — |
| | 羊毛脂 | 2 | — | 4 | — |
| | 单硬脂酸甘油酯 | — | — | 3 | — |
| | 甘油 | — | — | 2.5 | — |
| | 十四酸异丙酯 | — | — | 2 | — |
| | 三乙醇胺 | — | — | 1 | — |
| | 硬脂酸 | — | — | 2 | — |
| | 尼泊金甲酯 | — | — | 0.2 | — |
| D组分 | 香精 | 0.4 | — | 0.2 | — |
| E组分 | 十八醇 | 2 | — | — | — |
| | 山梨醇溶液 | 3 | — | — | — |
| | 去离子水 | 加至100 | — | — | — |

**制备方法**

(1) 所述白苏子和玉椒的混合提取物通过以下方法获得：将白苏子与玉椒混合粉碎，加入乙醇水溶液（质量分数为80%～90%）提取，提取液经浓缩获得。其中的提取是采用微波（300W）提取4～8min。

(2) 所述淡水珍珠水解液通过以下方法制得：取淡水珍珠粉末，加水，加入胰蛋白酶水解后过滤而得。水解温度为45～48℃。

(3) 1#（护肤霜）的配制：将C、E组分分别混合搅拌加热至60℃，将B、C、E组分置于乳化器中充分乳化，当温度降至40℃时加A、D组分，静置24h。

(4) 2#（洁面膏）制备：将B组分和C组分分别加热到75℃，混合，均质。搅拌冷却至 45℃，加入 A 组分，均质。冷却到室温。

（5）3♯（润肤露）制备：将 C 组分加热至 75℃使其溶解，进行乳化，当温度降至 45℃时加 A、B、D 三组分，混匀。

（6）4♯（护肤水）制备：将 B 组分在 75℃下均质，冷却到 50℃加入 A 组分，搅拌均匀。

**产品特性**

（1）本品对酪氨酸酶的抑制率很高，能有效地抑制黑色素生成，加快色素代谢，美白肌肤。

（2）本品所提供的护肤品主要成分为天然的提取物，其对酪氨酸酶的抑制率达到了多数天然提取物所远不能及的效果。

（3）本品同时具有促进代谢循环，提升肌肤气血代谢，使肌肤红润有光泽的作用，用于肌肤表层美白、提亮肤色和深层淡化色斑。

（4）本品可以一定程度上缓解紫外线对皮肤的伤害，抵抗紫外线对皮肤的致黑作用。

### 配方 39　中药复方祛斑美白化妆品

**原料配比**

中药复方祛斑美白提取物

| 原　料 | 配比（质量份） | | | | | | | |
|---|---|---|---|---|---|---|---|---|
| | 1♯ | 2♯ | 3♯ | 4♯ | 5♯ | 6♯ | 7♯ | 8♯ |
| 茯苓 | 11 | 18 | 15 | 13 | 18 | 11 | 15 | 13 |
| 丹参 | 10 | 13 | 16 | 11 | 13 | 10 | 16 | 11 |
| 当归 | 12 | 8 | 9 | 9 | 8 | 12 | 14 | 9 |
| 益母草 | 15 | 9 | 11 | 11 | 9 | 15 | 12 | 11 |
| 人参 | — | — | — | — | 5 | 3 | 5 | 3 |
| 珍珠粉 | — | — | — | — | — | 5 | — | 4 |
| 柿叶 | — | — | — | — | — | — | 15 | 13 |
| 水 | 适量 | 适量 | 适量 | 适量 | 适量 | 适量 | 适量 | 适量 |
| 乙醇 | 适量 | 适量 | 适量 | 适量 | 适量 | 适量 | 适量 | 适量 |

化妆品

| 原　料 | 配比（质量份） | | | | | |
|---|---|---|---|---|---|---|
| | 9♯（美白日霜） | 10♯（祛斑霜） | 11♯（美白晚霜） | 12♯（美白乳液） | 13♯（美白精华素） | 14♯（美白调理液） |
| 水 | 加至 100 | 加至 100 | 加至 100 | 加至 100 | 加至 100 | 加至 100 |
| 甘油 | 2.5 | 2 | 2 | 2 | 2 | — |
| 丙二醇 | — | — | — | — | — | 2 |
| 2♯中药复方祛斑美白提取物 | 1 | — | — | — | — | — |

续表

| 原　料 | 配比（质量份） | | | | | |
|---|---|---|---|---|---|---|
| | 9#（美白日霜） | 10#（祛斑霜） | 11#（美白晚霜） | 12#（美白乳液） | 13#（美白精华素） | 14#（美白调理液） |
| 6#中药复方祛斑美白提取物 | — | 2 | — | — | — | — |
| 1#中药复方祛斑美白提取物 | — | — | 2 | — | — | — |
| 8#中药复方祛斑美白提取物 | — | — | — | 1 | — | — |
| 7#中药复方祛斑美白提取物 | — | — | — | — | 1 | — |
| 5#中药复方祛斑美白提取物 | — | — | — | — | — | 0.5 |
| PEG-75 羊毛脂 | — | — | 1 | — | — | — |
| 尿囊素 | — | 0.2 | 0.2 | 0.2 | 0.2 | — |
| EDTA-2Na | 0.1 | 0.1 | 0.1 | 0.1 | 0.1 | 0.1 |
| 环聚二甲基硅氧烷 | 3 | — | — | — | — | — |
| 羟乙基丙烯酸酯（和）丙烯酰二甲基牛磺酸钠共聚物（和）角鲨烷（和）斯盘-60 | — | — | 2 | — | — | — |
| 聚丙烯酰胺/$C_{13}$～$C_{14}$异链烷烃/月桂基聚氧乙烯醚-7 | — | — | 1.5 | — | — | — |
| 黄原胶 | — | — | — | 0.08 | — | — |
| $C_{14}$～$C_{22}$ 醇（和）$C_{12}$～$C_{20}$烷基葡糖苷 | — | — | — | 3 | — | — |
| 异壬酸异壬酯 | — | — | — | 1 | — | — |
| 10%氢氧化钠溶液 | — | — | — | — | 适量 | — |
| 熊果苷 | — | — | — | — | — | 0.2 |
| 维生素 C 磷酸酯钠 | — | — | — | — | — | 0.4 |
| 维生素 $B_3$ | — | — | — | — | — | 0.5 |
| 丙烯酸（酯）类/$C_{10}$～$C_{30}$醇丙烯酸酯 | — | — | — | — | 0.1 | 0.1 |
| 聚二甲基硅氧烷 | 4 | 4 | 4 | 4 | 3 | — |
| 矿油 | — | — | 4 | 5 | — | — |
| 鲸蜡硬脂醇和椰油基葡糖苷 | 2 | 3 | — | — | — | — |
| 聚丙烯酸（和）聚异丁烯（和）聚山梨醇酯-20 | 0.6 | 0.6 | 0.6 | — | — | — |
| 丙烯酰胺/丙烯酸铵共聚物（和）聚异丁烯（和）聚山梨醇酯-20 | — | — | 0.5 | — | — | — |
| 蜂蜡 | 1 | 2 | 2 | — | — | — |
| 甘油硬脂酸酯和 PEG-100 硬脂酸酯 | 2 | 2 | 0.5 | — | — | — |
| 硬脂酸 | 2 | 1.5 | 1 | — | — | — |

续表

| 原料 | 配比（质量份） | | | | | |
|---|---|---|---|---|---|---|
| | 9#（美白日霜） | 10#（祛斑霜） | 11#（美白晚霜） | 12#（美白乳液） | 13#（美白精华素） | 14#（美白调理液） |
| 二氧化钛 | 2 | — | — | — | — | — |
| 季戊四醇四异硬脂酸酯 | — | — | — | — | 1 | — |
| 丙烯酸羟乙酯/丙烯酰二甲基牛磺酸钠共聚物 | — | — | — | — | 1.2 | — |
| 氢化聚癸烯 | — | 2 | — | 2 | 2 | — |
| 辛酸/癸酸甘油三酯 | 2 | — | 5 | 5 | — | — |
| $C_{20}$～$C_{22}$ 烷基磷酸酯（和）$C_{20}$～$C_{22}$ 醇 | — | — | — | 0.8 | — | — |
| 季戊四醇四（双叔丁基羟基氢化肉桂酸）酯 | 适量 | 适量 | 适量 | 适量 | 适量 | — |
| 透明质酸钠 | — | — | — | — | — | 0.02 |
| 香精 | 适量 | — | 适量 | 适量 | 适量 | 适量 |
| 生育酚乙酸酯 | 0.2 | 0.2 | 0.2 | 0.2 | 0.2 | — |
| 丙二醇（和）双（羟甲基）咪唑烷基脲（和）羟苯甲酯（和）碘丙炔醇丁基氨甲酸酯 | 0.5 | 0.5 | 0.5 | 0.5 | 0.5 | — |

**制备方法**

(1) 茯苓、益母草和柿叶，5～15 倍水煮两次（每次 1～3h）；过滤，浓缩到相对密度为 0.8～1.5，20%～60% 醇沉，静置 24～72h，过滤。

(2) 丹参、当归、人参，5～15 倍 20%～80% 乙醇醇提两次（每次 1～3h），过滤。

(3) 将步骤 (1)、步骤 (2) 所得提取物合并浓缩至无醇味，继续浓缩至相对密度为 0.8～1.5 左右，喷粉，得本品的中药复方祛斑美白提取物粉末。

说明：对于含珍珠粉的配方，将珍珠粉与步骤 (3) 所得粉末混合均匀，得中药复方祛斑美白提取物。

9#（美白日霜）制备方法：将甘油、2# 中药复方祛斑美白提取物、EDTA-2Na 加入水中，加热至 85℃，得水相。另外，将环聚二甲基硅氧烷、辛酸/癸酸甘油三酯、聚二甲基硅氧烷、鲸蜡硬脂醇和椰油基葡糖苷、聚丙烯酸（和）聚异丁烯（和）聚山梨醇酯-20、蜂蜡、甘油硬脂酸酯和 PEG-100 硬脂酸酯、硬脂酸、二氧化钛、季戊四醇四（双叔丁基羟基氢化肉桂酸）酯混合，加热溶解，保持在 85℃，得油相。将油相加入水相进行预乳化，通过均相混合器均匀乳化后，充分搅拌，冷却至 45℃ 时，将生育酚乙酸酯、丙二醇（和）双（羟甲基）咪唑烷基脲（和）羟苯甲酯（和）碘丙炔醇丁基氨甲酸酯、香精加入，充分搅拌至完全均匀，冷却至 30℃，得本品的美白润肤面贴膜乳液。

10#（祛斑霜）制备方法：将甘油、6# 中药复方祛斑美白提取物、尿囊素、ED-

TA-2Na、鲸蜡硬脂醇和椰油基葡糖苷加入水中，加热至85℃，得水相。另外，将聚二甲基硅氧烷、氢化聚癸烯、聚丙烯酸（和）聚异丁烯（和）聚山梨醇酯-20、蜂蜡、甘油硬脂酸酯和PEG-100硬脂酸酯、硬脂酸、季戊四醇四（双叔丁基羟基氢化肉桂酸）酯混合，加热溶解保持在85℃，得油相。将油相加入水相进行预乳化，通过均相混合器均匀乳化后，充分搅拌，冷却至45℃时，将生育酚乙酸酯、丙二醇（和）双（羟甲基）咪唑烷基脲（和）羟苯甲酯（和）碘丙炔醇丁基氨甲酸酯加入，充分搅拌至完全均匀，冷却至30℃，得本祛斑霜。

11#（美白晚霜）制备方法：将甘油、1#中药复方祛斑美白提取物、PEG-75羊毛脂、尿囊素、EDTA-2Na加入水中，加热至85℃，得水相。另外，将羟乙基丙烯酸酯（和）丙烯酰二甲基牛磺酸钠共聚物（和）角鲨烷（和）斯盘-60、聚丙烯酰胺/$C_{13}$～$C_{14}$异链烷烃/月桂基聚氧乙烯醚-7、聚二甲基硅氧烷、矿油、丙烯酰胺/丙烯酸铵共聚物（和）聚异丁烯（和）聚山梨醇酯-20、蜂蜡、辛酸/癸酸甘油三酯、甘油硬脂酸酯和PEG-100硬脂酸酯、硬脂酸、季戊四醇四（双叔丁基羟基氢化肉桂酸）酯混合，加热溶解，保持在85℃，得油相。将油相加入水相进行预乳化，通过均相混合器均匀乳化后，充分搅拌，冷却至45℃时，将生育酚乙酸酯、丙二醇（和）双（羟甲基）咪唑烷基脲（和）羟苯甲酯（和）碘丙炔醇丁基氨甲酸酯、香精加入，充分搅拌至完全均匀，冷却至30℃，得美白晚霜。

12#（美白乳液）制备方法：将甘油、8#中药复方祛斑美白提取物、尿囊素、EDTA-2Na、黄原胶加入水中，加热至85℃，得水相。另外，将$C_{14}$～$C_{22}$醇（和）$C_{12}$～$C_{20}$烷基葡糖苷、异壬酸异壬酯、聚二甲基硅氧烷、矿油、聚丙烯酸（和）聚异丁烯（和）聚山梨醇酯-20、氢化聚癸烯、辛酸/癸酸甘油三酯、$C_{20}$～$C_{22}$烷基磷酸酯（和）$C_{20}$～$C_{22}$醇、季戊四醇四（双叔丁基羟基氢化肉桂酸）酯混合，加热溶解保持在85℃，得油相。将油相加入水相进行预乳化，通过均相混合器均匀乳化后，充分搅拌，冷却至45℃时，将生育酚乙酸酯、丙二醇（和）双（羟甲基）咪唑烷基脲（和）羟苯甲酯（和）碘丙炔醇丁基氨甲酸酯、香精加入，充分搅拌至完全均匀，冷却至30℃，得美白乳液。

13#（美白精华素）制备方法：将甘油、7#中药复方祛斑美白提取物、尿囊素、EDTA-2Na、10%氢氧化钠溶液、丙烯酸（酯）类/$C_{10}$～$C_{30}$醇丙烯酸酯加入水中，加热至85℃，得水相。另外，将聚二甲基硅氧烷、季戊四醇四异硬脂酸酯、丙烯酸羟乙酯/丙烯酰二甲基牛磺酸钠共聚物、氢化聚癸烯、季戊四醇四（双叔丁基羟基氢化肉桂酸）酯混合，加热溶解，保持在85℃，得油相。将油相加入水相进行预乳化，通过均相混合器均匀乳化后，充分搅拌，冷却至45℃时，将生育酚乙酸酯、丙二醇（和）双（羟甲基）咪唑烷基脲（和）羟苯甲酯（和）碘丙炔醇丁基氨甲酸酯、香精加入，充分搅拌至完全均匀，冷却至30℃，得本美白精华素。

14#（美白调理液）制备方法：将丙二醇、5#中药复方祛斑美白提取物、EDTA-2Na、熊果苷、维生素C磷酸酯钠、维生素$B_3$、丙烯酸（酯）类/$C_{10}$～$C_{30}$醇丙烯酸酯、透明质酸钠加入水中，充分搅拌至完全均匀，完全溶解后，加入香精，搅拌均匀，得美白调理液。

**产品应用** 本品可以是乳液、霜膏或粉末等形式，例如可以制作成美白润肤面贴膜乳液、祛斑霜、美白晚霜、美白乳液、美白调理液、美白洁面液等。

**产品特性** 本品可以抑制酪氨酸酶的活性，并且可以扩张毛细血管，促进血液循环，加快肌肤新陈代谢，减少色斑、色素沉积，从而祛除或淡化黄褐斑、肝斑、蝴蝶斑、晒斑、老年斑等色斑，改善暗哑及不均匀肤色。同时营养润泽肌肤，改善肤质，使肌肤重现光泽，富有弹性。并且与熊果苷、维生素 C 衍生物、维生素 $B_3$ 等配合使用，可产生协同作用，增强祛斑美白效果。

### 配方 40　中药祛斑美白精华霜

**原料配比**

| 原　料 | 配比（质量份） | | | |
|---|---|---|---|---|
| | 1# | 2# | 3# | 4# |
| 白凡士林 | 6.5 | 5 | 15 | 8 |
| 当归 | 4 | 2 | 8 | 6 |
| 硬脂醇 | 3.5 | 2 | 8 | 6 |
| 甘油 | 2.5 | 1 | 5 | 4 |
| 液体石蜡 | 2.5 | 1 | 5 | 4 |
| 川芎 | 2 | 3 | 1 | 2 |
| 维生素 C | 2 | 3 | 1 | 2 |
| 月桂氮卓酮 | 1 | 1.5 | 0.5 | 1 |
| 单硬脂酸甘油酯 | 0.9 | 1.5 | 0.5 | 1 |
| 维生素 E | 0.5 | 1 | 0.1 | 0.5 |
| 曲酸 | 0.5 | 1 | 0.1 | 0.5 |
| 月桂醇硫酸钠 | 0.5 | 1 | 0.1 | 0.5 |
| 亚硫酸氢钠 | 0.2 | 0.5 | 0.1 | 0.4 |
| 桂皮醛 | 0.1 | 0.1 | 0.1 | 0.1 |
| 尼泊金乙酯 | 0.1 | 0.1 | 0.1 | 0.1 |
| 玫瑰香精 | 0.1 | 0.1 | 0.1 | 0.1 |
| 去离子水 | 79.1 | 70 | 80 | 75 |

**制备方法**

（1）取桂皮醛、维生素 E、月桂氮卓酮、尼泊金乙酯、硬脂醇、单硬脂酸甘油酯、液体石腊及白凡士林混合，加热至 82℃，充分搅匀，作为油相。

（2）将当归、川芎渗滤液加热至微沸，加入甘油、维生素 C，亚硫酸氢钠、月桂醇硫酸钠，充分搅匀溶解，使温度恒定为 82℃，作为水相。

（3）在 82℃水相不断搅拌下，缓缓将同温度油相以细流状加入，沿着一个方向以 70r/min 不断搅拌，使其充分乳化，当温度降至 40℃时加入曲酸及玫瑰香精，充分搅匀，调 pH 值至 5，将乳化液转入灌装机内，在 60℃下定量灌装（每瓶装 30g）。

当归、川芎渗滤液提取法：

（1）取当归、川芎挑选除杂，洗净，低温（不超过60℃）烘干，粉碎至能通过二号筛（24目），在药粉中加75％乙醇，以能将药粉末湿润为度，充分拌匀后在密闭的器皿内放置1h。

（2）将润湿膨胀的药粉经硫黄熏蒸脱色后分多次投入渗滤筒内，每次投进后随即用木槌压平，压力平均，不得松紧不匀。待粉末全部投入筒内后，于其上加合适圆形滤纸一张，纸上用玻璃块或干燥清洁的细砂压住。

（3）将渗滤筒底部连接橡皮管上的夹子打开，加进去离子水，去离子水量要高于生药面。溶剂逐渐下行，开始有渗滤液流出时夹紧橡皮管上的夹子，并于室温放置半日。

（4）将渗滤液放出，要边渗滤边加进新溶剂，不可使表面干燥。一个处方的生药量收集渗滤液791份（体积份）。

（5）将渗滤液合并、混匀，用4％氢氧化钠溶液调pH值为6.5，静置过滤，即得。

**产品特性**　本品全方对细胞膜脂质过氧化物有明显的消除作用，可拮抗过氧化氢和氧自由基引起的红细胞膜脂质过氧化反应，有清除脂质过氧化代谢产物的作用；能显著地降低组织中单胺氧化酶B的活性，可减少细胞中脂褐素的蓄积，能拮抗氧自由基和丙二醛的生成，可提高SOD活性，能抑制酪氨酸酶的活性，防止和消除面部黑色素的沉着，从而达到阻止和消除皮肤雀斑、黑斑和老年斑，达到祛斑美白作用。

# 三、面膜

## 配方 1  释放负离子的面膜

**原料配比**

| | 原　料 | 配比（质量份） |
|---|---|---|
| A 组分 | 草莓鲜果原浆冻干粉 | 30 |
| | 牛奶精华 | 18 |
| B 组分 | 甘油 | 10 |
| C 组分 | 六环石负离子添加剂 | 10 |
| | 去离子水 | 30 |
| D 组分 | 香精 | 0.3 |
| E 组分 | 防腐剂 | 适量 |

**制备方法**

（1）准确称取 A 组分原料，备用；

（2）将六环石负离子添加剂加入去离子水中，搅拌分散均匀，称取 C 组分原料，备用；

（3）将 B 组分加入 C 组分中，均质 4min；

（4）混匀后缓慢加入 A 组分原料，搅拌均质 2min；

（5）加入 D 组分、E 组分原料，混合均匀，冷却。

　　**产品应用**　本品是一种释放负离子的面膜。将本品 5～10g 均匀涂抹于面部、颈部，可与精华素、精油调和使用或单独使用。20～30min 之后，用清水洗净。每周使用 1～2 次。

　　**产品特性**　本品可有效控制油脂分泌，消炎排毒，清除痘痘，清洁皮肤，祛除细菌及污垢，给提供肌肤微量元素，同时释放负离子，激活细胞活力，美白肌肤，还原肤色，清洁皮肤，祛除细菌及污垢，同时本品还有护肤美白和保健的双重功能。

### 配方 2 水解蚕丝蛋白护肤面膜

**原料配比**

| 原料 | | 配比（质量份） | | | | | |
|---|---|---|---|---|---|---|---|
| | | 1# | 2# | 3# | 4# | 5# | 6# |
| A组分 | 甘油 | 3.5 | 4 | 4.5 | 4.5 | 4.5 | 4.5 |
| | 海藻糖 | 2.6 | 3.1 | 3.6 | 4.1 | 4.6 | 5.1 |
| | 三甲基甘氨酸 | 1 | 1.5 | 2 | 2.5 | 3 | 3 |
| | 水解蚕丝蛋白 | 1.5 | 2 | 2.5 | 2.5 | 2.5 | 2.5 |
| | 戊二醇 | 3 | 3.5 | 4 | 4.5 | 5 | 5.5 |
| | 去离子水 | 加至100 | 加至100 | 加至100 | 加至100 | 加至100 | 加至100 |
| B组分 | 活性酵母萃取物 | 0.1 | 0.6 | 1.1 | 1.6 | 2.1 | 2.1 |
| | 玫瑰提取液 | 1 | 1.5 | 2 | 2 | 2 | 2 |
| | 芦荟凝胶 | 1.5 | 2 | 2.5 | 2.5 | 2.5 | 2.5 |
| | 绿藻精华 | 1.3 | 1.8 | 2.3 | 2.3 | 2.3 | 2.3 |
| | 桑葚精华 | 2 | 2.5 | 3 | 3 | 3 | 3 |
| | 左旋维生素C | 4 | 4.5 | 5 | 5.5 | 5.5 | 5.5 |
| C组分 | 六胜肽 | 1.2 | 1.7 | 2.2 | 2.2 | 2.2 | 2.2 |
| | 五胜肽 | 0.1 | 0.6 | 0.8 | 0.8 | 0.8 | 0.8 |
| | 牛磺酸 | 0.5 | 1 | 1.4 | 1.4 | 1.4 | 1.4 |
| | 透明质酸 | 0.02 | 0.07 | 0.1 | 0.1 | 0.1 | 0.1 |
| | 薰衣草精油 | 0.01 | 0.03 | 0.03 | 0.03 | 0.03 | 0.03 |
| | rhEGF | 0.01 | 0.06 | 0.1 | 0.1 | 0.1 | 0.1 |

**制备方法**

（1）按一定比例称量各相原料；

（2）将A组分物料混合；搅匀后加入乳化锅内，加热至80～85℃，真空状态下，恒温灭菌25～35min；

（3）将步骤（2）所得产物降温至40℃，依次加入B组分物料，搅拌均匀；

（4）将步骤（3）所得产物降温至35℃，依次加入C组分物料，搅拌均匀；

（5）35℃搅拌步骤（4）所得产物10min后，检测合格后出料。

**产品应用** 彻底洁面后，将本面膜涂于面部，待20min后用洁面产品洗净。

**产品特性** 本品具有相当好的抗氧化能力，能减缓皮肤衰老，有预防和减淡面部细纹、色斑的独特功效。

### 配方 3 速效改善皮肤的中药面膜粉

**原料配比**

| 原料 | 配比（质量份） | |
|---|---|---|
| | 1# | 2# |
| 白丁香 | 4 | 4 |
| 白僵蚕 | 5 | 4 |

| 原　料 | 配比（质量份） | |
| --- | --- | --- |
| | 1# | 2# |
| 白及 | 5 | 4 |
| 白牵牛 | 3 | 3 |
| 白蒺藜 | 3 | 4 |
| 白芷 | 3 | 3 |
| 白附子 | 4 | 4 |
| 白茯苓 | 4 | 4 |
| 当归 | 4 | 4 |
| 人参 | 5 | 5 |
| 红花 | 6 | 5 |
| 防风 | 6 | 6 |
| 党参 | 6 | 5 |
| 黄柏 | 9 | 10 |
| 桑白皮 | 9 | 9 |
| 滑石粉 | 9 | 10 |
| 枇杷叶 | 25 | 24 |
| 去离子水 | 适量 | 适量 |

**制备方法**　将各组分研成细末状，然后用水调制糊状，涂抹于面部皮肤上。

**产品特性**　本品各组分系纯中药原料，因而无毒副作用，能有效祛除脸部斑点、收缩毛孔、改善皮肤质量，能使粗糙暗沉的皮肤变得细嫩、红润和白皙有光泽。

## 配方 4　添加珍珠粉的面膜粉

**原料配比**

| 原　料 | 配比（质量份） | | |
| --- | --- | --- | --- |
| | 1# | 2# | 3# |
| 珍珠粉 | 18 | 15 | 15 |
| 玉米淀粉 | 35 | 33 | 34 |
| 滑石粉 | 18 | 20 | 18 |
| 白术 | 5 | 4.5 | 6 |
| 川芎 | 5 | 6 | 4.5 |
| 益母草 | 4 | 5 | 6 |
| 大黄 | 4.5 | 6 | 6 |
| 当归 | 4.8 | 5.5 | 7 |
| 丹参 | 5.7 | 5 | 3.5 |

**制备方法**　按配方量取珍珠粉、玉米淀粉、滑石粉、白术、川芎、益母草、大黄、当归、丹参，将所有的原料分别烘干后粉碎至 300～500 目，然后过 60 目筛，最后搅拌

混合均匀得到面膜粉。

**原料介绍** 所述珍珠粉的粒径小于100nm。

**产品特性** 本品在面膜粉中添加了含有多种氨基酸和营养成分的珍珠粉，不但能大大降低产品的刺激性和毒副作用，安全温和，而且可以有效地增强皮肤细胞新陈代谢功能，促进表面细胞的再生，达到很好的美容养颜的效果，使肌肤有光泽，娇嫩迷人。

## 配方5 香蕉面膜

**原料配比**

| 原料 | 配比（质量份） | | |
|---|---|---|---|
| | 1# | 2# | 3# |
| 聚乙烯醇 | 15 | 35 | 20 |
| 羟乙基纤维素 | 1 | 3 | 2 |
| 山梨醇 | 6 | 8 | 7 |
| 甘油 | 8 | 16 | 12 |
| 珍珠粉 | 1 | 3 | 2 |
| 蜂蜜 | 1 | 3 | 2 |
| 白芷 | 2 | 6 | 4 |
| 甘草 | 1 | 3 | 2 |
| 香蕉泥 | 10 | 20 | 16 |
| 香精 | 0.1 | 0.3 | 0.2 |
| 去离子水 | 50 | 60 | 56 |

**制备方法**

(1) 按配方将聚乙烯醇及羟乙基纤维素混合均匀；

(2) 加入配方量的山梨醇及甘油，混合均匀；

(3) 再加入珍珠粉、白芷、甘草及一半配方量的去离子水，搅拌分散均匀；

(4) 加入蜂蜜及香蕉泥，搅拌混合均匀；

(5) 最后加入香精及另一半的去离子水，搅拌使其混合均匀。

**产品特性** 本品成膜快、黏着力强，且易除去，一般涂敷15min左右即可揭去面膜；本品可使面部皮肤绷紧，消除皱纹效果明显，而且具有营养及滋润皮肤的功效；适用范围广，干性、油性及中性皮肤均可使用且本品无毒、无害、无任何副作用，安全可靠。

## 配方6 杏仁藕粉漂白去斑面膜

**原料配比**

| 原料 | 配比（质量份） | | |
|---|---|---|---|
| | 1# | 2# | 3# |
| 杏仁粉 | 5～10 | 5～8 | 6～10 |
| 藕粉 | 5～10 | 5～9 | 7～10 |
| 面粉 | 5～10 | 5～7 | 6～10 |

| 原　料 | 配比（质量份） | | |
|---|---|---|---|
| | 1# | 2# | 3# |
| 绿豆粉 | 5～10 | 5～7 | 7～10 |
| 奶粉 | 5～10 | 5～8 | 8～10 |
| 鸡蛋黄 | 10～20 | 10～18 | 14～20 |
| 甲壳素 | 5～8 | 5～7 | 6～8 |
| 木瓜 | 20～30 | 20～27 | 23～30 |
| 芦荟叶 | 20～30 | 20～28 | 25～30 |
| 橄榄油 | 1～2 | 1～1.5 | 1.3～2 |
| 蜂蜜 | 1～2 | 1～1.5 | 1.5～2 |
| 柠檬汁 | 加至100 | 加至100 | 加至100 |

**制备方法**

(1) 先将杏仁粉、藕粉、面粉、绿豆粉、奶粉加适量的开水调匀；

(2) 甲壳素用适量的开水加一滴食用醋调成胶状；

(3) 将木瓜、芦荟叶、柠檬用果汁机打碎；

(4) 将鸡蛋黄、橄榄油、蜂蜜调匀；

(5) 将上述各种成分混合在一起，搅拌成稠状，即可使用。

**产品特性**　本品全部取自于食物、植物及动物的精华，促进皮肤对其的吸收，达到祛斑、除皱、滋润皮肤的目的，从而起到美容的效果。本品使用的材料为日常生活中常用的食物，对人体的毒副作用小。本品含有多种维生素和活性组分，可清除自由基，改善血循环，即有抗皮肤衰老、祛斑美容和增白的功效。

**配方 7　银耳胶质面膜**

**原料配比**

| 原　料 | 配比（质量份） | | |
|---|---|---|---|
| | 1# | 2# | 3# |
| 银耳粉 | 20 | 30 | 10 |
| 玉米淀粉 | 6 | 4 | 10 |
| 黄原胶 | 4 | 8 | 2 |
| 海藻酸钠 | 4 | 2 | 8 |
| 葡聚糖 | 2 | 6 | 4 |
| 琼脂粉 | 2 | 5 | 4 |
| 去离子水 | 62 | 50 | 70 |
| 氧化钙 | 0.2 | 0.1 | — |
| 尼泊金甲酯 | 0.3 | 0.4 | — |
| 氨水 | — | — | 0.3 |
| 重氮咪唑烷基脲 | — | — | 0.2 |

**制备方法**

（1）将银耳粉、玉米淀粉、黄原胶、海藻酸钠、葡聚糖、琼脂粉、胶凝剂混合后缓慢加入盛有去离子水的膨化罐中循环，边加边循环，循环开始后每5~15min进行一次搅拌；膨化1~2h，得到银耳混合物；

（2）将步骤（1）膨化好的银耳混合物均匀放入盘子，入蒸锅蒸，刚开始时，温度设置在80~90℃，蒸2h后将温度调至95~100℃，再蒸0.5h，蒸好后出锅，将其切成小块，晾至室温；

（3）晾好的银耳块入冰箱冷冻，冷冻温度为-25~-15℃，冷冻5~7h；

（4）将冻好的银耳块通过均质机均质，均质4~7min；

（5）将均质好的混合物装入模具后放入冷库进行冷冻，冷库的温度设置在-19.5~-13℃，在冷库中保持2~6h；

（6）将冻好的银耳膜从冷冻室取出放入热水槽内解冻，再将银耳膜放入消毒槽中，加入防腐剂，开锅后煮1.5~2.5h消毒；

（7）将消好毒的银耳膜装入包装袋，灌精华液，封装。

**原料介绍**　所述胶凝剂选自氧化钙、氨水中的一种。

所述防腐剂选自尼泊金甲酯、重氮咪唑烷基脲中的一种。

**产品应用**　本品是一种银耳胶质面膜。

**产品特性**　本品所用原料均为市售食用级别的植物原料合成，对皮肤无刺激；膜贴本身对皮肤就有美白保湿作用，而且面膜易于降解，自然降解只需1周左右。

## 配方8　营养面膜

**原料配比**

| 原　料 | 配比（质量份） | | | | |
|---|---|---|---|---|---|
| | 1# | 2# | 3# | 4# | 5# |
| 蜂蜜 | 10 | 15 | 30 | 10 | 10 |
| 蚕丝蛋白 | 10 | 15 | 10 | 20 | 15 |
| 水 | 50 | 40 | 40 | 40 | 60 |
| 琼脂 | 10 | 20 | 10 | 10 | 10 |
| 葡萄籽粉 | 20 | 10 | 10 | 10 | 10 |

**制备方法**

（1）将蚕茧抽拉成蚕丝，加入水，经20~40℃温水浸泡2~6h，均匀搅拌，形成白色半透明丝状物，经过滤除沉淀，提炼出蚕丝蛋白；

（2）将琼脂放入蒸馏器皿中，经130~150℃高温蒸馏冷却后，单独放入容器中；

（3）将蚕丝蛋白、琼脂、蜂蜜、葡萄籽粉和水混合，搅拌均匀，形成混合物，放入模具中低温成型。

**产品特性**　本品由于采用琼脂为原料，面膜材料具有高强度吸收功能和高透气性，透明度高，凝胶强度高，含丰富的膳食纤维、蛋白质，热量低，具有排毒养颜、润肤、降脂的作用，同时琼脂对保持水分、营养成分不流失具有较好的作用。本品采用蚕丝蛋白为原料，面膜材料渗透力极强，能促进肌肤细胞再生，对黑色素生成的抑制更为有效，丝缩氨基酸还能抑制皮肤中酪氨酸酶的活性，从而抑制酪氨酸酶生成黑色素，改善暗淡肤色。本品采用葡萄籽为原料，葡萄籽中含有的原青花素具有较强的抗氧化作用，具有改善皮肤过敏、美容养颜和祛斑的作用。且本品采用蜂蜜为原料，可以滋润和营养皮肤，使皮肤细腻、光滑、富有弹性，另外还有抗菌消炎、促进组织再生的作用。

### 配方 9　珍珠维生素 E 美白保湿面膜

**原料配比**

| 原　料 | 配比（质量份） | | | |
|---|---|---|---|---|
| | 1# | 2# | 3# | 4# |
| 十六醇 | 3 | 8 | 5 | 4 |
| 改性纳米珍珠粉 | 10 | 12 | 8 | 5 |
| 橄榄油 | 2 | 2 | 2.5 | 3.5 |
| 绿茶提取物 | 0.2 | 2 | 1.5 | 0.4 |
| 熊果苷 | 0.5 | 1.8 | 1.3 | 0.8 |
| 维生素 E | 4 | 2 | 3 | 2.5 |
| 吐温-80 | 3 | 5 | 4 | 3 |
| 对羟基苯甲酸甲酯 | 0.2 | 0.2 | 0.2 | 0.2 |
| 脂肪酸聚氧乙烯醚 | 3 | 2 | 3 | 3.5 |
| 香精 | 适量 | 适量 | 适量 | 适量 |
| 保湿剂 | 2 | 2 | 3 | 2.5 |
| 去离子水 | 加至 100 | 加至 100 | 加至 100 | 加至 100 |

**制备方法**

(1) 先称取纳米珍珠粉，加入去离子水并搅拌均匀使其形成悬浮液，使纳米珍珠粉的质量分数为 10%，将悬浮液加入反应器中，恒温加热，活化温度为 85℃ 左右，加入配制好的以干珍珠粉为基础的 1.8% 的表面活化剂，在搅拌条件下活化反应，时间为 40min，然后过滤、恒温干燥、气流粉碎，得到改性纳米珍珠粉产品。所述的表面活化剂由 60% 硬脂酸钠，20% 油酸钠和 20% 棕榈酸钠组成，活化剂包覆在纳米珍珠粉表面。

(2) 将十六醇、橄榄油、脂肪酸聚氧乙烯醚和吐温-80 混合并加热至 60℃，然后把除香精及对羟基苯甲酸甲酯外的剩余其他组分加热至同样的温度，将后者加入前者搅拌乳化，搅拌时间为 20min，搅拌速率为 1500r/min，继续搅拌冷却至 45℃ 左右时加入香精及对羟基苯甲酸甲酯，继续搅匀至室温即成。

**产品应用**　使用时，将面膜均匀地涂抹在面部（避开眼部和唇部肌肤），10～15min 后洗净，每周使用 2～3 次。

**产品特性**　本品能深层滋养、美白肌肤，改善肌肤因老化引起的粗糙、晦暗无光，为肌肤提供水分和营养，其制作工艺简单、成本低、使用方便。

### 配方 10　治疗黄褐斑面膜

**原料配比**

| 原　料 | 配比（质量份） | 原　料 | 配比（质量份） |
|---|---|---|---|
| 柴胡 | 150 | 枳壳 | 150 |
| 红花 | 150 | 丝瓜络 | 150 |
| 桃仁 | 150 | 乳香 | 150 |
| 白芍 | 150 | 莪术 | 150 |
| 女贞子 | 150 | 珍珠粉 | 150 |

**制备方法**　以上配方中除珍珠粉外原料按质量份称取，磨成 60 目粉，将珍珠粉磨成 100 目粉，充分搅拌均质，按照 30g/包进行包装，制得面膜粉。

**产品应用**　将药粉 30g 用 90～100℃的沸水调成糊状；加入一个鸡蛋清、两粒维生素 E 和一汤匙蜂蜜混合物的三分之一，调匀，以温度不烫皮肤为合适，将其均匀敷在脸部，用塑料膜敷在面膜粉上，维持 30min，除去面膜粉，把脸洗净。重患者每天一次，轻患者每隔一天 1 次。

**产品特性**　本品与普通面膜的使用一样方便，且安全、没有副作用。尤其适用于湿热内蕴者祛除黄褐斑。

### 配方 11　治疗黧黑斑的面膜

**原料配比**

| 原　料 | 配比（质量份） | 原　料 | 配比（质量份） |
|---|---|---|---|
| 白僵蚕 | 150 | 白茯苓 | 150 |
| 白术 | 150 | 当归 | 150 |
| 白芍 | 150 | 黑稆豆 | 150 |
| 蝉脱 | 150 | 枳壳 | 300 |
| 薄荷 | 150 | 珍珠母 | 300 |

**制备方法**

（1）分别称取配方中各药材，进行清洗、烘干并粉碎成 150 目；

（2）将以上制得的所有药粉混合均匀；

（3）将混合药粉分装入规定质量规格的包装袋。

**产品应用**　每晚温水洗面后，取一袋药末用加热到 80℃的白醋调成糊状，待晾到皮肤感觉不烫时，趁热敷于患处，25～40min 后揭去。

**产品特性**　本品根据辨证论治，分别采用健脾益气、疏肝解郁、活血化瘀和滋阴补肾或温补肾阳等方法，有活血化瘀、祛毒散结、活血祛斑、美白养颜之功效。

## 配方 12　中药美容面膜

**原料配比**

| 原 料 | 配比（质量） | | | |
|---|---|---|---|---|
| | 1# | 2# | 3# | 4# |
| 益母草 | 300 | 320 | 340 | 350 |
| 白果 | 100 | 90 | 90 | 90 |
| 何首乌 | 80 | 80 | 90 | 80 |
| 黑芝麻 | 30 | 35 | 35 | 36 |
| 维生素 E | 50 | 45 | 45 | 45 |
| 杏仁 | 100 | 120 | 90 | 90 |
| 石榴皮 | 30 | 30 | 30 | 30 |
| 蒲公英 | 60 | 50 | 55 | 50 |
| 滑石粉 | 30 | 25 | 25 | 25 |
| 胭脂粉 | 3 | 2 | 4 | 4 |
| 蜂蜜 | 300 | 320 | 300 | 32 |
| 芦荟汁 | 300 | 310 | 320 | 320 |
| 仙人掌汁 | 150 | 160 | 180 | 180 |

**制备方法**

（1）粉料制备：将白果、何首乌、黑芝麻、维生素 E、杏仁、石榴皮、蒲公英、滑石粉、胭脂粉混合研为粉料。

（2）汁液制备：将蜂蜜、芦荟汁、仙人掌汁混合制成调制液体。

（3）将益母草全株用清水洗净，沥干水分，切细、晒干、研为粉末，加入水和面粉调和并揉成汤圆大的团状，然后用火煨一昼夜，待凉后与（1）所得粉料混合细研，过 60 目筛制得粉末，用（2）所得汁液调成糊状得美容面膜产品。

**产品应用**　使用时，分别取粉料和液体，将两部分混合均匀调制成膏状，敷面使用。

**产品特性**　本品原料为纯天然植物，无任何毒副作用，具有润泽肌肤、美白养颜、消斑、祛皱等功能，长期使用，效果更佳。

## 配方 13　中药平衡修复润肤美白面膜

**原料配比**

| 原 料 | 配比（质量份） | 原 料 | 配比（质量份） |
|---|---|---|---|
| 白茯苓 | 5～10 | 人参 | 5～10 |
| 白及 | 5～10 | 当归 | 5～10 |
| 白芷 | 5～10 | 桔梗 | 5～10 |

续表

| 原 料 | 配比（质量份） | 原 料 | 配比（质量份） |
|---|---|---|---|
| 天花粉 | 5～10 | 木瓜根 | 5～10 |
| 玄参 | 5～10 | 芦荟 | 5～10 |
| 杏仁粉 | 5～10 | 丁香 | 5～10 |
| 藕粉 | 5～10 | 蜂蜜 | 1～2 |
| 甲壳素 | 5～10 | | |

**制备方法**

（1）先将白茯苓、白及、白芷、人参、当归、桔梗、玄参、木瓜根、芦荟、丁香用研磨机制成粉末；

（2）将上述药粉及杏仁粉、藕粉、天花粉加适量的开水调匀；

（3）甲壳素用适量的开水加一滴食用醋调成胶状；

（4）将上述各种成分混合在一起，用蜂蜜调匀，搅拌成稠状，即可使用。

**产品特性** 本品全部取自于食物、植物的精华，促进皮肤对其的吸收，达到杀菌、清热解毒、祛斑、除皱、增白、修复、滋润皮肤的目的，从而起到美容的效果。使用的材料为日常生活中常用的食物，对人体的毒副作用小。含有多种维生素和活性组分，可清除自由基，改善血循环。

## 配方 14 中药去痘美白面膜

**原料配比**

| 原 料 | 配比（质量份） | | |
|---|---|---|---|
| | 1# | 2# | 3# |
| 白芷 | 5 | 20 | 13 |
| 白术 | 10 | 5 | 8 |
| 白附子 | 5 | 15 | 10 |
| 白芍 | 15 | 8 | 12 |
| 甘草 | 10 | 20 | 15 |
| 黄连 | 20 | 5 | 13 |
| 薄荷 | 5 | 25 | 15 |
| 丹参 | 30 | 10 | 20 |
| 黄芩 | 5 | 15 | 10 |
| 栀子 | 20 | 5 | 13 |
| 金银花 | 5 | 10 | 8 |
| 蒲公英 | 15 | 5 | 10 |
| 白醋 | 2000～3000 | 2000～3000 | 2000～3000 |

**制备方法** 将各组分经挑选、清洗、干燥、烘烤、粉碎、高温消毒后，加入白醋2000～3000份，混合搅拌成糊状。

**产品特性** 本品可活血化瘀，对久治不愈或反复发作的病症，可引导主药直达病变深层，可祛除病根，治疗久治不愈的痤疮，疗效甚佳。

### 配方 15 中药美白面膜

原料配比

| 原　料 | 配比（质量份） | |
|---|---|---|
| | 1# | 2# |
| 桔梗 | 20 | 15 |
| 地榆 | 15 | 20 |
| 防风 | 20 | 30 |
| 威灵仙 | 30 | 20 |
| 茯苓 | 30 | 30 |
| 丹参 | 20 | 20 |
| 水 | 适量 | 适量 |
| 面膜基质 | 适量 | 适量 |

**制备方法** 将桔梗、地榆、防风、威灵仙、茯苓、丹参以 10 倍药物总量的水煎煮 3 次，每次 2h，过滤，合并滤液，弃去滤渣，滤液浓缩至适量，加入面膜基质制成面膜。

**产品特性** 本品的有效成分能深入肌肤底层，抑制酪氨酸酶的活性，减少黑色素形成，加速淡化斑点，提高美白效果，预防黑斑、雀斑的滋长，保持肌肤白皙。

### 配方 16 中药美白祛斑面膜粉

原料配比

| 原　料 | 配比（质量份） | | | | |
|---|---|---|---|---|---|
| | 1# | 2# | 3# | 4# | 5# |
| 人参 | 3 | 10 | 6 | 4 | 8 |
| 黄精 | 3 | 15 | 13 | 11 | 7 |
| 天冬 | 6 | 15 | 13 | 11 | 8 |
| 白附子 | 3 | 10 | 10 | 7 | 6 |
| 白芷 | 3 | 10 | 8 | 7 | 5 |
| 当归 | 6 | 15 | 11 | 7 | 12 |
| 白僵蚕 | 3 | 10 | 8 | 7 | 5 |
| 苍耳子 | 6 | 15 | 12 | 11 | 9 |
| 白及 | 3 | 10 | 8 | 7 | 5 |
| 冬瓜仁 | 6 | 15 | 12 | 11 | 8 |
| 银杏叶 | 3 | 15 | 9 | 7 | 10 |

| 原　料 | 配比（质量份） | | | | |
|---|---|---|---|---|---|
| | 1# | 2# | 3# | 4# | 5# |
| 玉竹 | 3 | 10 | 6 | 4 | 7 |
| 蒺藜 | 3 | 10 | 10 | 8 | 5 |
| 续随子 | 3 | 10 | 6 | 4 | 8 |
| 珍珠粉 | 1 | 6 | 4 | 5 | 3 |
| 密陀僧 | 1 | 6 | 4 | 3 | 3 |
| 薄荷 | 3 | 10 | 6 | 4 | 3～109 |
| 紫河车 | 1 | 3 | 2 | 2 | 2 |
| 肉桂 | 3 | 6 | 4 | 5 | 4 |
| 一点红 | 3 | 10 | 8 | 7 | 5 |
| 白蔹 | 3 | 10 | 8 | 7 | 4 |
| 冰片 | 1 | 3 | 2 | 2 | 2 |
| 绿豆粉 | 10 | 30 | 15 | 22 | 25 |
| 炙甘草 | 3 | 10 | 6 | 4 | 9 |

**制备方法**　将各种物质晒干后混合粉碎成 200 目以上的粉剂即可。

**产品应用**　本品用法与用量：一般三天一次，一次取 6～10g 加 20～35mL 去离子水或酸奶调成糊状，洗面后均匀敷在面部，用保鲜膜覆盖 20～30min 取下洗净即可。干性皮肤可加适量蜂蜜或蛋清（加 1mL 美白面膜精华液或 1mL 老陈醋效果更好）。

**产品特性**　本品是一种采用传统养颜配方，结合现代人情况，从人的生理、病理、生活习惯、工作性质、饮食起居等多方面因素综合分析判断组成的纯天然美白、嫩肤、亮泽、祛斑的功效性配方，使用效果非常好，而且不脱皮，不红肿，没有毒副作用，使用方便简单。

## 配方 17　中药美容养颜面膜粉

**原料配比**

| 原　料 | 配比（质量份） | 原　料 | 配比（质量份） |
|---|---|---|---|
| 人参 | 25 | 杏仁 | 9 |
| 白芷 | 10 | 桃花 | 6 |
| 白茯苓 | 10 | 甘松 | 6 |
| 当归 | 7 | 苦参 | 4 |
| 白果 | 6 | 黄柏 | 6 |
| 山药 | 6 | 藁本 | 5 |

**制备方法**

(1) 将选好的人参洗净；

(2) 将洗净的人参子须、参头去掉；

（3）将余下的人参参段晾干；

（4）将晾干的人参参段放入 45～65℃的烘干室内 24～48h，进行烘干；

（5）将已烘干的人参参段切片；

（6）将人参切片粉碎成 2000～4000 目人参粉；

（7）将山药洗净、去皮；

（8）将白芷、白茯苓、当归、白果、杏仁、桃花、甘松、苦参、黄柏、藁本以及洗净、去皮的山药晒干；

（9）将晒干的白芷、白茯苓、当归、白果、杏仁、桃花、甘松、苦参、黄柏、藁本、山药粉碎成 2000～4000 目的其他中药粉；

（10）将人参粉和其他中药粉混合拌匀得中药美容养颜面膜粉；

（11）将中药美容养颜面膜粉装袋。

**产品应用**　本品适用于面部斑痕印痕、毛孔粗大、青春痘、痤疮、色素沉积、过敏瘙痒等肌肤人群使用。

使用时，需要将本品用温水调制成糊状，也可以用蜂蜜、牛奶等调制成糊状，然后均匀涂抹于面部，保留 20～40min 后用温水洗净即可。调制方法可以单独用温水、蜂蜜、牛奶，也可采取蜂蜜加温水、蜂蜜加牛奶等调制方法，蜂蜜加温水、蜂蜜加牛奶调制比例可以是 1∶1，也可以是 1∶2，还可以根据个人皮肤状况采用其他调制比例。

**产品特性**　本品具有滋养细胞、脱敏消炎、美白祛斑、祛皱嫩肤、祛黄褪黑、祛痘祛印、缩小毛孔、预防衰老等功效。

## 配方 18　中药面膜

**原料配比**

| 原　料 | 配比（质量份） | 原　料 | 配比（质量份） |
| --- | --- | --- | --- |
| 珍珠 | 30 | 泽泻 | 15 |
| 白芷 | 30 | 黄芩 | 15 |
| 白附子 | 30 | 莪术 | 15 |
| 血竭 | 15 | 薄荷 | 15 |
| 桃仁 | 15 | 当归 | 15 |
| 红花 | 15 | 冬瓜仁 | 15 |
| 白术 | 15 | | |

**制备方法**

（1）分别称取配方中各药材，进行清洗、烘干并粉碎成 150 目；

（2）将以上制得的所有药粉混合均匀；

（3）将混合药粉分装入规定质量规格的包装袋。

**产品应用**　本品是一种中药面膜。使用方法：晚上温水洗面后，取一袋药粉用加热过的白醋调成糊状，敷于患处 25～40min 后揭去；配合用于治疗黑色素斑的胶囊使用，以达到里外兼治，根除不反复的真实效果。

**产品特性** 本品有美白养颜、活血凉血、通络消斑之功效；为有效处理美容上的黑色素斑的问题，可将其制成针对褐色素斑的面膜。

### 配方19 中药面膜分装剂

原料配比

| 原 料 | 配比（质量份） | | |
|---|---|---|---|
| | 1# | 2# | 3# |
| 人参粉 | 100 | 100 | 100 |
| 白及粉 | 100 | 100 | 100 |
| 水剂 | 1000（体积份） | 1000（体积份） | 1000（体积份） |

水剂

| 原 料 | 配比（质量份） | | |
|---|---|---|---|
| | 1# | 2# | 3# |
| 猪牙皂 | 100 | 200 | 20 |
| 麦冬 | 500 | 800 | 80 |
| 水 | 适量 | 适量 | 适量 |

**制备方法** 将各组分混合均匀即可。

水剂由以下方法制备得到：取猪牙皂和麦冬，混合后用水煎煮3次，每次1h，滤出煎液，合并，然后浓缩至稠膏，最后用去离子水定容至1000（体积份）。

**原料介绍** 本品起清洁作用的是猪牙皂水提物，猪牙皂水提物主要成分皂苷，是一种天然的清洁剂，可彻底清洁皮肤中的污垢；麦冬水提物中含有大量多糖，使用后部分多糖保留于皮肤表面，持久保湿滋润皮肤，使皮肤细嫩光滑；麦冬水提物中还含有黄酮类化合物，具有抗氧化与吸收紫外线作用，被皮肤吸收可起到美白皮肤作用；人参中有多种挥发油和氨基酸，可通过皮肤的渗透作用为人体所吸收，促进血液循环和新陈代谢，能够增进肌肤细胞的发育，营养和光泽皮肤，且有防皱、耐寒冷与防紫外线辐射的作用，自古有"皱面还丹"之称；白及有收敛止血、消肿生肌作用，可用于治疗面上油腻过多、粉刺等。

**产品应用** 本品是一种中药面膜分装剂。

**产品特性** 本品具有清洁、美白以及保湿的作用。

### 配方20 剥离型深海鱼皮胶原肽面膜

原料配比

| 原 料 | 配比（质量份） | | |
|---|---|---|---|
| | 1# | 2# | 3# |
| 滑石粉 | 7 | 20 | 10 |
| 钛白粉 | 3 | 10 | 10 |

续表

| 原　料 | 配比（质量份） | | |
|---|---|---|---|
| | 1# | 2# | 3# |
| 甘油 | 5 | 5 | — |
| 山梨醇 | 5 | — | 10 |
| 聚乙烯醇 | 20 | 7.5 | 15 |
| 羧甲基纤维素 | 10 | 2.5 | 15 |
| 深海鱼皮胶原多肽 | 3 | 10 | 1 |
| 海藻糖 | 1 | 2 | 1 |
| 菊糖 | 0.5 | 0.5 | 1 |
| 吐温-20 | 1 | 1.5 | 2 |
| 霍霍巴油 | — | 5 | 5 |
| 橄榄油 | 5 | — | 5 |
| 防腐剂 | 0.15 | 0.2 | 0.2 |
| 去离子水 | 加至 100 | 加至 100 | 加至 100 |

**制备方法**

(1) 将无机粉料和保湿剂置于容器中，加入去离子水，加热至 70～80℃搅拌混匀，制成水相；

(2) 将成膜剂在乙醇中溶解均匀；

(3) 将深海鱼皮胶原多肽、海藻糖、菊糖置于容器中加热至 40～50℃溶解，搅拌混匀，得活性物质相；

(4) 将表面活性剂、油脂以及防腐剂用乙醇溶解加热至 40℃，搅拌混匀，制得醇相；

(5) 将步骤 (1) 和步骤 (2) 所得混合物混合加热至 70～80℃溶解，搅拌均匀，降温至 45℃时加入步骤 (4) 所得醇相搅拌，冷却后加入步骤 (3) 所得物和玫瑰纯露 1～3 份，搅拌混匀得剥离型面膜。

**原料介绍**　所述的无机粉料为滑石粉和钛白粉的混合物。

所述的成膜剂为聚乙烯醇和羧甲基纤维素的混合物。

所述的保湿剂为甘油和山梨醇中的一种或两种。

所述的油脂为橄榄油和霍霍巴油中的一种或两种。

所述的表面活性剂为吐温-20。

所述的防腐剂为尼泊金甲酯和尼泊金丙酯，尼泊金甲酯和尼泊金丙酯的质量比为 4:1。

**产品特性**　本品所使用的胶原多肽，原料来自水产品加工废弃物，充分利用水产品加工废弃物，不仅可以减少环境污染和资源的浪费，而且可以增加水产品加工的附加值，提高经济效益。面膜可将皮肤的分泌物、皮屑、污垢等物质除去，深海鱼皮胶原多肽与玫瑰纯露、海藻糖等活性成分相结合，增强了其美容功效。

## 配方 21　自发泡洁肤面膜

原料配比

| 原料 | | 配比（质量份） | |
|---|---|---|---|
| | | 1# | 2# |
| A 组分 | 去离子水 | 42.139 | 49.999 |
| | 丁二醇 | 5 | — |
| | 黄原胶 | 0.5 | — |
| | 丙二醇 | — | 3 |
| | 羟乙基纤维丝 | — | 0.5 |
| | PEG-120 甲基葡萄糖二油酸酯 | — | 1 |
| B 组分 | 月桂酰肌氨酸钠 | 15 | — |
| | 硅基葡糖苷 | 10 | — |
| | 椰油酰胺基丙基甜菜碱 | 6 | 4 |
| | 酰基谷氨酸钠 | — | 8 |
| | 月桂基葡萄苷 | — | 10 |
| C 组分 | 丙烯酸（酯）类共聚物 | 10 | — |
| | Carbopolulteez 20 | — | 1.5 |
| D 组分 | 氢氧化钠 | 0.38 | — |
| | 三乙醇胺 | — | 0.9 |
| E 组分 | GGhEGF | 0.001 | 0.001 |
| | 熊果叶提取物 | 0.5 | — |
| | 防腐剂 | 0.3 | 0.5 |
| | 香精 | 0.1 | 0.1 |
| | 山金车花提取物 | — | 0.05 |

**制备方法**

（1）在搅拌条件下将上述 A 组分物料投入洁净的搅拌锅内，搅拌混合均匀；

（2）在搅拌条件下将 B 组分物料依次加入并搅拌混合均匀；

（3）待 B 组分物料混匀后，在搅拌条件下将 C 组分物料加入并搅拌混合均匀；

（4）用 D 组分物料调节 pH 值至 6.0～8.0，然后加入 E 组分物料搅拌溶解均匀，得到洁肤面膜基质半成品，待用；

（5）将自发泡添加剂加入洁肤面膜基质半成品中混合搅匀；

（6）灌装包装。

**产品特性**　本品通过选用特定成分的洁肤面膜基质和自发泡添加剂进行复配，以面膜的形式护理面部，特别是通过涂布的面膜自动产生泡沫形成负压，吸出皮肤深层的污垢，具有极好的深层清洁功能，而且伴随泡沫破裂，面膜中的功效成分进入皮肤，功能添加剂可更好地发挥作用，修复皮肤细胞，使皮肤白皙，恢复弹性和活力。

# 四、天然化妆品

## 配方 1　纯天然蜗牛嫩肤霜

**原料配比**

| 原料 | | 配比（质量份） | | |
|---|---|---|---|---|
| | | 1# | 2# | 3# |
| A 组分 | 蜗牛分泌液 | 40 | 50 | 30 |
| | 蜗牛卵子 | 30 | 20 | 40 |
| B 组分 | 透明质酸 | 10 | 5 | 15 |
| | 去离子水 | 5 | 3 | 7 |
| C 组分 | 汉生胶 | 10 | 6 | 12 |
| | 食用香精 | 0.5 | 0.6 | 0.3 |
| | 山梨酸钾 | 4.5 | 5.5 | 3 |

**制备方法**

(1) 将蜗牛分泌液和蜗牛卵子混合后放置 24h 进行自然反应，使其成一体即成 A 组分；

(2) 将透明质酸和去离子水加温搅拌至 70℃即成 B 组分；

(3) 将汉生胶、食用香精、山梨酸钾混合即成 C 组分；

(4) 将 B 组分加温搅拌至 70℃时再将 A 组分倒入 B 组分搅拌 2h，边搅拌边降温，当温度降至 20℃时再将 C 组分倒入继续搅拌 1h 即得本产品。

**产品应用**　本品主要能增加皮肤营养，增进皮层血液循环，有紧肤作用，可避免皮肤老化，减少面部皱纹，消除皮肤上的斑点、疤痕和痤疮，使皮肤更加细腻和光滑，恢复自然嫩白。

**产品特性**　本品蜗牛分泌液中含有特别丰富的甘醇酸、骨胶原、蛋白质、维生素和钙质等高营养成分，能渗透到皮肤的第三个层面，促进面部血液循环，使皮肤产生弹性，避免皮肤老化。

## 配方 2  纯天然中药美颜霜

**原料配比**

| 原　料 | 配比（质量份） | | |
|---|---|---|---|
| | 1# | 2# | 3# |
| 白参 | 400 | 600 | 500 |
| 羊胰 | 200 | 400 | 300 |
| 藏红花 | 50 | 200 | 100 |
| 灵芝 | 100 | 200 | 150 |
| 雪莲 | 30 | 80 | 500 |
| 胎盘 | 50 | 200 | 100 |
| 珍珠粉 | 200 | 300 | 150 |
| 天花粉 | 200 | 400 | 300 |
| 僵蚕 | 200 | 300 | 250 |
| 山药 | 200 | 300 | 250 |
| 当归 | 30 | 80 | 50 |
| 桃花 | 100 | 200 | 150 |
| 杏仁 | 30 | 80 | 60 |
| 白芷 | 30 | 80 | 60 |
| 白菊 | 50 | 150 | 100 |
| 白酒 | 适量 | 适量 | 适量 |
| 蜂蜜 | 500 | 500 | 500 |
| 黑芝麻油 | 1000 | 1000 | 1000 |

**制备方法**

（1）将各中药组分用 3～5 倍原料质量的粮食酿制酒（酒精度在 60～69 度之间），加入一搪瓷罐体中，浸泡 10～20 天，过滤，得精液体 A 和固体残渣 B；

（2）把过滤后的固体残渣 B 再次放到搪瓷罐体中，加入 1.5～2.5 倍原料质量的粮食酿制酒，浸泡 10～20 天，过滤，得精液体 C 和固体残渣 D；

（3）把过滤后的固体残渣 D 再次放到搪瓷罐体中，加入 1.5～2.5 倍原料质量的粮食酿制酒，浸泡 10～20 天，过滤，得精液体 E 和固体残渣；

（4）把液体 A、C、E 混合在一起，加入搪瓷罐中，加热至沸腾，持续加热保持沸腾状态，直至去除罐内的水分，得到熬制液 F；

（5）然后加入蜂蜜和已加热沸腾 4～8min 的黑芝麻油，搅拌均匀，制得产品。

**产品应用**　本品主要能促进血液循环和细胞的新陈代谢，改善皮肤机体的状况，增强皮肤机体的免疫功能，对皮肤机体有独特的保健和抗衰老功能。

**产品特性**　本品将各种中药组合在一起，充分发挥其功能，中药的营养物经皮肤吸收后，可使皮肤柔软、白嫩且富有弹性；本品还能消除色素沉着，减少皮肤皱纹，减少皮肤多余脂肪和紧肤；对痤疮、雀斑、褐斑、烫伤和皮炎等有很好的治疗作用。

### 配方 3　当归营养霜

**原料配比**

**中药乳剂混合物**

| 原　料 | | 配比（质量份） |
|---|---|---|
| 中药提取物 | 当归 | 500 |
| | 柴胡 | 500 |
| | 续随子 | 500 |
| | 甲醇 | 0.75 |
| | 去离子水 | 0.75 |
| | 醋酸乙酯 | 1 |
| 中药乳剂混合物 | 中药提取物 | 1 |
| | 甘油 | 5 |
| | 橄榄油 | 93.9 |
| | 苯甲酸乙酯 | 0.1 |

**营养霜**

| 原　料 | 配比（质量份） | 原　料 | 配比（质量份） |
|---|---|---|---|
| 中药乳剂混合物 | 1 | 山梨醇酐单硬脂酸酯 | 4.2 |
| 蜂蜡 | 10 | 苯甲酸 | 0.1 |
| 石蜡 | 5 | 丙二醇 | 2 |
| 羊毛脂 | 3 | 硼砂 | 0.7 |
| 肉豆蔻酸异丙酯 | 6 | 尿素 | 5 |
| 角鲨烷 | 1 | 香精 | 适量 |
| 液体石蜡 | 5 | 去离子水 | 27 |
| 聚氧乙烯山梨糖醇酐单硬脂酸酯 | 1.8 | | |

**制备方法**

（1）取混合后的中药乳剂混合物，按配方量加入蜂蜡、石蜡、羊毛脂、肉豆蔻酸异丙酯、角鲨烷、液体石蜡、聚氧乙烯山梨糖醇酐单硬脂酸酯、山梨醇酐单硬脂酸酯及苯甲酸，搅拌混匀后加热到 75℃ 左右，使之溶解；

（2）在 75℃ 的条件下边搅拌边按配方量加入丙二醇、硼砂、尿素和去离子水；

（3）继续搅拌 10min，待物料温度降至 35～40℃ 时，加入适量香精，继续搅拌混匀并降至室温即成。

所述的中药乳剂混合物的制备方法由以下步骤组成：

（1）取中药提取物各 1 份，分别放在三个容器内；

（2）再向每个容器中加入甘油、橄榄油及苯甲酸乙酯，搅拌混匀。

中药提取物的制备方法由以下步骤组成：将当归、柴胡、续随子分别洗净、晒干、粉碎成细粉状；取当归、柴胡、续随子粉末分别放在三个容器中；向三个容器中各加入浓度为 1:1 的甲醇水溶液，搅拌均匀后回流 2~3h，使中药的有效成分能溶解在甲醇水溶液中；回流后分别进行过滤、浓缩、干燥，可得中药固体提取物；各取上述提取物，分别加入醋酸乙酯，经充分搅拌后，放置 1~2h，用滤纸或纱布过滤，除去不溶物；滤液进行浓缩并干燥，得三种中药提取物。

**产品应用**　本品主要用于营养面部和颈部皮肤，使肌肤光滑、细腻和柔嫩，涂擦后有清凉爽快的感觉。

**产品特性**　本品不仅能除去皮肤表皮的污垢，清洁皮肤，而且能在内皮表层留下一层含中药的油膜，起到滋养、润湿皮肤的作用，能增强皮肤细胞的活力和扩张血管，促进血液循环，具有延缓皮肤衰老、减少皱纹、消炎止痒等功效。

### 配方 4　当归柴胡营养霜

原料配比

| 原　料 | | 配比（质量份） |
|---|---|---|
| 中药提取物 | 当归 | 500 |
| | 柴胡 | 500 |
| | 续随子 | 500 |
| | 甲醇 | 0.75（体积份） |
| | 去离子水 | 0.75（体积份） |
| | 醋酸乙酯 | 1（体积份） |
| | 苯 | 1（体积份） |
| 中药乳剂 | 中药提取物 | 1 |
| | 甘油 | 5 |
| | 橄榄油 | 93.9 |
| | 苯甲酸乙酯 | 0.1 |
| 当归柴胡营养霜 | 三种中药乳剂等量混合物 | 1 |
| | 蜂蜡 | 10 |
| | 石蜡 | 5 |
| | 羊毛脂 | 3 |
| | 肉豆蔻酸异丙酯 | 6 |
| | 角鲨烷 | 8 |
| | 液体石蜡 | 5 |
| | 聚氧乙烯山梨糖醇酐单硬脂酸酯 | 1.8 |
| | 山梨糖醇酐单硬脂酸酯 | 4.2 |
| | 苯甲酸 | 0.1 |
| | 丙二醇 | 2 |
| | 硼砂 | 0.7 |
| | 尿素 | 5 |
| | 香精 | 适量 |
| | 去离子水 | 27 |

**制备方法**

（1）中药提取物的制备。将当归、柴胡、续随子各 500 份分别洗净、晒干、粉碎成细粉状。取当归、柴胡、续随子粉末分别放在三个容器中。向三个容器中各加入浓度为 1∶1 的甲醇水溶液（将 0.75L 甲醇和 0.75L 去离子水等量混合）1.5L，搅拌均匀后回流 2～3h，使中药的有效成分能溶解在甲醇水溶液中。回流后分别进行过滤、浓缩、干燥，可得中药固体提取物。各取 100 份上述提取物（若固体提取物不够用，可按相应比例增加中药的用量），分别加入 1L 醋酸乙酯，经充分搅拌后，放置 1～2h，用滤纸或纱布过滤，除去不溶物。滤液进行浓缩并干燥，得三种中药干燥物。向三种干燥物中各加入 1L 苯，充分搅拌，放置 1～2h 后进行过滤，弃去不溶物，滤液进行浓缩并干燥，即得三种中药提取物。

（2）中药乳剂的制备。取步骤（1）制得的三种中药提取物各 1 份，分别放在三个容器内，再向每个容器中加入 5 份甘油、93.9 份橄榄油及 0.1 份苯甲酸乙酯，搅拌混匀即得三种中药乳剂。

（3）当归柴胡营养霜的制备。将三种中药乳剂等量混合后，取混合后的乳剂 1 份，按配方量加入蜂蜡、石蜡、羊毛脂、肉豆蔻酸异丙酯、角鲨烷、液体石蜡、聚氧乙烯山梨糖醇酐单硬脂酸酯、山梨糖醇酐单硬脂酸酯及苯甲酸，搅拌混匀后加热到 75℃左右，使之溶解。并在 75℃的条件下边搅拌边按配方量加入丙二醇、硼砂、尿素和去离子水。继续搅拌 10min，待物料温度降至 35～40℃时，加入适量香精，继续搅拌混匀并降至室温即成。

**产品特性**　本品不仅能除去皮肤表皮的污垢，清洁皮肤，而且能在内皮表层留下一层含中药的油膜，起到滋养、润湿皮肤的作用。主要用于营养面部和颈部皮肤，使肌肤光滑、细腻和柔嫩，涂擦后有清凉爽快的感觉。

## 配方 5　茯苓营养霜

**原料配比**

| 原　料 | 配比（质量份） | 原　料 | 配比（质量份） |
| --- | --- | --- | --- |
| 茯苓提取物 | 0.2 | 甘油 | 3 |
| 聚乙烯醇 | 10 | 香精 | 0.05 |
| 乙醇 | 10 | 去离子水 | 76.75 |

**制备方法**

（1）茯苓提取物的制备：将洗净并干燥的茯苓粉用 80% 的乙醇浸渍，在室温下浸渍 4 天后，过滤，将滤液减压蒸馏，除去乙醇和水分后即可得粉状茯苓提取物；

（2）茯苓润肤膏的制备：将茯苓提取物、聚乙烯醇、乙醇、甘油以及香精溶解于去离子水中，经搅拌混合后即成。

注意：在制备时温度不宜过高，以防止茯苓中的有效成分被分解和破坏。

**产品应用**　本品是一种茯苓营养霜化妆品。

**产品特性** 该营养霜主要由中药茯苓提取物配制而成，可以清洁皮肤，使皮肤清凉爽快，并可以改善皮肤的粗糙度，能使皮肤光滑、细腻、富有弹性。

### 配方 6 复方葡萄籽霜剂

原料配比

| 原　料 | | 配比（质量份） | | | | |
|---|---|---|---|---|---|---|
| | | 1# | 2# | 3# | 4# | 5# |
| 葡萄籽 | | 60 | 60 | 60 | 30 | 80 |
| 薏苡仁 | | 20 | 30 | 35 | 20 | 50 |
| 白芷 | | 15 | 25 | 25 | 20 | 30 |
| 山药 | | 20 | 20 | 30 | 40 | 10 |
| 茯苓 | | 30 | 35 | 25 | 50 | 15 |
| 黄芪 | | 25 | 25 | 25 | 20 | 35 |
| 白鲜皮 | | 25 | 15 | 15 | 10 | 30 |
| 沙参 | | 25 | 25 | 25 | 20 | 30 |
| 菊花 | | 20 | 30 | 35 | 35 | 15 |
| 蛇床子 | | 20 | 20 | 20 | 10 | 30 |
| 生晒参 | | 15 | 15 | 15 | 10 | 20 |
| 三七 | | 25 | 25 | 30 | 20 | 30 |
| 丹参 | | 25 | 30 | 25 | 20 | 35 |
| 氮酮 | | 20 | 20 | 20 | 15 | 2 |
| 香精 | | 5 | 5 | 5 | 2 | 10 |
| 维生素 C 溶液 | | 10 | 10 | 10 | 20 | 2 |
| 维生素 E 溶液 | | 10 | 10 | 10 | 20 | 2 |
| 油相原料 | 硬脂酸甘油酯 | 25 | 50 | 50 | 20 | 80 |
| | 硬脂酸 | 40 | 40 | 40 | 60 | 20 |
| | 白凡士林 | 25 | 50 | 50 | 20 | 20 |
| | 液体石蜡 | 80 | 80 | 90 | 50 | 100 |
| 水相原料 | 十二烷基硫酸钠 | 10 | 10 | 10 | 10 | 30 |
| | 甘油 | 50 | 15 | 75 | 80 | 20 |
| | 三乙醇胺 | 10 | 4 | 10 | 10 | 50 |
| | 去离子水 | 55 | 55 | 55 | 80 | 30 |

**制备方法**

（1）将葡萄籽置于 0.1L 萃取釜中，待制冷装置与萃取釜和分离釜Ⅰ、Ⅱ加温装置正常工作后，打开压缩泵加压到 8～40MPa，调整 $CO_2$ 流量为 10～35L/h，以甲醇作夹带剂，在 32～40℃下循环萃取 40～80min，即得葡萄籽提取物溶液；

（2）将薏苡仁、白芷、山药、茯苓、黄芪、白鲜皮、沙参、菊花、蛇床子、生晒参、三七、丹参一起置于超临界 $CO_2$ 萃取装置中，在步骤（1）中所述条件下进行萃取，得挥发油；

（3）将步骤（2）萃取所剩的药渣用体积浓度为 70%～80% 的乙醇微波提取，得提取液；

（4）将步骤（3）所得的提取液加入步骤（1）所得的葡萄籽提取物溶液中，即得混合提取液；

（5）先将步骤（2）中所得挥发油加入油相原料中，再将水相原料与加了挥发油的油相原料分别置于两个容器中，均加热至 80℃，在不断搅拌下，逐步将水相加入油相中，并继续搅拌，即得混合液；

（6）将氮酮、香精、维生素 C 溶液、维生素 E 溶液以及步骤（4）中所得的混合提取液同时加入步骤（5）中所得的混合液中，使其混合均匀至凝固即得。

**产品应用**　本品主要用于皮肤表面，是一种具有增白祛斑、保湿防皱以及抗氧化功效的复方葡萄籽霜。

**产品特性**

（1）采用超临界 $CO_2$ 萃取法提取葡萄籽中的原花青素，提取工艺先进，条件容易控制，价格便宜，提取物化学结构不会受到破坏，且产率高、耗时少。

（2）将葡萄籽提取物制备成霜剂，利用霜剂对皮肤通透性好、对皮肤表面的分泌物结合能力较强的特点，可使葡萄籽提取物中的有效成分充分被人体吸收，继而发挥其抗氧化等功效。

（3）配方中加入一定量的维生素 C 与维生素 E 溶液及一组抗氧化中药的提取物溶液，增强了葡萄籽提取物中原花青素的抗氧化能力，使霜剂达到更好的效果。

## 配方 7　复活草水活保湿霜

**原料配比**

复活草水活保湿霜

| 原　料 | 配比（质量份） | | | | | | |
|---|---|---|---|---|---|---|---|
| | 1# | 2# | 3# | 4# | 5# | 6# | 7# |
| 主要活性成分 | 1 | 2 | 0.05 | 0.1 | 5 | 20 | 5 |
| 甘油硬脂酸酯 | 6 | 6 | 6 | 6 | 6 | 6 | 6 |
| 甘油三酯 | 5 | 5 | 5 | 5 | 5 | 5 | 5 |
| 聚二甲基硅氧烷 | 4 | 4 | 4 | 4 | 4 | 4 | 4 |
| 鲸蜡硬脂醇 | 3 | 3 | 3 | 3 | 3 | 3 | 3 |
| 甘油 | 2 | 2 | 2 | 2 | 2 | 2 | 2 |
| 卡波姆 | 0.5 | 0.5 | 0.5 | 0.5 | 0.5 | 0.5 | 0.5 |
| 泛醇 | 5 | 5 | 5 | 5 | 5 | 5 | 5 |
| 三乙醇胺 | 0.5 | 0.5 | 0.5 | 0.5 | 0.5 | 0.5 | 0.5 |
| EDTA-2Na | 0.1 | 0.1 | 0.1 | 0.1 | 0.1 | 0.1 | 0.1 |
| 透明质酸钠 | 0.1 | 01 | 0.1 | 0.1 | 0.1 | 0.1 | 0.1 |

续表

| 原 料 | 配比（质量份） | | | | | | |
|---|---|---|---|---|---|---|---|
| | 1# | 2# | 3# | 4# | 5# | 6# | 7# |
| 甘草酸二钠 | 0.1 | 0.1 | 0.1 | 0.1 | 0.1 | 0.1 | 0.1 |
| 山梨酸钾 | 0.1 | 0.1 | 0.1 | 0.1 | 0.1 | 0.1 | 0.1 |
| 日用香精 | 0.1 | 0.1 | 0.1 | 0.1 | 0.1 | 0.1 | 0.1 |
| DMDM 乙内酰脲 | 0.2 | 0.2 | 0.2 | 0.2 | 0.2 | 0.2 | 0.2 |
| 去离子水 | 至 100 | 至 100 | 至 100 | 至 100 | 至 100 | 至 100 | 至 100 |

主要活性成分

| 原 料 | 配比（质量份） | | | | | | |
|---|---|---|---|---|---|---|---|
| | 1# | 2# | 3# | 4# | 5# | 6# | 7# |
| 卷柏 | 40 | 35 | 10 | 50 | 10 | 15 | 20 |
| 桃花 | 30 | 15 | 45 | 10 | 50 | 15 | 15 |
| 白及 | 20 | 40 | 20 | 10 | 10 | 50 | 15 |
| 三七 | 10 | 10 | 25 | 30 | 30 | 20 | 50 |

**制备方法**

（1）将卷柏、桃花、白及和三七干燥、粉碎过筛，得到粗粉。

（2）在提取罐中放入粗粉和水，混合后静置，让药材充分浸泡。

（3）加热提取，取出提取液，过滤，得到滤液。

（4）再将水加到提取罐中，加热提取，取出提取液，过滤，得到滤液。

（5）将步骤（3）和（4）得到的滤液合并，浓缩，冷却至 40℃ 以下；接着，在搅拌状态下，加入乙醇，使最终得到的混合液中乙醇体积分数为 60%～65%。

（6）密闭放置至沉淀完全。

（7）除去沉淀，得到的上清液减压回收乙醇，得到浓缩液。

（8）将浓缩液过滤，得到主要活性成分。

（9）得到的主要活性成分溶于 B 组分，然后与 A 组分分别加热至 85℃；将 C 组分加入 B 组分，搅拌均匀，再将 A 组分加入前述得到的 B 组分与 C 组分混合相中，均质后，冷却至 45℃，加入 D 组分，36℃ 停止搅拌出料，得到复活草水活保湿霜；

其中：A 组分由甘油三酯、聚二甲基硅氧烷、甘油硬脂酸酯和鲸蜡硬脂酸酯组成；B 组分由去离子水、甘油、卡波姆、泛醇和 EDTA-2Na 组成；C 组分为三乙醇胺；D 组分由透明质酸钠、山梨酸钾、甘草酸二钠、日用香精和 DMDM 乙内酰脲组成；

步骤（2）中所述的水的用量按质量计算，为相当于粗粉质量的 8～12 倍；

步骤（2）中所述浸泡的时间为 30min；

步骤（3）中所述加热提取的时间为 90min；

步骤（4）中所述的水的用量按质量计算，为相当于粗粉质量的 4～8 倍；

步骤（4）中所述加热提取的时间为 60min；

步骤（5）中所述的浓缩为减压浓缩，浓缩的程度为滤液的相对密度为 1.04～1.06；

步骤（5）中所述的乙醇为体积分数为 95％的乙醇；

步骤（6）中所述的密闭放置的时间为 12h；

步骤（8）中所述的过滤为使用 500 目滤布进行过滤。

**产品应用**　本品是一种复活草水活保湿霜。

**产品特性**　本品主要活性成分对酪氨酸酶和黑色素细胞的增殖具有抑制作用，具有优异的美白效果；对纤维芽细胞增殖有促进作用，意味着可增加皮肤活性，减少皱纹；在表皮细胞培养中，上述主要活性成分对脑酰胺的生成有很好的促进作用，表明它可明显改变皮脂组成，从而减少皮肤的油脂性，改善皮肤的柔润程度。同时因不含化学药物成分，安全、无毒，对皮肤刺激性小，性质稳定，具有持久自然美白效果，能提高肌肤新陈代谢，具有保湿的功能。

### 配方 8　含有黄姜和亚麻籽提取物的霜剂

**原料配比**

| 原　料 | 配比（质量份） | | |
|---|---|---|---|
| | 1# | 2# | 3# |
| 黄姜提取物 | 0.65 | 1.8 | 1.57 |
| 亚麻籽提取物 | 8 | 10 | 9 |
| 透明质酸 | 0.2 | 0.2 | 0.2 |
| 纤维素 | 0.3 | 0.5 | 0.4 |
| 聚乙二醇醚 | 10 | 12 | 11 |
| 硅油 | 1 | 2 | 1.5 |
| 氮酮 | 5 | 6 | 5.5 |
| 乳木果油 | 3 | 3 | 3 |
| 蜂蜡 | 5 | 6 | 5.5 |
| 霍霍巴油 | 2 | 5 | 3.5 |
| 氢化聚葵烯 | 10 | 10 | 10 |
| 羊毛脂 | 2 | 2 | 2 |
| 硬脂酸单甘油酯 | 2 | 3 | 2.5 |
| 尼泊金甲酯 | 0.2 | — | 0.2 |
| 尼泊金丙酯 | — | 0.2 | — |
| 去离子水 | 加至 100 | 加至 100 | 加至 100 |

**制备方法**

（1）将乳木果油、蜂蜡、霍霍巴油、氢化聚葵烯、羊毛脂和硬脂酸单甘油酯放入油相锅，加热升温至 85℃；

（2）将透明质酸、纤维素、聚乙二醇醚于适量去离子水溶解后放入去离子水相锅，加热升温至 85℃；

（3）将步骤（2）所得混合物先抽入真空乳化锅，再将步骤（1）所得混合物缓慢抽入，保持真空乳化锅温度不低于 80℃，开启均质机 5min，保持恒温 0.5h；

（4）真空乳化锅降温到 75℃，加入硅油；

（5）真空乳化锅降温到 65℃，将黄姜提取物、亚麻籽提取物与氮酮常规混合后抽入，开启真空泵，抽至真空度为 0.1 个大气压；

（6）真空乳化锅降温到 45℃，加入尼泊金甲酯或尼泊金丙酯；

（7）真空乳化锅降温到 40℃，取样检验，合格后出料，即得含有黄姜和亚麻籽提取物的霜剂成品。

**产品应用**　本品广泛应用于药物、功能食品、化妆品等。

**产品特性**　本霜剂从纯天然植物提取，不仅可以改善人体的外表皮肤，而且还可以改善慢性疲劳综合征，促进新陈代谢，提高生活质量。

### 配方 9　灵芝营养霜

**原料配比**

| 原　料 | 配比（质量份） | 原　料 | 配比（质量份） |
|---|---|---|---|
| 灵芝提取液 | 5 | 聚氧乙烯山梨糖醇酐单硬脂酸酯 | 0.5 |
| 硬脂酸 | 3 | 苯甲酸钠 | 0.15 |
| 十八醇 | 5 | 蜂蜜 | 3 |
| 单硬脂酸甘油酯 | 7 | 鱼肝油 | 适量 |
| 十六醇 | 3 | 色素 | 适量 |
| 白油 | 5 | 香精 | 0.6 |
| 对羟基苯甲酸乙酯 | 0.1 | 去离子水 | 47.65 |
| 甘油 | 20 | | |

**制备方法**

（1）将灵芝洗净晾干粉碎后，用去离子水浸泡，加热保温 30h，将其中的多糖类成分提取出来，然后冷冻、过滤，即得淡褐黄色灵芝提取液；

（2）在容器中加入硬脂酸、十八醇、单硬脂酸甘油酯、十六醇、白油、对羟基苯甲酸乙酯，混合并加热至 90℃待用；

（3）将甘油、聚氧乙烯山梨糖醇酐单硬脂酸酯、苯甲酸钠、去离子水混合并加热至 90℃待用；

（4）将步骤（2）和（3）所得混合物混合，并经充分搅拌混匀，在温度下降至 70℃左右时加入灵芝提取液、蜂蜜、鱼肝油、色素，继续搅拌，温度下降至 50℃左右时加入香精，待温度冷至室温即成。

**产品应用**　本品主要用于护理脸部皮肤。

**产品特性**　该营养霜含有丰富的营养成分，能促进血液循环、保持皮肤白嫩、光滑，并能延缓皮肤衰老。

### 配方 10　芦荟营养霜

**原料配比**

| 原　料 | 配比（质量份） | 原　料 | 配比（质量份） |
|---|---|---|---|
| 新鲜芦荟液 | 3 | 甘油 | 4 |
| 硬脂酸 | 2 | 三乙醇胺 | 1 |
| 十八醇 | 2 | 香精 | 适量 |
| 羊毛脂 | 10 | 对羟基苯甲酸乙酯 | 0.5 |
| 单硬脂酸甘油酯 | 3 | 去离子水 | 72.5 |
| 肉豆蔻酸异丙酯 | 2 | | |

**制备方法**

（1）将硬脂酸、十八醇、羊毛脂、单硬脂酸甘油酯、肉豆蔻酸异丙酯混合，搅拌并加热至 75～80℃，使其熔化待用；

（2）将除香精外其余物料混合，加热搅拌，使其全溶，温度加至 75～80℃备用；

（3）将步骤（2）所得的溶液，慢慢地倒入步骤（1）制得的混合物中，边加入边搅拌，使其充分乳化，成为霜膏状混合物；

（4）待步骤（3）制得的混合物温度降至 35～40℃时加入香精，并继续搅拌均匀即成。

注意：在制备时温度不宜过高，以防止芦荟中的有效成分分解和破坏。使用时，涂抹在脸上或手背上。

**产品应用**　本品是一种可缓解雀斑、青春痘的化妆品。

**产品特性**　该营养霜具有滑嫩肌肤、防止皮肤干裂及油脂分泌过多的作用，还可治疗雀斑、青春痘等。

### 配方 11　麦饭石面霜

**原料配比**

| 原　料 | 配比（质量份） | 原　料 | 配比（质量份） |
|---|---|---|---|
| 麦饭石粉末 | 10 | 甘油 | 3（体积份） |
| 月见草油 | 10（体积份） | 维生素 E | 2（体积份） |
| 酪梨油 | 10（体积份） | 银杏胶原蛋白 | 5（体积份） |
| 乳化蜡 | 9 | 甘菊花茶水 | 75（体积份） |
| 橙花精油 | 10 滴 | | |

**制备方法**

（1）粉碎：将麦饭石粉碎成颗粒。

（2）超微粉碎：麦饭石颗粒经超微粉碎成 300 目以上的粉末备用。

（3）加热搅拌：按配方质量将月见草油、酪梨油、乳化蜡和维生素 E 放入玻璃杯中，加热至 70～75℃，搅拌均匀。

（4）混合加热：按配方质量将麦饭石粉末倒入甘菊花茶水的玻璃杯中，加热至 70～75℃，搅拌至均匀。

（5）混合搅拌：将橙花精油、银杏胶原蛋白及甘油用搅拌器搅拌均匀，将步骤（3）、（4）搅拌均匀的物料温度降至 30℃后，统一倒入一个反应罐内混合搅拌均匀。

（6）装瓶：将搅拌均匀的膏体按每瓶 250mL 装入瓶中即可。

**产品特性**　本品对皮肤有清洗、杀菌、除皱、祛斑等效果。

### 配方 12　人参抗皱霜

**原料配比**

| 原　料 | 配比（质量份） | 原　料 | 配比（质量份） |
|---|---|---|---|
| 鲸蜡醇 | 2500 | 1%当归萃取液 | 100 |
| 羊毛脂 | 60 | 益母草萃取液 | 125 |
| 单硬脂酸甘油酯 | 810 | 30%续随子酊 | 100 |
| 角鲨烯 | 35 | 尼泊金甲酯 | 75 |
| 水 | 44454 | 33%灵芝酊 | 75 |
| 十二烷基硫酸钠 | 150 | 33%人参酊 | 150 |
| 豆油 | 75 | 1.5%灵芝液 | 450 |
| 胆固醇 | 17.5 | 1%人参萃取液 | 250 |
| 二甲基亚砜 | 8.5 | 1%丹参液 | 100 |
| 3%川芎萃取液 | 200 | 0.5%天花粉酊 | 100 |
| 0.5%蛇麻花萃取液 | 100 | 香精 | 75 |

**制备方法**

（1）将鲸蜡醇、羊毛脂、单硬脂酸甘油酯、角鲨烯混合，加热至 80～98℃时停止加热，将水和十二烷基硫酸钠混合，加热至 80～98℃时停止加热，水相温度必须相同，然后将油相和水相流入反应罐混合搅拌，冷却。

（2）待温度降至 70～75℃时加入豆油，再搅拌冷却，待温度降至 70℃时加入胆固醇、二甲基亚砜及 3%川芎萃取液、0.5%蛇麻花萃取液、1%当归萃取液、益母草萃取液、30%续随子酊，搅拌冷却。

（3）温度降至 65℃～68℃时加入尼泊金甲酯继续搅拌冷却，待温度降至 60～64℃时加入 33%灵芝酊、33%人参酊、1%人参萃取液、1.5%灵芝液、1%丹参液，再搅拌冷却，温度降至 55～59℃时加入 0.5%天花粉酊，继续搅拌冷却，温度降至 45～50℃时加入香精，继续搅拌冷却，温度降至 40～44℃时停止搅拌，使其自然冷却便得到膏状人参抗皱霜。

**产品特性**　本品具有天然化、营养化、疗效化的特点，可以防止、减缓皮肤衰老和减少皱纹，同时还具有预防和治疗老年斑的功效。

### 配方 13 人参芦荟营养霜

**原料配比**

| 原 料 | 配比（质量份） | 原 料 | 配比（质量份） |
|---|---|---|---|
| 翠叶芦荟凝胶干粉 | 12 | 双异硬脂酸二聚亚油酸酯 | 1 |
| 人参活性提取物 | 8 | 鲸蜡硬醇 | 2 |
| 聚氧乙烯硬脂基醚 | 5 | 甘油 | 2 |
| 三辛酸癸酸甘油酯 | 5 | 对羟基苯甲酸乙酯 | 0.2 |
| 异硬脂酸异丙酯 | 6 | 维生素 E | 0.2 |
| 异硬脂酸异硬脂醇酯 | 6 | 去离子水 | 52.6 |

**制备方法** 按常规的霜剂生产方法制备。

所述的翠叶芦荟凝胶干粉的制备方法是：

(1) 选料：选择无病害的新鲜翠叶芦荟叶，进行清洗、消毒、去刺、剥皮；

(2) 打浆：用浆机打成浆液；

(3) 离心：用离心机离心分离除渣；

(4) 脱色：加入 2～3 份活性炭，加热至 70℃进行脱色，并放置 12h，板框过滤得无色清汁；

(5) 浓缩：真空薄膜浓缩至 10 倍或 20 倍；

(6) 喷干：经喷雾干燥机喷成的干粉为脱色的凝胶干粉。

所述的人参活性提取物的制备方法是：

(1) 选料：选无病虫害及霉菌的吉林人参；

(2) 粉碎：用粉碎机将吉林人参粉碎成 40 目；

(3) 浸提：加入适量的水在 70℃以下四级逆流提取；

(4) 过滤：用板框过滤机过滤得人参清液；

(5) 脱色：加入 2～3 份活性炭，70℃放置 12h 后，用离心机高速离心得无色清液；

(6) 浓缩：真空薄膜浓缩至 10 倍或 20 倍；

(7) 喷干：经喷雾干燥机，喷成白色干粉。

**产品特性** 本品采用了芦荟和人参，使其既能美容，同时又能对肌肤保湿、滋养、增白，使肌肤有弹性、光滑，并能防皱、杀菌、消炎、止痒、止痛，能促进肌肤细胞新陈代谢、抗辐射、消除粉刺和痤疮。

### 配方 14 人参营养霜

**原料配比**

| 原 料 | 配比（质量份） | 原 料 | 配比（质量份） |
|---|---|---|---|
| 维生素 E 醋酸酯 | 20 | 甘油 | 150 |
| 人参提取液 | 1000 | 乙醇 | 150 |

续表

| 原　料 | 配比（质量份） | 原　料 | 配比（质量份） |
|---|---|---|---|
| 氢氧化钾 | <1.5 | 香精 | 适量 |
| 苯甲酸 | 1.5 | | |

**制备方法**

（1）将人参洗净、晾干并切成细片，放置在有盖的搪瓷容器中，加入去离子水，在常压下加热煮沸约 5h，将容器内已煮软的人参捣碎，再将已捣碎的人参放入容器中加热使水蒸发，直至所加的水量减少至一半，过滤，冷却后即制得人参提取液；

（2）将人参提取液与其余原料混合，搅拌成霜膏状。

注意：在制备时温度不宜过高，以防止人参中的有效成分分解和破坏。另外，配制的人参营养霜化妆品，pH 值不能超过 7。

**产品特性**　本品可增加皮肤细胞活力，延缓皮肤细胞衰老，并能抑制皮肤黑色素的产生；可使皮肤柔嫩、细腻、白皙。

### 配方 15　水飞蓟精油健肤霜

**原料配比**

| 原　料 | 配比（质量份） | | |
|---|---|---|---|
| | 1# | 2# | 3# |
| 水飞蓟精油 | 10 | 5 | 15 |
| 单硬脂酸甘油酯 | 3 | 2 | 4 |
| 硬脂酸 | 8 | 6 | 13 |
| 白凡士林 | 7 | 4 | 9 |
| 液体石蜡 | 10 | 6 | 13 |
| 甘油 | 9 | 5 | 15 |
| 尿素 | 15 | 10 | 18 |
| 去离子水 | 80 | 70 | 90 |
| 香料 | 0.1 | 0.2 | 0.3 |

**制备方法**

（1）按照配方准确称取各组分，备用；

（2）将水飞蓟精油、单硬脂酸甘油酯、硬脂酸、白凡士林、液体石蜡加入油相搅拌釜中，加热到 70～80℃，在 1～1.3MPa 下并在 70～80℃保温搅拌至熔化，即得到油相物料；

（3）将去离子水、甘油、尿素加入水相搅拌釜中，加温到 70～80℃，在 1～1.3MPa 下并在 70～80℃保温搅拌溶解，得到水相物料；

（4）保温搅拌下将油相物料和水相物料加入乳化釜中，在 1～1.3MPa 下并在 70～80℃保温搅拌 10～20min 成均匀乳化状；

(5) 然后冷却到 45℃时配入 0.1~0.3 质量份的香料，在 1~1.3MPa 下搅拌 5~10min，再冷却到 35℃以下出料得到半成品，半成品经检验和包装达国家化妆品相关标准后即得到所述水飞蓟精油健肤霜。

**产品特性** 本品采用了水飞蓟精油，水飞蓟精油中含有 80%以上的不饱和脂肪酸和适量的氨基酸、微量元素和维生素，能改善皮下毛细血管的循环，促进人体皮肤细胞组织的新陈代谢，具有强的抗氧化能力和增强免疫力的作用；尿素有去除皮肤表皮角质层和保持皮肤滋润的作用。因而本品具有促进新陈代谢、保湿护肤、防冻愈裂、抗脂质过氧化、抗辐射、清除自由基、抗衰老的保健功能。特别适合皮肤干燥、粗糙，皮肤手足脱皮的人使用，可令肌肤长期保持柔润细致，而且没有副作用。

### 配方 16　仙人掌肤康霜

**原料配比**

| 原　料 | 配比（质量份） | 原　料 | 配比（质量份） |
|---|---|---|---|
| 仙人掌萃取物 | 1 | 橄榄油 | 5 |
| 苦参萃取物 | 1 | 羊毛脂 | 19.985 |
| 白油 | 8 | 玫瑰香精 | 0.005 |
| 白凡士林 | 12 | 布罗波尔 | 0.01 |
| 单硬脂酸甘油酯 | 10 | 精制水 | 43 |

**制备方法** 白油、白凡士林、单硬脂酸甘油酯、橄榄油、羊毛脂混合物为油相，仙人掌萃取物、苦参萃取物、精制水混合物为水相，分别将油相、水相加热到 78~83℃，搅拌下水相物慢慢加入油相物中，并使其乳化，继续搅拌。当温度降至 40~45℃时，加入玫瑰香精、布罗波尔，搅拌均匀后，冷却至室温，灌注分装成品。

所述的仙人掌萃取物的提取：仙人掌干燥，压成粗粉，加 7 倍量 80%酒精热回流，提取 6h，残渣按上述步骤重复提取，合并两次滤液，静置 10h，取水层，减压浓缩至一定体积得仙人掌萃取物。

所述的苦参萃取物的提取：苦参研粗粉，加 5 倍量 70%酒精回流加热提取 4h，放冷后取酒精溶液，残渣加酒精加热再提取，合并所得的酒精提取液，减压浓缩，回收酒精，得浓缩膏。于浓缩膏中加适量水，并加入浓盐酸，调节至 pH 值为 2，加氯仿振摇提取脂溶性杂质。酸性水溶液中加氨水调至 pH 值为 10，再加入其体积 1/3 量的氯仿萃取生物碱，以提尽为止，合并氯仿萃取，回收氯仿，得苦参萃取物。

**产品特性** 本品采用仙人掌萃取物为主要成分，仙人掌的化学成分中含有多种有机酸类、甾醇类、生物碱类、黄酮以及其他成分如十八种氨基酸、仙人掌醇、吡喃酮类化合物、各种微量元素和维生素，使本品对皮肤瘙痒、疮疖、肿痛、带状疱疹、蚊虫叮咬等均有疗效，可以广泛应用，携带方便，能满足人们的需求。

### 配方 17  中药美乳霜

**原料配比**

| 原　　料 | 配比（质量份） | 原　　料 | 配比（质量份） |
|---|---|---|---|
| 鲸蜡醇 | 25 | 10%当归萃取液 | 6 |
| 单硬脂酸甘油酯 | 7.5 | 10%巴戟天萃取液 | 3 |
| 硬脂酸 | 10 | 菟丝子萃取液 | 10 |
| 水 | 350 | 10%射干萃取液 | 5 |
| 十二烷基硫酸钠 | 1.85 | 10%果杞萃取液 | 5 |
| 甲基硅油 | 1 | 10%人参萃取液 | 2.5 |
| 丙二醇 | 8 | 10%丹参萃取液 | 6 |
| 升麻根萃取液 | 5 | 10%薏苡仁萃取液 | 7.5 |
| 10%续随子萃取液 | 7.5 | 15%啤酒花酊 | 17.5 |
| 10%女贞子萃取液 | 5 | 尼泊金乙酯 | 0.5 |
| 10%川芎萃取液 | 2.5 | 香精 | 5 |

**制备方法**

（1）将鲸蜡醇、单硬脂酸甘油酯、硬脂酸混合，加热至85～100℃后停止加热，将水加热至85～100℃后停止加热并加入十二烷基硫酸钠，搅拌均匀，再将两种混合液混合在一起搅拌，加入甲基硅油，再搅拌冷却；

（2）待温度降至76～84℃时加入丙二醇，继续搅拌，冷却至温度为70℃时加入升麻根萃取液、10%续随子萃取液、10%女贞子萃取液、10%川芎萃取液、10%当归萃取液、10%巴戟天萃取液，再搅拌待温度降至60℃时加入菟丝子萃取液、10%射干萃取液、10%果杞萃取液，继续搅拌；

（3）待温度降至50℃时加入10%人参萃取液、10%丹参萃取液、10%薏苡仁萃取液和15%啤酒花酊、尼泊金乙酯，继续搅拌使温度降至45℃时加入香精，继续搅拌直到温度降至40℃时停止搅拌，然后使其自然冷却，便得到膏状中药美乳霜。

**产品应用**　本品主要可以预防和治疗乳腺炎并可治疗脸部斑疣。

### 配方 18  中药多效美肤霜

**原料配比**

中药提取物

| 原　　料 | 配比（质量份） | | |
|---|---|---|---|
| | 1# | 2# | 3# |
| 黄芪 | 15 | 25 | 25 |
| 人参 | 15 | 25 | 25 |
| 当归 | 10 | 20 | 20 |

续表

| 原　料 | 配比（质量份） | | |
|---|---|---|---|
| | 1# | 2# | 3# |
| 芍药 | 10 | 20 | 20 |
| 丹参 | 10 | 20 | 20 |
| 牡丹皮 | 10 | 20 | 20 |
| 白术 | 15 | 25 | 25 |
| 白及 | 10 | 20 | 20 |
| 川芎 | 15 | 25 | 25 |
| 杏仁 | 10 | 20 | 20 |
| 白僵蚕 | 10 | 20 | 20 |
| 乳香 | 5 | 15 | 15 |
| 苦参 | 5 | 15 | 15 |
| 冬瓜仁 | 5 | 15 | 15 |
| 益母草 | 10 | 20 | 20 |
| 石榴皮 | 15 | 25 | 25 |
| 土瓜根 | 15 | 25 | 25 |
| 桔梗 | 10 | 20 | 20 |
| 黄芩 | 5 | 15 | 15 |
| 甘草 | 10 | 20 | 20 |
| 水 | 适量 | 适量 | 适量 |

**美肤霜**

| 原　料 | 配比（质量份） | | |
|---|---|---|---|
| | 1# | 2# | 3# |
| 中药提取物 | 28 | 32 | 32 |
| 十八醇 | 4 | 5 | 5 |
| 硬脂酸 | 8 | 10 | 10 |
| 单硬脂酸甘油酯 | 4 | 5 | 5 |
| 甘油 | 18 | 22 | 22 |
| 尼泊金乙酯 | 0.15 | 0.25 | 0.25 |
| 抗氧化剂 | 0.1 | 0.2 | 0.2 |
| 香精 | 微量 | 微量 | 微量 |
| 去离子水 | 加至 100 | 加至 100 | 加至 100 |

**制备方法**

（1）原料的制备：将所有中药混合，向其中加入水浸药 25～35min，然后加热煎煮至 250～350（体积份）液相时，过滤，所述液相药液即为植物中药提取物。

（2）产品的制备：将硬脂酸、单硬脂酸甘油酯和十八醇混合，加热至 70～80℃；加入甘油、尼泊金乙酯、抗氧化剂和中药提取物，保持温度为 70～80℃，搅拌均匀；

加入去离子水至100％，搅拌均匀；冷却至35~45℃，加入香精，即制得产品。

**产品特性** 本品有益皮肤及身心健康，可调节内分泌，养肌润肤、补气养血、活血祛瘀、通经活络、养阴祛风，久用能清除体内的火气与毒素，通过良好的皮渗透对体内的调整也将有一定的益处。且本品还具有疏肝解郁、除湿排毒等功能，从而达到活血、润肤、祛斑、美白、除皱和抗过敏的效果。

### 配方19 中药营养霜

**原料配比**

| 原　料 | | 配比（质量份） |
| --- | --- | --- |
| 中药组分 | 银耳 | 5 |
| | 黄芪 | 10 |
| | 白芷 | 20 |
| | 玉竹 | 20 |
| | 白人参 | 24 |
| | 茯苓 | 20 |
| 辅料 | 单硬脂酸甘油酯 | 2 |
| | 硬脂酸 | 5 |
| | 甘油 | 10 |
| | 十六醇 | 8 |
| | 香精 | 适量 |

**制备方法**

(1) 漂洗：将中药组分中各成分洗去泥沙，去除杂质；

(2) 蒸馏：常温常压蒸馏8h以提取有效成分；

(3) 浓缩：调节温度至40~60℃之间去除多余水分；

(4) 添加辅料；

(5) 搅匀得成品米色膏霜。

**产品应用** 早晚洗面后使用，面部按摩3~5min，长期使用即可起到退斑、祛痘、美白、养颜作用，彻底改变肌肤，绝不反弹。

**产品特性** 本品具有褪斑、祛痘、美白、养颜功效。

# 五、祛斑化妆品

## 配方 1 祛斑霜

原料配比

| 原　料 | 配比（质量份） | 原　料 | 配比（质量份） |
|---|---|---|---|
| 水 | 62.3 | 聚山梨醇酯-60 | 2 |
| 丙二醇 | 8 | 二氧化钛 | 2 |
| 矿油 | 6 | 山梨醇酐单硬脂酸酯 | 1 |
| 鲸蜡硬脂醇 | 6 | 黄原胶 | 0.3 |
| 熊果苷 | 5 | 羟苯甲酯 | 0.2 |
| 棕榈酸异丙酯 | 5 | 羟苯丙酯 | 0.1 |
| 聚二甲基硅氧烷 | 2 | 香精 | 0.1 |

**制备方法**

（1）油相物料的处理：将矿油、鲸蜡硬脂醇、棕榈酸异丙酯、聚二甲基硅氧烷、山梨醇酐单硬脂酸酯、羟苯丙酯混合加热至 75℃。

（2）水相物料的处理：将水、丙二醇、熊果苷、聚山梨醇酯-60、二氧化钛、羟苯甲酯，混合加热至 75℃。

（3）将油相物料和水相物料混合搅拌 30min（1000r/min），搅拌冷却至 50℃；加入香精，继续搅拌冷却至 35℃，即得本祛斑霜。

**产品特性**　本品采用优良美白剂熊果苷，能迅速渗入肌肤而不影响肌肤细胞，与造成黑色素产生的酪氨酸结合，加速麦拉宁色素的分解与排除。此外，熊果素还能保护肌肤免于自由基的侵害，亲水性佳，对于黄褐斑、雀斑、黑斑、日晒斑及药物过敏遗留下来的色素沉着都有很强的治疗作用，但浓度过低，其效果的持久性会减弱，所以 5％浓度是最安全和最高效的淡斑浓度，5％浓度比维生素 C 淡斑作用要快，而且淡斑的持久性稳定，对皮肤不会产生刺激性作用。

## 配方 2　祛斑养颜面霜

**原料配比**

| 原　料 | 配比（质量份） | 原　料 | 配比（质量份） |
|---|---|---|---|
| 海螵蛸 | 20 | 瓜蒌 | 20 |
| 细辛 | 20 | 食醋 | 适量 |
| 干姜 | 20 | 牛骨髓 | 适量 |
| 秦椒 | 20 | 香精 | 适量 |

**制备方法**

（1）将各种中药切片，按比例混合好备用；

（2）取药片总质量四倍的食醋，放入混合后的药切片浸渍 36h；

（3）取药片总质量之和加大一倍的牛骨髓及香精备用；

（4）将牛骨髓在不锈钢容器内以 50～60℃加热熔化后放入浸好的药渣煎煮，其油温控制在 100℃以内，待醋耗尽后且药渣成焦黄色即可；

（5）趁热将药渣滤出，药液再经白布过滤，使药液成无混浊感的透明体，冷却到 40～50℃时加入香精搅拌均匀后冷却成膏体。

**产品特性**

（1）该化妆品纯属天然植物中药制品，不含任何化学药品，更无激素，无任何毒副作用，见效快且疗效稳定，男女老少兼宜；

（2）该霜剂中的各药物根据药理合理搭配组方，按中医的辨证施治的原理针对皮肤斑、干暗等问题对面部皮肤进行全面地调理和保养，由于能做到标本兼顾，因此见效快；

（3）由于该霜剂对皮肤具有全面呵护的作用，将其用在手脚上还有防治干裂的明显效果。

## 配方 3　中药祛斑化妆品

**原料配比**

| 原　料 | 配比（质量份） | |
|---|---|---|
| | 1# | 2# |
| 白茯苓 | 120 | 110 |
| 川芎 | 120 | 110 |
| 珍珠 | 120 | 110 |
| 白附子 | 80 | 110 |
| 白及 | 90 | 80 |
| 白蔹 | 80 | 80 |
| 白芷 | 50 | 50 |
| 白术 | 40 | 50 |

| 原　料 | 配比（质量份） | |
| --- | --- | --- |
| | 1# | 2# |
| 白丁香 | 60 | 50 |
| 白牵牛 | 60 | 50 |
| 细辛 | 40 | 50 |
| 滑石 | 40 | 50 |
| 羌活 | 40 | 40 |
| 藁本 | 40 | 40 |
| 防风 | 30 | 30 |
| 栀子 | 30 | 30 |
| 荆芥 | 30 | 30 |
| 山奈 | 30 | 30 |

**制备方法**

（1）将以下各味中药：白茯苓、川芎、珍珠、白附子、白及、白蔹、白芷、白术、白丁香、白牵牛、细辛、滑石、羌活、藁本、防风、栀子、荆芥、山奈，分别遴选、除杂、清洗；

（2）在常温下干燥 4～6h，然后粉碎，其粒度要小于 40mm，最好小于 2mm；

（3）按照前述配方调配，混拌、均质，并以 10g 为一份定量包装。

**产品应用**　本品是一种以中药为原料制成的祛斑化妆品。本品有两种使用方法：

（1）向 10g 混合物中加入 10～15mL 水，调成糊状，制成面膜，放置 10～15min，然后敷于洗净的潮湿面部，自然干燥，至少需要 2.5h，最后用清水洗净。

（2）向 10g 混合物中加入 50mL 左右的水，混合均匀，制成洗面液，放置 10～15min，用于洁面，按摩 2～4min，最后用清水洗净。

如果将上述使用方法加入混合物中的水换成具有保湿性和美白效果的牛奶或羊奶，则使用起来会感觉更舒服，效果更好。

**产品特性**　该成品可以用水或牛奶、羊奶调成面膜或洗面液使用，使用方便，可有效促进肌肤血液循环和皮肤细胞的新陈代谢功能，使肌肤清爽、柔嫩和富有弹性，抑制且淡化黑色素，有效抑制螨虫的再生长，令肌肤更加美白滑嫩，更健康、更有光泽，而且不会出现脱皮、红肿等不良反应。

## 配方 4　祛斑液

**原料配比**

| 原　料 | 配比（质量份） | | |
| --- | --- | --- | --- |
| | 1# | 2# | 3# |
| 丹参 | 4 | 5 | 6 |
| 川芎 | 7 | 8 | 9 |

续表

| 原　料 | 配比（质量份） | | |
|---|---|---|---|
| | 1# | 2# | 3# |
| 独活 | 4 | 5 | 6 |
| 黄柏 | 4 | 5 | 6 |
| 甘油 | 4 | 5 | 6 |
| 十二醇硫酸钠 | 0.9 | 1 | 2 |
| 50%乙醇 | 6 | 7 | 8 |
| 抗氧化剂 | 0.1 | 0.2 | 0.3 |
| 橄榄油 | 3 | 4 | 5 |
| 液体石蜡 | 4 | 5 | 6 |

**制备方法**

（1）取中药丹参、川芎、独活、黄柏，提炼取药汁备用；

（2）配制水剂：将甘油、十二醇硫酸钠、50%乙醇、抗氧化剂混合；

（3）配制油剂：将橄榄油，液体石蜡混合；

（4）将水剂和油剂加温至70～85℃后将水剂缓慢倒入油剂中，再将提炼出的中药汁加入，同一方向搅拌均匀即可。

**产品特性**　本品能将已形成的黑色素转化为浅色素，加速黑色素代谢，从而可有效祛除色素。

## 配方 5　祛斑驻颜天然活性化妆品

**原料配比**

**实例 1　乳化体系洗面奶**

| 原　料 | | 配比（质量份） | | | | |
|---|---|---|---|---|---|---|
| | | 1# | 2# | 3# | 4# | 5# |
| 白油 | | 175 | 175 | 175 | 175 | 175 |
| 硬脂酸 | | 25 | 25 | 25 | 25 | 25 |
| 蜂蜡 | | 100 | 100 | 100 | 100 | 100 |
| 三乙醇胺 | | 12.5 | 12.5 | 12.5 | 12.5 | 12.5 |
| 聚丙烯酸树脂（Carbapd 941） | | 0.5 | 0.5 | 0.5 | 0.5 | 0.5 |
| 祛斑驻颜天然活性化妆品添加剂 | 茶多酚 | 5 | 7 | 8 | 9 | 10 |
| | 薏苡仁萃取液 | 5 | 6 | 8 | 9 | 10 |
| | 甘草萃取液 | 6 | 7 | 8 | 9 | 10 |
| | 人参活性细胞 | 20 | 18 | 18 | 17 | 15 |
| 去离子水 | | 250 | 250 | 250 | 250 | 250 |
| 香精、防腐剂 | | 适量 | 适量 | 适量 | 适量 | 适量 |

**制备方法**　将各组分混合均匀即可。

### 实例 2 膏霜

| 原　料 | | 配比（质量份） | | | | |
|---|---|---|---|---|---|---|
| | | 1# | 2# | 3# | 4# | 5# |
| A组分 | 十六十八醇（醚） | 15 | 15 | 15 | 15 | 15 |
| | 硬脂醇 | 10 | 10 | 10 | 10 | 10 |
| | 单硬脂酸甘油酯 | 10 | 10 | 10 | 10 | 10 |
| | 二聚亚麻酸二异丙酯 | 25 | 25 | 25 | 25 | 25 |
| | 棕榈酸辛酯 | 25 | 25 | 25 | 25 | 25 |
| | 二甲基硅氧烷 | 5 | 5 | 5 | 5 | 5 |
| | 凡士林 | 15 | 15 | 15 | 15 | 15 |
| B组分 | 羟丙基瓜尔豆胶 | 3 | 3 | 3 | 3 | 3 |
| | 甘油 | 35 | 35 | 35 | 35 | 35 |
| | 硅铝酸酶 | 10 | 10 | 10 | 10 | 10 |
| | 对羟基苯甲酸甲酯 | 5 | 5 | 5 | 5 | 5 |
| | 去离子水 | 300 | 300 | 300 | 300 | 300 |
| 香精、防腐剂 | | 适量 | 适量 | 适量 | 适量 | 适量 |
| 祛斑驻颜天然活性化妆品添加剂 | 茶多酚 | 5 | 7 | 8 | 9 | 10 |
| | 薏苡仁萃取液酚 | 5 | 6 | 8 | 9 | 10 |
| | 甘草萃取液 | 6 | 7 | 8 | 9 | 10 |
| | 人参活性细胞 | 20 | 18 | 18 | 17 | 15 |

### 实例 3　润肤乳液

| 原　料 | | 配比（质量份） | | | | |
|---|---|---|---|---|---|---|
| | | 1# | 2# | 3# | 4# | 5# |
| A组分 | 白油 | 15 | 15 | 15 | 15 | 15 |
| | 硬脂醇 | 10 | 10 | 10 | 10 | 10 |
| | 单硬脂酸甘油酯 | 20 | 20 | 20 | 20 | 20 |
| | 辛酸/癸酸甘油三酯 | 20 | 20 | 20 | 20 | 20 |
| | 氢化植物油 | 10 | 10 | 10 | 10 | 10 |
| | 月桂醇醚-23 | 5 | 5 | 5 | 5 | 5 |
| B组分 | 三乙醇胺 | 3 | 3 | 3 | 3 | 3 |
| | 丙二醇 | 15 | 15 | 15 | 15 | 15 |
| | 山梨醇（70%水溶液） | 10 | 10 | 10 | 10 | 10 |
| | 对羟基苯甲酸甲酯 | 1 | 1 | 1 | 1 | 1 |
| | 聚丙烯酸树脂（Carbomer 940）（2%分散液） | 75 | 75 | 75 | 75 | 75 |
| | 去离子水 | 300 | 300 | 300 | 300 | 300 |
| 香精、防腐剂 | | 适量 | 适量 | 适量 | 适量 | 适量 |

| 原　料 | | 配比（质量份） | | | | |
|---|---|---|---|---|---|---|
| | | 1# | 2# | 3# | 4# | 5# |
| 祛斑驻颜天然活性化妆品添加剂 | 茶多酚 | 5 | 7 | 8 | 9 | 10 |
| | 薏苡仁萃取液酚 | 5 | 6 | 8 | 9 | 10 |
| | 甘草萃取液 | 6 | 7 | 8 | 9 | 10 |
| | 人参活性细胞 | 20 | 18 | 18 | 17 | 15 |

**制备方法**　实例 2 和 3 的制法为：将组分表中 A 组分加热至 85℃，熔化搅拌均匀，作为油相原料；B 组分放入容器加热至 85℃，搅拌溶解制成水相原料。油相原料加入水相原料中搅拌，得到乳化均质后，冷却至 35℃ 时，加入祛斑驻颜天然活性化妆品添加剂和香精、防腐剂，搅拌均匀，即可贮藏、包装、检验，制得产品。

**产品应用**　本品是一种祛斑驻颜天然活性化妆品，它能抑制上皮等部位黑色素的形成，具有增白美容效果。

**产品特性**　本品能使由不正常色素引起的斑点部位的颜色迅速变淡，较好地预防因日晒引起的色素形成，在日晒后使用能更快地使因日晒引起的色素消退。可为皮肤直接提供和滋补其正常生理过程中的营养组分，促进皮肤新陈代谢，可使皮肤自然地洁白、柔嫩，对色素斑有明显的淡褪效果。

## 配方 6　特效祛斑灵

**原料配比**

| 原　料 | 配比（质量份） | 原　料 | 配比（质量份） |
|---|---|---|---|
| 抗坏血酸 | 0.6 | 单硬脂酸甘油酯 | 2 |
| 对苯二酚 | 3.5 | 硬脂酸 | 0.6 |
| 亚硫酸氢钠 | 1.5 | 甘油 | 16 |
| 柠檬酸 | 0.2 | 二氧化钛粉 | 0.5 |
| 十二烷基硫酸钠 | 2 | 香精 | 适量 |
| 十八醇 | 15 | 去离子水 | 60 |

**制备方法**

（1）将甘油投入带有搅拌器和加热装置的釜内，加入二氧化钛粉，开动搅拌器，使二氧化钛粉在甘油内分散均匀，加入去离子水、硬脂酸和单硬脂酸甘油酯，继续搅拌 5min。停止搅拌后，加热至 80℃ 左右，并加入十二烷基硫酸钠用量的 2/5 左右，开动搅拌器继续搅拌至均匀。

（2）在另一容器中将十八醇加热熔化，加入余下 3/5 的十二烷基硫酸钠，充分搅拌均匀后，再加入对苯二酚、亚硫酸氢钠、抗坏血酸和柠檬酸，继续搅拌均匀后倒入步骤（1）配制的物料中，搅拌成细膏状物。

（3）把配制的膏状物降温至 40～50℃，加入香精，搅拌匀即成成品。

**产品应用** 本品主要用于祛除脸部黑斑。使用时，取少量本品搽抹在有斑的部位。

**产品特性** 本品不仅对黑斑具有效果显著的治疗作用，而且配制方法简单，使用方法非常简便。

### 配方 7 特效人参蛇胆祛斑霜

**原料配比**

| 原　料 | 配比（质量份） | 原　料 | 配比（质量份） |
|---|---|---|---|
| 人参 | 14 | 纳米硒细粉 | 1 |
| 芦荟 | 7 | 十六醇 | 10 |
| 白鲜皮 | 10 | 十八醇 | 13 |
| 藏红花 | 5 | 氢醌 | 7 |
| 芙蓉花 | 5 | 十二烷基硫酸钠 | 7 |
| 珍珠纳米粉 | 7 | 亚硫酸氢钠 | 7 |
| 蛇胆纳米粉 | 1.5 | 麦饭石纳米粉 | 2.5 |
| 载银纳米二氧化钛（AT）抗菌剂 | 0.5 | 电气石纳米粉 | 2.5 |

**制备方法**

(1) 将白鲜皮、藏红花、芙蓉花 3 味中药用蒸馏法制得蒸馏液 300mL 备用；

(2) 取芦荟、人参 2 味中药与步骤（1）蒸馏后的药渣一起蒸煮 2 次，每次 2h，合并滤液，浓缩为 1mL 含生药 1g 的浓缩液，加等量乙醇静置 24h，过滤减压回收乙醇，继续浓缩到 200mL，加入步骤（1）所得蒸馏液 300mL 即为中药提取液；

(3) 麦饭石、电气石用纳米处理技术粉碎过 600 目筛，中心粒径为 0.5～2μm；

(4) 将余下的载银纳米二氧化钛（AT）抗菌剂、麦饭石纳米粉、电气石纳米粉物料与十六醇、十八醇、十二烷基硫酸钠、亚硫酸氢钠、氢醌一起加入甘油至 500g 加热熔化，待温度达 80℃时，再加入 80℃的中药提取液，保持一段时间 80℃加热的温度使药液粉末充分混合溶解均匀，并不断向同一方向搅拌至冷却，最后将珍珠纳米粉、蛇胆纳米粉、纳米硒细粉缓缓加入，搅拌乳化均匀，加防腐剂、香精，待温度达 30℃时抽样检测包装。

**产品特性** 本霜剂对皮肤色素斑、老人斑、雀斑、蝴蝶斑有着显著的效果。本品作为护肤产品，安全、无副作用。

### 配方 8 植物祛斑功能液

**原料配比**

| 原　料 | 配比（质量份） | | |
|---|---|---|---|
| | 1# | 2# | 3# |
| 人参 | 4 | 3 | 3 |
| 甘草 | 12 | 11 | 12 |
| 槐花 | 13 | 13 | 13 |

续表

| 原　料 | 配比（质量份） | | |
|---|---|---|---|
| | 1# | 2# | 3# |
| 白蔹 | 6 | 7 | 6 |
| 黄芩 | 7 | 7 | 7 |
| 桑皮 | 8 | 8 | 9 |
| 葛根 | 6 | 6 | 5 |
| 辛夷 | 12 | 12 | 12 |
| 冬瓜皮 | 7 | 7 | 7 |
| 薏苡仁 | 13 | 13 | 13 |
| 月季花 | 4 | 5 | 4 |
| 柴胡 | 8 | 8 | 9 |
| 水 | 适量 | 适量 | 适量 |

**制备方法**　将配方中的组分按配比混合后，水煎 1～2 次，每次水煎加水在 3～6 倍之间，时间在 15～25min 之间，温度控制在 90℃左右；通过澄清、过滤，即得本品。

**产品应用**　本品是一种从中药中提取的祛斑、护肤、美肤功能液。

**产品特性**　本品没有添加任何的化工添加剂，使用纯天然提取物，其效果完全依靠中药的提取物来实现，而且天然提取物是依据中医配方进行混合提取，真正体现了中药配伍使用的特点；能够被肌肤有效吸收，能有效祛斑，解决了护肤、美肤的问题。

## 配方 9　植物祛斑洗面粉

**原料配比**

| 原　料 | 配比（质量份） | 原　料 | 配比（质量份） |
|---|---|---|---|
| 绿豆 | 6～16 | 当归 | 7～12 |
| 丹参 | 3～5 | 白芍 | 7～12 |
| 西洋参 | 3～6 | 白芷 | 8～12 |
| 藁本 | 4～7 | 白蔹 | 8～12 |
| 天花粉 | 5～8 | 黄芪 | 11～13 |
| 天山雪莲 | 1～3 | 白术 | 11～15 |
| 天门冬 | 6～10 | 地榆 | 10～16 |

**制备方法**　选取绿豆、丹参、西洋参、藁本、天花粉、天山雪莲、天门冬、当归、白芍、白芷、白蔹、黄芪、白术、地榆 14 种纯天然无毒植物的干体及植物果实的干体，去除杂质，将天门冬剥除外皮，然后混合均匀，再用 40W 紫外线灯照射 45～60min 杀菌，最后用制药或食品专用 300 目超微粉碎机粉碎，即得粉状成品。

**产品特性**　本祛斑洗面粉对治疗黄褐斑、蝴蝶斑、晒斑和妊娠斑效果理想，不但能防止黑头、痤疮、青春痘和粉刺的生成，对已生成的还可有效清除。可使小面积创伤和烫伤短期内愈合且不留疤痕。具有清除自由基、抗氧化，使皮肤透气及保湿润泽皮肤之功效，还可深层清洁皮肤，长期使用能使皮肤光滑细嫩，清爽美白。本品对经常接受电脑屏幕辐射的人，可预防黑色素生成。使用本品无需更换原来的化妆品。

### 配方 10　中药祛斑润肤霜

**原料配比**

| 原　料 | 配比（质量份） | |
|---|---|---|
| | 1# | 2# |
| 硬脂酸 | 2 | 2.5 |
| 单硬脂酸甘油酯 | 10 | 10 |
| 凡士林 | 8 | 8 |
| 液状石蜡 | 8 | 10 |
| 羊毛脂 | 15 | 15 |
| 升麻、槐花和桔梗混合提取物 | 5 | 5 |
| 蒲公英提取物 | 4 | 4 |
| 乌梅提取物 | 5 | 5 |
| 三乙醇胺 | 1 | 1 |
| 香精 | 1 | 1 |
| 去离子水 | 加至 100 | 加至 100 |

**制备方法**

(1) 将升麻、槐花和桔梗浸入 80% 乙醇中，浸泡 10h，加热回流 6h，冷却，过滤。

(2) 滤渣用 80% 乙醇洗涤过滤，之后将两次滤液混合减压浓缩，除去溶剂，得到升麻、槐花和桔梗混合提取物。

所述蒲公英提取物与乌梅提取物提取步骤同上，仅将升麻、槐花和桔梗换成蒲公英与乌梅。

(3) 制作水相：将升麻、槐花和桔梗混合提取物、蒲公英提取物、乌梅提取物、三乙醇胺与去离子水混合加热到 85℃。

(4) 将硬脂酸、单硬脂酸甘油酯、凡士林、液状石蜡、羊毛脂混合加热至 85℃，缓慢加入水相中，边加边搅拌。

(5) 冷却至 40℃，加入香精，继续搅拌，冷却至室温即可。

**产品特性**　本品可促进血液循环，改善皮肤毛细血管生理机能，对皮肤有润泽效果，并能使皮肤细腻有光泽，其除斑效果显著。

### 配方 11　中药祛斑膏

**原料配比**

| 原　料 | 配比（质量份） | 原　料 | 配比（质量份） |
|---|---|---|---|
| 黄芩 | 45 | 大黄 | 35 |
| 黄柏 | 45 | 苦参 | 40 |

| 原　料 | 配比（质量份） | 原　料 | 配比（质量份） |
|---|---|---|---|
| 白附子 | 55 | 甘油 | 10 |
| 僵蚕 | 40 | 三乙醇胺 | 10 |
| 尿素 | 30 | 尼泊金乙酯 | 15 |
| 硬脂酸 | 120 | 75％酒精 | 500 |
| 白凡士林 | 100 | 去离子水 | 适量 |
| 蓖麻油 | 80 | | |

**制备方法**

（1）将黄芩、黄柏、大黄、苦参、白附子，僵蚕中药加75％酒精500mL回流提取1h（回流液回收酒精），所得浓浸膏加去离子水400mL稀释，将稀释液置水浴上挥发掉残余酒精，将稀释液pH值调至8.5～9.0，加尼泊金乙酯使其溶化，于低温（3～5℃）下放置12h，抽滤，滤液补充去离子水至500mL，得红色提取液。

（2）提取液加尿素、三乙醇胺，加热至沸，自然降温至70℃左右，保温备用（本品为水相基质）。

（3）取硬脂质酸、白凡士林、蓖麻油、甘油，混合并加热至熔化，降温至70℃左右，保温备用（本品为油相组分）。

（4）将油相组分缓慢加到上述水相基质中，边加边快速向同一个方向搅拌，使两组成分充分乳化，待温度降至室温时装盒即可。

**产品应用**　本品是一种中药祛斑膏。用法：用热水清洗面部，擦干后用乳膏在患者面部均匀涂抹一层（约0.25cm），按摩15min，再用温水清洗，每日一次。

**产品特性**　本品祛斑效果好，同时还有祛痘和除螨的功效，色斑清除后不易复发，不留疤痕。本品同时还有滋润皮肤、防止皮肤干燥等作用。

### 配方12　含薰衣草提取物的美白祛斑化妆品

**原料配比**

| 原　料 | 配比（质量份） | | | | | |
|---|---|---|---|---|---|---|
| | 1# | 2# | 3# | 4# | 5# | 6# |
| 谷胱甘肽 | 10 | 20 | 12 | 18 | 14 | 15 |
| 薰衣草提取物 | 30 | 50 | 35 | 45 | 34 | 40 |
| 薄荷提取物 | 20 | 30 | 22 | 28 | 26 | 25 |
| 甘草提取物 | 10 | 20 | 12 | 18 | 14 | 15 |
| 维生素C乙基醚 | 3 | 8 | 4 | 7 | 4 | 6 |
| 桑叶 | 4 | 10 | 5 | 9 | 6 | 7 |
| 红景天 | 4 | 12 | 5 | 10 | 7 | 8 |
| 白术 | 4 | 10 | 5 | 9 | 8 | 7 |
| 金丝草 | 6 | 14 | 7 | 13 | 9 | 10 |
| 冬葵果 | 3 | 8 | 4 | 7 | 4 | 5 |

| 原　料 | 配比（质量份） | | | | | |
|---|---|---|---|---|---|---|
| | 1# | 2# | 3# | 4# | 5# | 6# |
| 女贞子 | 2 | 8 | 3 | 7 | 6 | 5 |
| 百合 | 3 | 9 | 4 | 8 | 4 | 6 |
| 溶媒填充剂 | 10 | 20 | 12 | 18 | 16 | 15 |

**制备方法**

(1) 将桑叶、红景天、白术、金丝草、冬葵果、女贞子、百合混合后加入研磨机中研磨，速率为 200r/min，研磨时间为 10min，得到混合物 A；

(2) 将混合物 A 加入锅中，并加入适量水进行蒸煮，20min 后，过滤，得到滤液，并冷却至室温；

(3) 将谷胱甘肽、薰衣草提取物、薄荷提取物、甘草提取物、维生素 C 乙基醚、溶媒填充剂混合后进行充分搅拌，静置 20min，得到混合物 B；

(4) 在混合物 B 中加入步骤 (2) 得到的滤液，加入搅拌罐中充分搅拌，搅拌速率为 400r/min，搅拌时间为 30min，静置 10min，得到混合物 C；

(5) 将混合物 C 放入冰箱中冷藏 3h 后，得到美白祛斑化妆品。

**产品特性**　本品制备方法简单，制得的化妆品具有消除色素沉淀，淡化皮肤出现的皱纹和色斑的功效；性质稳定，刺激性小，能够使皮肤更加细腻、光滑、嫩白和富有弹性；本产品中添加的薰衣草提取物不仅清热解毒，清洁皮肤，控制油分，祛斑美白，祛皱嫩肤，祛除眼袋、黑眼圈，还可促进受损组织再生；对人体有美容、舒缓压力、放松肌肉等作用；添加的甘草提取物能够通过抑制酪氨酸酶和多巴色素互变酶（TRP-2）的活性，阻碍 5,6-二羟基吲哚的聚合，以此来阻止黑色素的形成，从而达到美白皮肤的效果；此外，本产品采用的制备方法操作简单、成本低，能够使各组分材料充分混合，进一步提高了产品的活性。

### 配方 13　含有黄荆干细胞的美白祛斑化妆品

**原料配比**

| 原　料 | | 配比（质量份） | | | | |
|---|---|---|---|---|---|---|
| | | 1# | 2# | 3# | 4# | 5# |
| 黄荆干细胞 | | 5 | 10 | 20 | 30 | 25 |
| 人参提取液 | | 2 | 5 | 15 | 13 | 8 |
| 熟地黄提取液 | | 4 | 6 | 10 | 15 | 2 |
| 柠檬提取液 | | 2 | 6 | 10 | 8 | 15 |
| 增稠剂 | 卡波 980 | 0.25 | — | — | — | — |
| | 汉生胶 | — | 0.1 | — | — | — |
| | 卡波 980 与汉生胶 | — | — | — | 0.25 | — |
| | 丙烯酸酯类 | — | — | 0.1 | — | — |
| | 卡波 980 与丙烯酸酯类 | — | — | — | — | 0.1 |

续表

| 原　料 | | 配比（质量份） | | | | |
|---|---|---|---|---|---|---|
| | | 1# | 2# | 3# | 4# | 5# |
| 保湿剂 | 小分子透明质酸钠 | 20 | — | — | — | — |
| | 海藻糖 | — | 18 | — | — | — |
| | 葡聚糖 | — | — | 20 | — | — |
| | 小分子透明质酸钠与海藻糖 | — | — | — | 18 | — |
| | 银耳多糖 | — | — | — | — | 15 |
| 乳化剂 | 十二烷基硫酸钠 | 8 | — | — | 4 | — |
| | 脂肪醇聚氧乙烯醚 | — | 6 | — | — | 5 |
| | oliver1000 | — | — | 7 | — | — |
| 防腐剂 | 山梨酸钾 | 0.5 | — | 0.3 | — | 0.2 |
| | 苯氧乙醇 | — | 0.3 | — | 0.4 | — |
| 油脂 | | 3.5 | 2 | 2.5 | 1.5 | 2 |
| 三乙醇胺 | | 0.6 | 0.4 | 0.5 | 0.3 | 0.4 |
| 去离子水 | | 加至100 | 加至100 | 加至100 | 加至100 | 加至100 |

**制备方法**

(1) 黄荆干细胞的制备：

① 将黄荆新枝条杀菌、去除木质部和髓后，接种于诱导培养基，诱导培养基获得形成层细胞。

② 形成层细胞经培养基经继代、接入增殖培养基、摇床培养获得单细胞。

③ 所述单细胞接种于增殖培养基经扩大培养，得到黄荆干细胞。

(2) 植物提取液的制备：取人参、熟地黄、柠檬，机械粉碎为0.2～0.5cm粒径的碎粒，加入10倍质量的60%乙醇，常温下浸泡10h，浸泡两次。在萃取液中加入活性炭粉末，搅拌5～10min后放入5℃环境中静置10～20h，上清液过120目筛，在35℃下对滤液进行减压浓缩，浓缩成与起始原料药质量相等的中药原料药醇提取物浓缩液，备用；还可以加入白芷。

(3) 在搅拌的状态下，将增稠剂、乳化剂缓慢加入去离子水中，加热搅拌至80～90℃，保温至完全溶胀。

(4) 向步骤(3)所得混合物中加入保湿剂，继续搅拌至溶解完全后，均质2～4min。

(5) 向步骤(4)所得混合物中加入油脂，3～5min后，保温10～15min至消泡完全，待温度降至55～60℃左右时，加入适量的三乙醇胺，中和至pH值为6.0～7.0左右，搅拌均匀。

(6) 将步骤(5)所得的物质温度降至40～45℃，加入黄荆干细胞、人参提取液、熟地黄提取液、柠檬提取液、防腐剂，搅拌均匀，降温至36℃，停止搅拌，出料；还可以加入白芷提取液、松花粉。

**原料介绍** 所述诱导培养基为含有 NAA、BA 和水解酪蛋白的 MS 固体培养基，所述增殖培养基为含有 2,4-D、BA、水解酪蛋白和活性炭的 MS 液体培养基。

**产品应用** 本品主要是一种含有黄荆干细胞的美白祛斑化妆品，主要针对肤色暗沉、黄褐斑等色斑，利用多种中药提取物活性成分的相互协同作用，有效地防止皮肤中黑色素过度沉积，轻松消除色斑。

**产品特性** 本品选用黄荆干细胞为主原料，利用黄荆的有效成分，活化细胞，清除自由基，阻断黄褐斑、蝴蝶斑的产生，消除皮肤黑色素，减少、去除青春痘，使得皮肤洁白光滑。黄荆干细胞与人体具有良好的相容性，更易被人体吸收，对皮肤细胞的生长具有良好的促进作用，可以加快细胞的新陈代谢，增强皮肤细胞的活力，同时添加具有美白、活肤、促进新陈代谢、增强皮肤细胞活力等功效的熟地黄提取物、人参提取物、柠檬提取物，与黄荆干细胞发生协同作用，起到美白祛斑的增效协同作用，在多种中药提取物协同作用下，产品可以明显改善肤质，增强皮肤弹性，增强皮肤的增生能力，效果明显高于单独添加植物干细胞。

### 配方 14  含有人参提取物的美白祛斑化妆品

原料配比

| 原　料 | 配比（质量份） | 原　料 | 配比（质量份） |
|---|---|---|---|
| 人参 | 2 | 黄连 | 3 |
| 枣树皮 | 5 | 黄柏 | 3 |
| 饿蚂蟥根 | 4 | 茵陈 | 3 |
| 银露梅叶 | 3 | 栀子 | 3 |
| 石榴树皮 | 4 | 荜茇 | 3 |
| 鸡娃草 | 2 | 川楝子 | 3 |
| 西河柳 | 3 | 桑枝 | 3 |
| 红药子 | 5 | 花椒 | 3 |
| 佛甲草 | 6 | 干姜 | 3 |
| 檀木叶 | 5 | 洁净水 | 适量 |
| 黄荆子 | 5 | | |

**制备方法** 按质量份称取上述原料，混合均匀后粉碎成细末放入煎药器具内；加入符合生活饮用水标准的洁净水，加水量以超过药面 2～3cm 为度；浸泡 0.5h，使其充分湿润，以利药液充分煎出；用武火煮沸后改用文火煎熬 30min，除去药渣，取药液即得所述美白祛斑化妆品。

**产品特性** 本品具有很强的抗氧化作用，且为小分子物质，更容易渗入皮肤而被皮肤所吸收，不仅可以提高皮肤代谢、促进皮肤血液循环、增加皮肤营养，而且可有效地去除自由基，消除色素沉淀，淡化皮肤出现的皱纹和色斑，使皮肤更加细腻、光滑、嫩白和富有弹性，可方便地满足人们对面部皮肤的美白、抗衰老、去皱去斑的日常护肤要求，是一种新颖并独具特色的中药化妆品。

## 配方 15    基于植物提取物的祛斑美白化妆品

原料配比

| 原 料 | | 配比（质量份） | | | | | | |
|---|---|---|---|---|---|---|---|---|
| | | 1# | 2# | 3# | 4# | 5# | 6# | 7# |
| 载体成分 | 甘油 | 12 | 12 | 12 | 12 | 12 | — | 6 |
| | 丁二醇 | 6 | 6 | 6 | 6 | 6 | — | 8 |
| | 月桂醇聚醚磷酸钾 | — | — | — | — | — | 15 | — |
| | EDTA-2Na | — | — | — | — | — | 0.1 | — |
| | 椰油酰胺丙基甜菜碱 | — | — | — | — | — | 8 | — |
| | 1,2-戊二醇 | 6 | 6 | 6 | 6 | 6 | 4 | 5 |
| | 透明质酸钠 | — | — | — | — | — | — | 0.3 |
| | 去离子水 | 74 | 74 | 74 | 74 | 74 | 69 | 78 |
| 功效成分 | 翼首草提取物 | 3 | 3 | 3 | 3 | 3 | 3 | 3 |
| | 眼子菜提取物 | 1 | 1.5 | 0.75 | 3 | 0.6 | 1 | 1 |

**制备方法**　将载体成分按用量称好后，混合，启用搅拌器搅拌 30min，使用循环冷却搅拌降温至 45℃时，边加功效成分边搅拌，直至搅拌均匀。

所述翼首草提取物的制备方法为：

(1) 将干燥的翼首草粉碎，用 65%～75%乙醇溶液热回流提取，合并滤液，浓缩至无醇味得到乙醇提取浓缩液；

(2) 将步骤 (1) 所得乙醇提取浓缩液用水稀释，依次用石油醚、乙酸乙酯和水饱和的正丁醇萃取，减压浓缩，分别得到石油醚萃取物、乙酸乙酯萃取物和正丁醇萃取物；

(3) 正丁醇萃取物用水溶解，过滤，滤液用 D101 大孔树脂富集活性成分，先用 12%～16%乙醇冲洗 7～9 个柱体积除去大极性成分，再用 65%～75%乙醇洗脱 8～10 个柱体积，收集 65%～75%乙醇洗脱液，减压浓缩，喷雾干燥即得。

所述眼子菜提取物的制备方法为：

(1) 将干燥的眼子菜粉碎，用 60%～70%乙醇溶液热回流提取，合并滤液，浓缩至无醇味得到乙醇提取浓缩液；

(2) 将步骤 (1) 所得乙醇提取浓缩液用水稀释，依次用石油醚、乙酸乙酯和水饱和的正丁醇萃取，减压浓缩，分别得到石油醚萃取物、乙酸乙酯萃取物和正丁醇萃取物；

(3) 正丁醇萃取物用水溶解，过滤，用 AB-8 大孔树脂富集活性成分，先用 6%～10%乙醇冲洗 5～7 个柱体积除去大极性成分，再用 60%～70%乙醇洗脱 9～11 个柱体积，收集 60%～70%洗脱液，减压浓缩，喷雾干燥即得。

**产品特性** 本品提供的祛斑美白化妆品以植物提取物为功效成分，且通过控制翼首草提取物和眼子菜提取物的含量比值，可最大化地祛斑美白，安全有效。

### 配方 16 兼具祛痘、祛斑和美白功能的化妆品

**原料配比**

| 原　料 | | 配比（质量份） | | | | | | |
|---|---|---|---|---|---|---|---|---|
| | | 1# | 2# | 3# | 4# | 5# | 6# | 7# |
| 载体成分 | 甘油 | 12 | 12 | 12 | 12 | 12 | — | 6 |
| | 丁二醇 | 6 | 6 | 6 | 6 | 6 | — | 8 |
| | 月桂醇聚醚磷酸钾 | — | — | — | — | — | 15 | — |
| | EDTA-2Na | — | — | — | — | — | 0.1 | — |
| | 椰油酰胺丙基甜菜碱 | — | — | — | — | — | 8 | — |
| | 1,2-戊二醇 | 6 | 6 | 6 | 6 | 6 | 4 | 5 |
| | 透明质酸钠 | — | — | — | — | — | — | 0.3 |
| | 去离子水 | 74 | 74 | 74 | 74 | 74 | 69 | 78 |
| 功效成分 | 半枫荷叶提取物 | 3 | 2.66 | 3.2 | — | 3.3 | 3 | 3 |
| | 冰草根提取物 | 1 | 1.33 | 0.8 | 2 | 0.7 | 1 | 1 |

**制备方法** 将载体成分按用量称好后混合，启用搅拌器搅拌 30min，使用循环冷却搅拌降温至 45℃时，边加功效成分边搅拌，直至搅拌均匀。

所述半枫荷叶提取物的制备方法为：

(1) 将干燥的半枫荷叶粉碎，用 65%～75%乙醇溶液热回流提取，合并滤液，浓缩至无醇味得到乙醇提取浓缩液。

(2) 将步骤 (1) 所得乙醇提取浓缩液用水稀释，依次用石油醚、乙酸乙酯和水饱和的正丁醇萃取，减压浓缩，分别得到石油醚萃取物、乙酸乙酯萃取物和正丁醇萃取物。

(3) 正丁醇萃取物用水溶解，过滤，滤液用大孔树脂富集活性成分，先用 12%～16%乙醇冲洗 7～9 个柱体积除去大极性成分，再用 65%～75%乙醇洗脱 8～10 个柱体积，收集 65%～75%乙醇洗脱液，减压浓缩，喷雾干燥即得；所使用的大孔树脂为 D101 型大孔树脂。

所述冰草根提取物的制备方法为：

(1) 将干燥的冰草根粉碎，用 60%～70%乙醇溶液热回流提取，合并滤液，浓缩至无醇味得到乙醇提取浓缩液。

(2) 将步骤 (1) 所得乙醇提取浓缩液用水稀释，依次用石油醚、乙酸乙酯和水饱和的正丁醇萃取，减压浓缩，分别得到石油醚萃取物、乙酸乙酯萃取物和正丁醇萃取物。

(3) 正丁醇萃取物用水溶解,过滤,用大孔树脂富集活性成分,先用 6%～10%乙醇冲洗 5～7 个柱体积除去大极性成分,再用 60%～70%乙醇洗脱 9～11 个柱体积,收集 60%～70%洗脱液,减压浓缩,喷雾干燥即得;使用的大孔树脂为 AB-8 型大孔树脂。

**原料介绍** 所述载体成分为月桂醇聚醚磷酸钾、甘油、丁二醇、1,2-戊二醇、ED-TA-2Na、椰油酰胺丙基甜菜碱去离子水、透明质酸钠中的一种或多种。

**产品特性** 本品提供的化妆品以植物提取物为功效成分,且通过控制半枫荷叶提取物和冰草根提取物的含量比值,可最大程度地祛痘、祛斑、美白,安全有效。

## 配方 17 具有祛斑功能的化妆品

**原料配比**

| 原 料 | 配比（质量份） | 原 料 | 配比（质量份） |
|---|---|---|---|
| 芦荟多肽 HFP-1 | 0.1 | 吡咯烷酮羧酸钠 | 1 |
| 橄榄油 | 2 | 甘油 | 2 |
| 维生素 E | 0.5 | 乳酸钠 | 1 |
| 硫辛酸 | 0.01 | 香精 | 0.1 |
| 谷胱甘肽 | 0.1 | 纯化水 | 5 |

**制备方法**

(1) 芦荟多肽 HFP-1 的制备方法:

① 将芦荟清洗干净,绞碎,榨汁,加入木瓜蛋白酶和胰蛋白酶,加酶量为 200001U/g 芦荟,酶解温度为 50℃,pH 值为 7.0,酶解时间为 2h,酶解完成后 92℃灭酶 13min;

② 灭酶后的物料过滤除去不溶物,得到溶液,所得多肽溶液加入 4%活性炭吸附脱色,用葡聚糖 G-50（Sephadex G-50）进行多肽分离,20mmol/L HCl 溶液洗脱,流速为 1.3mL/min,分别收集不同时间段的洗脱产物,调节溶液 pH 为 7.0,10000r/min 离心 15min,经大孔树脂 DA201-C 脱盐处理后,真空浓缩,上清液冷冻干燥备用;经十二烷基硫酸钠-聚丙烯酰胺凝胶电泳（SDS-PAGE）,回收小分子量的条带,经过功能验证,共得到 30 个具有抗衰老功能的小肽序列。根据色谱柱中不同的峰值分离时间,可以批量获得相应的小肽,也可人工合成所述的多肽。

(2) 分别取芦荟多肽 HFP-1 0.1 份,橄榄油 2 份,维生素 E 0.5 份,硫辛酸 0.01 份,谷胱甘肽 0.1 份,吡咯烷酮羧酸钠 1 份,甘油 2 份,乳酸钠 1 份,香精 0.1 份,充分搅拌使其完全溶解,混匀,调节溶液的 pH 值至 5.5～6.5,最后用 5 份纯化水补足配方总量,除菌过滤,分装,即为成品化妆品。

本品可用于制备防晒霜、防晒露、晒后产品、日霜、晚霜、面膜、润肤露、洗面奶、爽肤粉、眼霜、发膜、护发素、精油以及彩妆产品,如除臭棒、香料棒、啫喱等,上述产品由本行业熟知的技术制造。特别适用于制备霜剂、乳剂、凝胶、面膜膏剂。

**产品特性** 本品原料价格低廉,来源丰富。芦荟多肽与其他活性物质结合,能更好地滋养皮肤,有效预防及对抗皮肤斑纹的生成,增加皮肤弹性,延缓衰老。本品采用芦荟多肽为原料制备得到，天然、温和、对皮肤无刺激，而且多种活性物质协同作用于皮肤，其效果要优于普通化妆品。

### 配方 18　抗过敏祛斑除皱中药化妆品

**原料配比**

| 原　料 | | 配比（质量份） |
|---|---|---|
| 中药药物提取液 | 川芎 | 30 |
| | 黄精 | 20 |
| | 熟地 | 20 |
| | 三七 | 10 |
| | 枸杞 | 10 |
| | 桃仁 | 50 |
| | 虫草 | 5 |
| 中药药物粉末 | 黄芩 | 40 |
| | 十大功劳 | 30 |
| | 丹参 | 15 |
| | 白芷 | 15 |
| 中药药物提取液 | | 6 |
| 中药药物粉末 | | 1 |

**制备方法**

（1）取川芎、黄精、熟地、三七、枸杞、桃仁、虫草，并经洗涤、烘干、碾碎后装入反应容器中，再加入三倍量的 60％的乙醇，经 1h 回流提取；然后加入 30％的乙醇，再重复提取一次，将两次提取液合并，减压浓缩回收乙醇，最后用高速离心机分离沉淀即可得到上述中药药物提取液。

（2）取黄芩、十大功劳、丹参、白芷，并经洗涤、烘干、粉碎、混匀即得中药药物粉末。

（3）配制本化妆品时，将上述所提取的中药药物提取液与中药药物粉末按 6∶1 比例配制，并加入药物填充剂即可分别制成化妆霜剂、化妆乳剂、化妆面膜等系列化妆品。

**产品应用**　本品主要用于脸部抗过敏，祛黄褐斑、雀斑，收缩皮肤，消除皱纹。

**产品特性**

（1）本品所采用的中药药物中含有丰富的氨基酸、各种活性酶、微量元素等人体生理所需物质以及抗过敏性物质，这些物质具有行气活血、滋补肝肾、消炎解毒的作用，尤其是本产品采用复合配方经化学浸提后其疗效更显著。

（2）本品所采用的各种中药药物分别起着抗氧剂、防腐剂、乳化剂等作用，因而促使各种中药成分能互相配合，达到抗过敏、祛黄褐斑、祛雀斑、除皱、治疗痤疮等各类损美性皮肤病的综合治疗目的。

（3）本品可根据人们的需要和方便，分别配制成化妆霜剂、化妆乳剂、化妆面膜系列，供人们选择使用。

## 配方 19　祛斑养颜化妆品

**原料配比**

| 原　料 | | 配比（质量份） |
|---|---|---|
| A 组分 | 鲸蜡硬脂基葡糖苷/鲸蜡硬脂醇 | 3 |
| | 甘油硬脂酸酯/PEG-100 硬脂醇酯 | 2 |
| | 鲸蜡硬脂醇 | 4 |
| | 聚二甲基硅氧烷 | 2 |
| | 角鲨烷 | 6 |
| | 鳄梨油 | 3 |
| | 燕麦仁油 | 2 |
| | 乙基己基甘油 | 1 |
| | 生育酚乙酸酯 | 1 |
| B₁ 组分 | 海藻糖 | 2 |
| | 乙基抗坏血酸 | 2 |
| | 烟酰胺 | 2 |
| | 库拉索芦荟叶汁提取物 | 0.5 |
| | 植物提取物 | 15 |
| | 水 | 加至 100 |
| B₂ 组分 | 甘油 | 3 |
| | 黄原胶 | 0.1 |
| C 组分 | 丁二醇 | 5 |
| | 光果甘草根提取物 | 0.1 |
| D 组分 | 环五聚二甲基硅氧烷 | 3 |
| | 水解珍珠 | 2 |
| | 马齿苋提取物 | 3 |
| | 1,2-乙二醇/八角茴香提取物/黄芩根提取物/丁二醇 | 1 |
| 植物提取物 | 炒白果 | 25 |
| | 炒杏仁 | 25 |
| | 茯苓 | 30 |
| | 桔梗 | 25 |
| | 甘草 | 20 |
| | 人参 | 20 |
| | 松茸 | 25 |

**制备方法**

（1）将 A 组分、B₁ 组分分别搅拌并升温至 80～85℃，保持 20min，进行灭菌。

（2）将 B₂ 组分搅拌后，加入 B₁ 组分中，再搅拌均匀形成 B 组分，然后抽入乳化锅并进行搅拌，同时抽入 A 组分，再搅拌 3～5min 后，均质 3min。

（3）均质后，搅拌降温至 60℃，加入预先溶解的 C 组分，搅拌均匀后，降温至 45℃，加入 D 组分，搅拌均匀后降温至 36～38℃出料即可。

祛斑化妆品中的植物提取物按照以下方法步骤提取得到：

（1）按照上述质量份称取中药；

（2）用中药质量的 5 倍、浓度为 60% 的乙醇浸泡中药 2h 以上；

（3）将上述药液进行 30～60min 的加热回流提取；

（4）药液经过滤后收集滤液，再加入原中药质量的 5 倍、浓度为 60% 的乙醇，然后进行 2 次回流提取，每次回流提取时间为 30～60min；

（5）将 3 次回流提取的药液混合，在真空条件下回收乙醇，将药液浓缩过滤即可。

**产品特性** 该祛斑化妆品具有祛斑养颜、美白保湿、防衰老、抗皱等多种功效，无副作用，性能温和，对皮肤无刺激。

### 配方 20　改善色素沉积的祛斑化妆品

**原料配比**

| 原　料 | | 配比（质量份） | | | | | | | |
|---|---|---|---|---|---|---|---|---|---|
| | | 1# | 2# | 3# | 4# | 5# | 6# | 7# | 8# |
| 白油 | | — | 10 | 11.5 | 12 | 12.5 | 13 | 14 | 15 |
| 异构十六烷 | | — | 1 | 1.8 | 2 | 2.4 | 2.6 | 2.8 | 3 |
| 二甲基硅油 | | — | 0.5 | 0.8 | 0.9 | 1 | 1.2 | 1.4 | 1.5 |
| 胶原蛋白粉 | | 3 | 4 | 5 | 5.5 | 6 | 6.5 | 7 | 8 |
| 维生素 C 乙基醚 | | 3 | 3.2 | 3.5 | 4 | 4.2 | 4.4 | 4.6 | 5 |
| 苯乙基间苯二酚 | | 0.1 | 0.2 | 0.4 | 0.6 | 0.7 | 0.8 | 0.9 | 1 |
| 甘草酸二钾 | | 3 | 3.2 | 3.7 | 4 | 4.2 | 4.5 | 4.8 | 5 |
| 氮酮 | | — | 0.5 | 0.9 | 1 | 1.2 | 1.3 | 1.4 | 1.5 |
| 2,3-二甲氧基-5-甲基-6-[（＋）聚-[2-甲基丁烯(2)基]-苯醌 | | — | 0.1 | 0.2 | 0.25 | 0.3 | 0.5 | 0.4 | 0.5 |
| 乳化剂 | 斯盘-80 | 1 | 1.5 | 2 | — | 3 | 3.5 | 4 | 5 |
| | 吐温-60 | 0.5 | 0.7 | — | 1 | 1.2 | 1.3 | 1.4 | 1.5 |
| | 十六十八醇 | — | — | 2.8 | 3 | 3.2 | 3.6 | 3.8 | 4 |
| 防腐剂 | 尼泊金乙酯 | 0.5 | 0.6 | — | 0.7 | — | — | 0.9 | 1 |
| | 咪唑烷基脲 | — | — | 0.25 | — | 0.35 | 0.45 | — | 0.55 |
| 保湿剂 | D-泛醇 | 1 | 1.4 | 1.8 | — | 2.4 | 2.6 | 2.8 | 3 |
| | 1,3-丁二醇 | 3 | 5 | — | 9 | — | 12 | 14 | 15 |
| | 甘油 | — | — | 5 | 6 | 7 | 8 | 9 | 10 |
| 去离子水 | | 50 | 51 | 52 | 54 | 56 | 58 | 59 | 60 |

**制备方法**

（1）按质量份称取所述的组分；

（2）在去离子水中依次加入斯盘-80、吐温-60、十六十八醇咪唑烷基脲、D-泛醇、1,3-丁二醇和甘油，搅拌并加热至80℃作为水相；

（3）将白油、异构十六烷、尼泊金乙酯、二甲基硅油、胶原蛋白粉、苯乙基间苯二酚、甘草酸二钾、氮酮和2,3-二甲氧基-5-甲基-6-[(+)聚-[2-甲基丁烯（2）基]-苯醌加入容器中，并搅拌使其熔化完全作为油相，冷却至80℃，加入维生素C乙基醚备用；

（4）将水相缓慢加入油相中，依同一方向不断搅拌至均匀，得到祛斑化妆品。

**产品特性** 该祛斑化妆品能够有效改善色素沉积现象，减缓脸部的色素沉积。

### 配方 21 祛斑化妆品组合物

**原料配比**

| 原料 | | 配比（质量份） | | | | | |
|---|---|---|---|---|---|---|---|
| | | 1# | 2# | 3# | 4# | 5# | 6# |
| A组分 | 鲸蜡硬脂醇橄榄油酸酯/山梨醇酐橄榄油酸酯 | 1 | 2 | 2 | 2 | 3 | 2 |
| | 鲸蜡醇棕榈酸酯/山梨醇酐棕榈酸酯/山梨醇酐橄榄油酸酯 | 1 | 1 | 1 | 1 | 1 | 2 |
| | 鲸蜡硬脂醇 | 0.5 | 2 | 0.5 | 3 | 2 | 0.5 |
| | 硬脂酸 | 0.05 | 0.5 | 2 | 0.05 | 1 | 2 |
| | 乳木果油 | 1 | 3 | 5 | 1 | 3 | 5 |
| | 橄榄油 | 0.5 | 2 | 5 | 0.5 | 2 | 5 |
| | 辛酸/癸酸甘油三酯 | 0.5 | 3 | 5 | 0.8 | 3 | 5 |
| | 角鲨烷 | 1 | 3 | 5 | 1 | 3 | 5 |
| | 生育酚 | 2 | 0.5 | 0.05 | 2 | 0.5 | 0.05 |
| | 环五聚二甲基硅氧烷 | 5 | 3 | 1 | 3 | 0.5 | 5 |
| | 聚二甲基硅氧烷 | 2 | 2 | 0.5 | 2 | 2 | 2 |
| B组分 | 甘油 | 10 | 5 | 1 | 1 | 5 | 10 |
| | 丁二醇 | 1 | 5 | 10 | 1 | 5 | 9 |
| | 海藻糖 | 3 | 1 | 0.1 | 0.45 | 1 | 0.9 |
| | 硅石 | 0.5 | 2 | 0.1 | 0.5 | 2 | 0.1 |
| | 卡波姆 | 0.15 | 0.15 | 0.1 | 0.15 | 0.15 | 0.1 |
| | 透明质酸钠 | 0.05 | 0.01 | 0.1 | 0.05 | 0.03 | 0.1 |
| | 甘草酸二钾 | 0.1 | 0.2 | 0.3 | 0.1 | 0.2 | 0.3 |
| | 水 | 58.2895 | 54.2825 | 60.014 | 66.5395 | 55.2625 | 40.715 |
| C组分 | 氢氧化钾 | 0.0525 | 0.0525 | 0.035 | 0.0525 | 0.0525 | 0.03 |
| D组分 | 扁蓄提取液 | 10 | 3 | 0.5 | 5 | 4 | 2 |
| | 旋覆花提取液 | 2 | 7 | 0.5 | 10 | 6 | 3 |
| E组分 | 苯氧乙醇 | 0.3 | 0.3 | 0.2 | 0.3 | 0.3 | 0.2 |
| | 甲基异噻唑啉酮 | 0.008 | 0.005 | 0.001 | 0.008 | 0.005 | 0.005 |

**制备方法**

(1) 将润肤剂、乳化剂和抗氧化剂投入油相锅，加热至 70～85℃，等所有组分熔解后保温，即得 A 组分；

(2) 将保湿剂、硅石、增稠剂、甘草酸二钾和水投入乳化锅，加热至 70～85℃，保温 15～30min，即得 B 组分；

(3) 将步骤 (1) 中的 A 组分抽入步骤 (2) 的乳化锅中，均质 3～15min，搅拌速率为 2000～4000r/min，而后保温搅拌 15～45min，搅拌速率为 20～40r/min；

(4) 将步骤 (3) 中的乳液冷却至 40～45℃，加入 C 组分氢氧化钾，搅拌均匀；

(5) 加入 D 组分和 E 组分，搅拌均匀，得到祛斑化妆品组合物。

**原料介绍** 所述扁蓄提取液和旋覆花提取液可以通过常规醇提方法制备，以此最大限度保证两种提取液的祛斑性能，优选以下提取方法：将干燥的植物（扁蓄或旋覆花）加入质量分数为 50% 的乙醇中，在回流和浸渍下萃取 4～8h。随后，用滤布对提取液进行过滤，再离心分离即得到植物（扁蓄或旋覆花）提取液。

**产品特性** 本祛斑化妆品组合物能有效地祛除皮肤斑点。

## 配方 22　祛斑美白化妆品

**原料配比**

| 原　料 | 配比（质量份） | | | |
|---|---|---|---|---|
| | 1# | 2# | 3# | 4# |
| 丙烯酸羟乙酯和/或丙烯酰二甲基牛磺酸钠共聚物 | 1.9 | 1 | 3 | 2.3 |
| 保湿剂 | 12 | 5 | 20 | 15 |
| 甘草提取物 | 9 | 5 | 15 | 10 |
| 氢化聚异丁烯 | 6 | 4 | 7 | 7 |
| 月桂氮酮磷酸钠 | 1.5 | 1 | 2 | 1.8 |
| 鲸蜡硬脂醇 | 1.1 | 0.5 | 1.5 | 1.2 |
| 曲酸及曲酸棕榈甘油椰油酸酯 | 5 | 3 | 8 | 6 |
| 去离子水 | 加至 100 | 加至 100 | 加至 100 | 加至 100 |
| 香精 | 适量 | 适量 | 适量 | 适量 |
| 防腐剂尼泊金甲酯 | 适量 | 适量 | 适量 | 适量 |

**制备方法**

(1) 将甘草洗净、晾干后粉碎至 3～30 目。

(2) 将粉碎至 3～30 目的产物用乙醇在 55～65℃下提取 3～6h。

(3) 将提取 3～6h 后的产物用旋转蒸发仪除去溶剂，得到甘草提取物。

(4) 将去离子水和保湿剂于夹层加热搅拌锅中加热至 75～85℃。

(5) 在加热至 75～85℃的产物中加入丙烯酸羟乙酯和/或丙烯酰二甲基牛磺酸钠共聚物，于 80℃下搅拌 30min 后依次加入氢化聚异丁烯和鲸蜡硬脂醇，于 80℃下搅拌 50min 后冷却至 60℃。

(6) 在冷却至 60℃ 的产物中依次加入甘草提取物、月桂氮酮磷酸钠、曲酸及曲酸棕榈甘油椰油酸酯，搅拌 80min 后冷却至 38℃。其中，搅拌 80min 之后，冷却至 38℃ 之前还包括步骤：将搅拌 80min 后的产物冷却至 45℃，加入香精和防腐剂，搅拌。

**原料介绍** 所述的保湿剂为多元醇、透明质酸、甘油、乳酸或乳酸钠、吡咯烷酮羧酸钠或水解胶原蛋白中的一种或多种。

**产品特性** 本品可以有效地抑制酪氨酸酶和黑色素的生成，防止新的色素沉淀，减少黑色素细胞在皮肤表层的不均匀分布和积聚。

## 配方 23　祛斑美白抗皱化妆品组合物

**原料配比**

中药提取物

| 原　料 | 配比（质量份） | | | |
|---|---|---|---|---|
| | 1# | 2# | 3# | 4# |
| 藏红花 | 5 | 3 | 1 | 5 |
| 丹参 | 3 | 6 | 8 | 2 |
| 甘草 | 8 | 5 | 5 | 10 |
| 余甘子 | 4 | 3 | 6 | 5 |
| 白茯苓 | 5 | 3 | 2 | 4 |
| 白蔹 | 6 | 8 | 1 | 3 |
| 当归 | 3 | 5 | 5 | 1 |

祛斑美白抗皱的 SOD 化妆品

| 原　料 | | 配比（质量份） | | | | | | | |
|---|---|---|---|---|---|---|---|---|---|
| | | 1# | 2# | 3# | 4# | 5# | 6# | 7# | 8# |
| 乳化基质 | | 5000 | 8000 | 6000 | 6000 | 6000 | 6000 | 6000 | 6000 |
| 中药提取物 | 中药提取物 3# | 3000 | — | — | — | — | — | — | — |
| | 中药提取物 4# | — | 1000 | — | — | — | — | — | — |
| | 中药提取物 1# | — | — | 2000 | — | — | — | — | — |
| | 中药提取物 2# | — | — | — | 1000 | 1000 | 1000 | 1000 | 1000 |
| 透皮吸收促进剂 | 月桂氮酮 | 100 | 500 | 500 | 200 | — | — | — | — |
| | 丁香挥发油 | — | — | — | — | 200 | — | — | — |
| | 薄荷油 | — | — | — | — | — | 200 | — | — |
| | 丁香挥发油、月桂氮酮、薄荷油混合物（1:1:1） | — | — | — | — | — | — | 200 | 200 |
| 酶活保护剂 | 维生素 C | 300 | 100 | 200 | — | — | — | — | — |
| | 维生素 C 烷基磷酸酯 | — | — | — | 200 | 200 | — | — | — |

续表

| 原料 | | 配比（质量份） | | | | | | | |
|---|---|---|---|---|---|---|---|---|---|
| | | 1# | 2# | 3# | 4# | 5# | 6# | 7# | 8# |
| 酶活保护剂 | 四氢嘧啶 | — | — | — | — | — | — | 200 | — |
| | 质量比为 1∶10 的四氢嘧啶和维生素 C 烷基磷酸酯混合物 | — | — | — | — | — | — | — | 200 |
| | 去离子水 | 1600 | 198 | 1300 | 2600 | 2600 | 2600 | 2600 | 2600 |
| SOD 冻干粉 | SOD（酶活为 100U/g） | 0.2 | — | — | — | — | — | — | — |
| | SOD（酶活为 1000U/g） | — | 2 | 0.4 | — | — | — | — | — |
| | SOD（酶活为 200U/g） | — | — | — | 0.4 | 0.4 | 0.4 | 0.4 | 0.4 |
| 乳化基质 | 甲基葡萄糖苷聚氧乙烯醚-20 倍半硬脂酸酯（SSE-20） | 2.5 | 2.5 | 2.5 | 2.5 | 2.5 | 2.5 | 2.5 | 2.5 |
| | 十八醇 | 5 | 5 | 5 | 5 | 5 | 5 | 5 | 5 |
| | 甲基葡萄糖苷倍半硬脂酸酯 | 3 | 3 | 3 | 3 | 3 | 3 | 3 | 3 |
| | 硬脂酸异辛酯 | 6 | 6 | 6 | 6 | 6 | 6 | 6 | 6 |
| | 矿物油 | 15 | 15 | 15 | 15 | 15 | 15 | 15 | 15 |
| | 尼泊金甲酯 | 0.2 | 0.2 | 0.2 | 0.2 | 0.2 | 0.2 | 0.2 | 0.2 |
| | 尼泊金丙酯 | 0.2 | 0.2 | 0.2 | 0.2 | 0.2 | 0.2 | 0.2 | 0.2 |
| | 甘油 | 10 | 10 | 10 | 10 | 10 | 10 | 10 | 10 |
| | 香精 | 0.2 | 0.2 | 0.2 | 0.2 | 0.2 | 0.2 | 0.2 | 0.2 |
| | 咪唑烷基脲 | 0.1 | 0.1 | 0.1 | 0.1 | 0.1 | 0.1 | 0.1 | 0.1 |
| | 去离子水 | 补足100 | 补足100 | 补足100 | 补足100 | 补足100 | 补足100 | 补足100 | 补足100 |

**制备方法**

（1）中药提取物（简称提取物）的制备方法是：将藏红花、丹参、甘草、余甘子、白茯苓、白蔹、当归等中药饮片分别进行粉碎，然后过 40 目筛，再分别加入 8 倍中药质量含有去离子水的乙醇，乙醇浓度为 50%～85%；然后在 25℃条件下浸泡 10h 以上；进行低温（<80℃）超声萃取 4h，取上清液离心、过滤、回流乙醇，最后经二次过滤后，即可获得提取物。

（2）按上述配方配料：将甘油和部分去离子水混合均匀，记为 A 相；其中，水多加入总配方含量的 2.5%；将甲基葡萄糖苷聚氧乙烯醚-20 倍半硬脂酸酯（SSE-20）、十八醇、甲基葡萄糖苷倍半硬脂酸酯、硬脂酸异辛酯、矿物油、尼泊金甲酯、尼泊金丙酯混合加热熔化，记为 B 相。

（3）灭菌：将 A、B 两相分别加热至 92℃，维持 18min 灭菌。

（4）乳化：将 B 相加入 A 相中并不断搅拌，保持温度 82℃左右，在均质机 1550r/min 转速下剪切 8min；乳化 22min 后开始冷却，冷却至 39℃，加入 SOD 冻干粉＋酶活保护剂混合物、中药提取物、透皮吸收促进剂、香精、咪唑烷基脲、去离子水混匀。

（5）冷却包装：经过常规的化妆品质量与卫生安全检测，合格后包装。

**产品应用** 本品主要是一种化妆品组合物。

**产品特性** 本品使 SOD 活性保持时间更长，更容易渗入皮肤而被皮肤所吸收，更加有效清除自由基，同时藏红花、丹参、甘草、余甘子，白茯苓、白蔹和当归的提取物可改善皮肤血液微循环、抑制黑色素合成、祛斑增白、润泽皮肤。本品可去除皮肤出现的皱纹和色斑，使皮肤更加细腻、光滑、嫩白和富于弹性，可方便地满足人们对面部皮肤美白、抗衰老、去皱去斑的日常护肤要求，是一种新颖、安全的高级化妆品。

## 配方 24　祛斑美白润肤化妆品

**原料配比**

| 原料 | 配比（质量份） | | |
|------|------|------|------|
| | 1# | 2# | 3# |
| 枸杞 | 10 | 35 | 50 |
| 茶籽油 | 10 | 35 | 60 |
| 白芷 | 5 | 15 | 30 |
| 葡萄籽油 | 5 | 25 | 40 |
| 薄荷油 | 1 | 4 | 6 |
| 玫瑰花油 | 1 | 4 | 6 |

**制备方法**

（1）取规定质量份数的枸杞、茶籽油、白芷、葡萄籽油、薄荷油、玫瑰花油。

（2）将白芷烘干并研磨成粉末，制得白芷粉；将枸杞放置在 $-10 \sim -2$℃的环境中冷冻制冰，制冰后研磨成粉，成粉后放置在 $90 \sim 110$℃的环境中，2h 后取出并放置在常温下冷却，制得枸杞粉；白芷粉与枸杞粉的颗粒大小为 $400 \sim 800$ 目。

（3）取一个干净的容器，将白芷粉和枸杞粉放入容器中，按规定质量份数加入茶籽油、葡萄籽油、薄荷油、玫瑰花油，搅拌均匀；然后将容器放置在电炉上加热，保持温度 $70 \sim 95$℃，持续 $30 \sim 60$min，加热过程中进行持续搅拌，加热完成后进行冷却，即得祛斑美白润肤化妆品。

**产品特性** 本品是中药加植物油的纯天然化妆品，无任何副作用，外用擦脸及手部，能祛后天性的皮肤黑斑，具有美白细滑皮肤、湿润皮肤、抗衰老的独特作用；且组分来源广泛，成本低廉。

## 配方 25　新型美白祛斑化妆品

**原料配比**

| 原料 | 配比（质量份） | | |
|------|------|------|------|
| | 1# | 2# | 3# |
| 透明质酸钠 | 0.03 | 0.01 | 0.05 |
| EDTA-2Na | 0.1 | 0.15 | 0.01 |
| 甘油 | 3 | 0.1 | 5 |

| 原　料 | 配比（质量份） | | |
|---|---|---|---|
| | 1# | 2# | 3# |
| 乳化剂 | 4 | 6 | 6 |
| 鲸蜡硬脂醇 | 2 | 1 | 1 |
| 聚甲基硅氧烷 | 2 | 3 | 3 |
| 植物油 | 4 | 3 | 3 |
| 汉生胶 | 0.15 | 0.2 | 0.2 |
| 莫诺苯宗（陕西畅想制药有限公司自制） | 30 | 0.1 | 60 |
| 丙二醇 | 30 | 60 | 5 |
| 甘油 | 4 | 6 | 6 |
| 聚乙二醇 | 30 | 1 | 60 |
| 维生素 $B_5$ | — | 0.5 | — |
| 氢氧化钠 | — | — | 2 |
| 抗敏剂 | 1 | 2 | 0.1 |
| 防腐剂 | 0.5 | 0.2 | 0.2 |
| 香精 | 0.3 | 0.1 | 0.5 |
| 去离子水 | 加至 100 | 加至 100 | 加至 100 |

**制备方法**

（1）将乳化剂、鲸蜡硬脂醇、植物油、聚甲基硅氧烷、汉生胶投入油相锅，加热至 70～90℃，待所有组分溶解后，保温待用；

（2）将甘油、透明质酸钠、EDTA-2Na、去离子水投入乳化锅，加热至 75～95℃，保温 15～30min，待用；

（3）将莫诺苯宗、丙二醇、甘油、聚乙二醇组合物投入油相锅，加热至 70～85℃，待组合物完全溶解后，保温待用；

（4）将步骤（1）和步骤（3）中的油相抽入步骤（2）的乳化锅中，80～90℃下均质搅拌，速率为 2500～3500r/min，3～5min 后，80～85℃下保温搅拌，搅拌速率为 25～35r/min，搅拌 15～45min；

（5）将步骤（4）中的乳液冷却至 50～55℃，加入抗敏剂、防腐剂、香精搅拌均匀，静置陈化，出料。还可加入维生素 $B_5$ 或氢氧化钠。

**原料介绍**　所述乳化剂为阴离子乳化剂或非离子乳化剂中的一种或两种复配，还可为十二烷基硫酸钠、甘油硬脂酸酯、卵磷脂、PEG-100 硬脂酸酯、吐温，斯盘，平平加O 等乳化剂中的一种或几种的混合。

所述的植物油为甜杏仁油、鳄梨油、乳木果油、橄榄油、霍霍巴油、葡萄籽油、澳洲坚果油中的一种或几种的混合。更进一步优选植物油为甜杏仁油、鳄梨油、乳木果油，所述甜杏仁油、鳄梨油、乳木果油的质量比为（3～8 份）：（3～6 份）：（1～5 份）。

莫诺苯宗是一种局部使用的脱色剂，能阻止皮肤中黑色素的生成，而并不破坏黑色素细胞，与氢醌相比，性质稳定，刺激性小，且作用强。其主要作用机理是抑制邻苯二酚氧化酶，阻止多巴氧化成多巴胺进而形成黑色素。

**产品特性** 本品能有效去除色素，如各种色斑、老年斑、黑色素瘤等，疗效明显，且无毒副作用。

### 配方 26 中药美白祛斑化妆品组合物

原料配比

| 原　料 | | 配比（质量份） | | |
|---|---|---|---|---|
| | | 1# | 2# | 3# |
| 乳化基质 | 吐温-80 | 30 | 40 | 40 |
| 保湿剂 | 透明质酸 | — | 10 | — |
| | 甘油 | — | — | 15 |
| 润肤剂 | | — | 10 | 5 |
| 灵芝 | | 10 | 5 | 10 |
| 白芍 | | 8 | 5 | 5 |
| 甘草 | | 8 | 10 | 5 |
| 松针 | | 5 | 5 | 10 |
| 薄荷 | | 7 | 5 | 10 |
| 白芷 | | 3 | 1 | 5 |
| 三七 | | 1 | 1 | 1 |
| pH 值 | | 7 | 6.5 | 6.8 |
| 润肤剂 | 橄榄油 | 3 | 3 | 5 |
| | 乳木果油 | 3 | 3 | 3 |
| | 角鲨烷 | 3 | 3 | 5 |

**制备方法**

（1）首先制备中药基质提取物：将所述中药组分分别粉碎，过 20～30 目筛，然后加入 5～7 份中药基质提取物总质量的 70%～80%的乙醇溶液，在 15℃条件下，浸泡 5～8h，然后萃取 2～3h，取上清液离心、过滤、回流乙醇溶液，过滤 1～3 次；

（2）然后把所述中药基质提取物和其他组分混合，搅拌，得到所述中药美白祛斑化妆品组合物。

**产品特性** 本品不仅可提高皮肤代谢，促进血液循环，增加皮肤营养，而且可去除皮肤出现的皱纹和色斑，使皮肤更加细腻，是一种效果独特的中药化妆品。

### 配方 27 中药祛斑组合化妆品

原料配比

| 原　料 | | 配比（质量份） | | |
|---|---|---|---|---|
| | | 1# | 2# | 3# |
| 祛斑面霜 | 人参 | 25 | 30 | 20 |
| | 红花 | 25 | 20 | 30 |

续表

| 原　料 | | 配比（质量份） | | |
| --- | --- | --- | --- | --- |
| | | 1# | 2# | 3# |
| 祛斑面霜 | 灵芝 | 12 | 15 | 10 |
| | 女贞子 | 18 | 15 | 20 |
| | 珍珠 | 8 | 10 | 5 |
| | 牵牛子 | 6 | 5 | 10 |
| | 当归 | 12 | 15 | 10 |
| | 桃花 | 8 | 5 | 10 |
| | 白术 | 12 | 15 | 10 |
| | 白芍 | 12 | 10 | 15 |
| | 甘草 | 8 | 10 | 5 |
| | 独一味 | 6 | 5 | 10 |
| | 月季花 | 8 | 10 | 5 |
| | 芦荟 | 8 | 5 | 10 |
| | 蜂蜜 | 6 | 10 | 5 |
| | 玫瑰精油 | 0.001 | 0.002 | 0.001 |
| | 薰衣草精油 | 0.02 | 0.01 | 0.002 |
| | 化妆品基质（Ⅰ） | 90 | 100 | 80 |
| 祛斑脐霜 | 红杉果 | 15 | 20 | 10 |
| | 天山雪莲 | 12 | 10 | 15 |
| | 女贞子 | 12 | 15 | 10 |
| | 灵芝 | 12 | 10 | 15 |
| | 人参 | 8 | 10 | 5 |
| | 当归 | 6 | 5 | 10 |
| | 牵牛子 | 6 | 10 | 5 |
| | 桃花 | 8 | 5 | 10 |
| | 白术 | 8 | 10 | 5 |
| | 白芍 | 8 | 5 | 10 |
| | 甘草 | 6 | 10 | 5 |
| | 荷叶 | 6 | 5 | 10 |
| | 化妆品基质（Ⅰ） | 90 | 100 | 80 |
| 祛斑精华素 | 人参 | 18 | 20 | 15 |
| | 红花 | 16 | 15 | 20 |
| | 灵芝 | 14 | 15 | 10 |
| | 女贞子 | 12 | 10 | 15 |
| | 珍珠 | 12 | 15 | 10 |
| | 牵牛子 | 8 | 5 | 10 |
| | 当归 | 8 | 10 | 5 |

| 原　料 | | 配比（质量份） | | |
|---|---|---|---|---|
| | | 1# | 2# | 3# |
| 祛斑精华素 | 桃花 | 6 | 5 | 10 |
| | 白术 | 6 | 10 | 5 |
| | 白芍 | 6 | 5 | 10 |
| | 白僵蚕 | 6 | 10 | 5 |
| | 白及 | 6 | 5 | 10 |
| | 甘草 | 6 | 10 | 5 |
| | 化妆品基质（Ⅱ） | 120 | 110 | 130 |
| 祛斑面膜 | 红花 | 12 | 15 | 10 |
| | 桃花 | 8 | 5 | 10 |
| | 珍珠 | 6 | 10 | 5 |
| | 白术 | 6 | 5 | 10 |
| | 白芷 | 6 | 10 | 5 |
| | 白僵蚕 | 6 | 5 | 10 |
| | 甘草 | 6 | 10 | 5 |
| | 面粉 | 50 | 60 | 80 |
| | 化妆品基质（Ⅱ） | 90 | 80 | 100 |
| 化妆品基质（Ⅰ） | 硬脂醇聚醚-20 | 1 | 1 | 1 |
| | 硬脂醇聚醚-21 | 1.5 | 1.5 | 1.5 |
| | 单甘酯 | 0.5 | 0.5 | 0.5 |
| | 混醇 | 3 | 3 | 3 |
| | 二甲基硅油 | 1 | 1 | 1 |
| | 异构十六烷烃 | 4 | 4 | 4 |
| | 角鲨烷 | 6 | 6 | 6 |
| | 纯化水 | 74.6 | 74.6 | 74.6 |
| | 卡波姆 | 0.1 | 0.1 | 0.1 |
| | 纤维素 | 0.1 | 0.1 | 0.1 |
| | 甘油 | 8 | 8 | 8 |
| | 三乙醇胺 | 0.1 | 0.1 | 0.1 |
| | 苯氧乙醇 | 0.1 | 0.1 | 0.1 |
| 化妆品基质（Ⅱ） | 卡波姆 | 0.2 | 0.2 | 0.2 |
| | 聚乙二醇 | 0.2 | 0.2 | 0.2 |
| | 透明质酸钠 | 0.01 | 0.01 | 0.01 |
| | 尿囊素 | 0.2 | 0.2 | 0.2 |
| | 山梨醇 | 5 | 5 | 5 |
| | 甘油 | 5 | 5 | 5 |
| | 羟乙基尿素 | 3 | 3 | 3 |

续表

| 原　料 | | 配比（质量份） | | |
|---|---|---|---|---|
| | | 1# | 2# | 3# |
| 化妆品基质（Ⅱ） | 三乙醇胺 | 0.2 | 0.2 | 0.2 |
| | 苯氧乙醇 | 0.15 | 0.15 | 0.15 |
| | 纯化水 | 加至 100 | 加至 100 | 加至 100 |

**制备方法**

祛斑面霜的制备方法包括以下步骤：

（1）按质量份称取人参、灵芝、女贞子、当归、白术、白芍、甘草、独一味、芦荟 9 味药，粉碎，过 20～30 目筛，加入 8～10 倍（g/mL）体积分数为 75％的乙醇冷浸一周，过滤，收集滤液，药渣用 8～10 倍（g/mL）体积分数为 95％的乙醇回流提取 4～6h，过滤，合并两次滤液，减压浓缩至相对密度为 1.10～1.16（50℃测）的药液；

（2）将珍珠、牵牛子、红花、月季花、桃花粉碎，过 200～300 目筛，加入步骤（1）得到的药液中，搅拌均匀；

（3）加入蜂蜜、玫瑰精油、薰衣草精油，用化妆品基质（Ⅰ）调成膏状，灭菌，分装，即得。

祛斑脐霜的制备方法包括以下步骤：

（1）按质量份称取红杉果、女贞子、灵芝、人参、当归、白术、白芍、甘草 8 味药，粉碎，过 20～30 目筛，加入 8～10 倍（g/mL）体积分数为 75％的乙醇冷浸一周，过滤，收集滤液，药渣用 8～10 倍（g/mL）体积分数为 95％的乙醇回流提取 4～6h，过滤，合并两次滤液，减压浓缩至相对密度为 1.10～1.16（50℃测）的药液；

（2）将天山雪莲、牵牛子、桃花、荷叶粉碎，过 200～300 目筛，加入步骤（1）得到的药液中，搅拌均匀；

（3）再加入化妆品基质（Ⅰ），调成膏状，灭菌，分装，即得。

祛斑精华素的制备方法包括以下步骤：

（1）按质量份称取人参、灵芝、女贞子、当归、白术、白芍、白及、甘草 8 味药，粉碎过 20～30 目筛，加入 8～10 倍（g/mL）体积分数为 75％的乙醇冷浸一周，过滤，收集滤液，药渣用 8～10 倍（g/mL）体积分数为 95％的乙醇回流提取 4～6h，过滤，合并两次滤液，减压浓缩至相对密度为 1.06～1.10（50℃测）的药液；

（2）将红花、珍珠、牵牛子、桃花、白僵蚕粉碎，过 200～300 目筛，加入步骤（1）得到的药液中，搅拌均匀；

（3）加入化妆品基质（Ⅱ）调和，灭菌，分装，即得。

祛斑面膜的制备方法包括以下步骤：

（1）按质量份称取红花、桃花、珍珠、白术、白芷、白僵蚕、甘草，烘干、粉碎，过 200～300 目筛，得混合粉末；

（2）向步骤（1）制得的混合粉末中加入面粉，混匀，面粉的加入量与混合粉末的质量比为 1∶1；

（3）加入化妆品基质（Ⅱ）调成糊状，灭菌，分装，即得。

**原料介绍** 所述化妆品基质由原料按质量份混合而成，对皮肤无毒性、无刺激性，安全性高，使用后不影响皮肤的生理作用。

所述桃花为蔷薇科植物桃所开的花，本品所用的桃花为干品。

所述红杉果为红豆杉科植物红豆杉的果实。

所述白僵蚕为蚕蛾科昆虫家蚕蛾的幼虫感染白僵菌而僵死的干燥全虫。

**产品特性** 本品通过面部涂抹的祛斑面霜和脐处涂抹的祛斑脐霜配合使用，辅以祛斑精华素和祛斑面膜，外治内调，祛旧补新，见效快，不脱皮，不反弹，效果明显。

本品使用时，在色斑处涂以祛斑面霜和祛斑精华素，能够从表到里，以微循环为途径直达病所，并渗透到细胞各层，提高细胞的抗氧化能力，延缓细胞衰老，并能抑制酪氨酸酶的产生，减少色斑的生成；在肚脐部涂以祛斑脐霜，脐部乃神厥穴，统主百穴，上联心肺，中经肝肾，下通脾胃，脐霜以经络形式直达脏腑，具有通关开窍，辟恶除邪，外消斑毒，内祛惊风之功效；祛斑面膜具有清洁污垢，扩张毛细血管，帮助祛斑活性成分渗入皮肤深层细胞的作用。

# 六、抗衰老化妆品

## 配方1　氨基酸抗衰老霜

**原料配比**

| 原料 | | 配比（质量份） | | |
|---|---|---|---|---|
| | | 1# | 2# | 3# |
| A组分 | 地蜡 | 18 | 25 | 22 |
| | 硬脂酸 | 4 | 7 | 5 |
| | 硬脂醇 | 4 | 6 | 5 |
| | 斯盘-60 | 2 | 5 | 4 |
| | 吐温-60 | 2 | 4 | 3 |
| | 氢化羊毛脂 | 1 | 3 | 2 |
| | 蜂蜡 | 1 | 2 | 2 |
| | 对羟基苯甲酸丙酯 | 0.1 | 0.3 | 0.2 |
| B组分 | 去离子水 | 50 | 60 | 55 |
| | 丙二醇 | 3 | 8 | 6 |
| | 胱氨酸 | 3 | 5 | 4 |
| | $\gamma$-氨基-$\beta$-羟基丙酸 | 1 | 3 | 2 |
| | 对羟基苯甲酸甲酯 | 0.1 | 0.3 | 0.2 |
| C组分 | 香精 | 0.5 | 1 | 0.8 |

**制备方法**

（1）将A组分与B组分分别混合搅拌加热至75~80℃使其熔融；将B组分加入A组分中，搅拌混合均匀；

（2）将步骤（1）得到的产物降温至45~50℃，加入C组分，搅拌混合均匀；

（3）将步骤（2）得到的产物冷却至室温即得成品。

**产品特性**

（1）价格低廉，使用效果良好；抗衰老功能比较明显。

（2）使用范围广：本品适合各种不同群体使用，均具有很好的效果。

（3）使用方便：在使用时，只需将皮肤用清水洗干净之后，将本品涂抹在皮肤上即可。

（4）对皮肤无毒、无害及无刺激性，对皮肤还有营养及滋润的功能；本品不含化学类增白剂，无毒、无副作用，安全可靠。

### 配方 2　刺五加营养抗皱霜

原料配比

| 原　料 | | 配比（质量份） |
| --- | --- | --- |
| A 组分 | 十八醇 | 15 |
| | 羊毛脂 | 1.5 |
| | 硬脂酸 | 6 |
| | 吐温-80 | 2.6 |
| B 组分 | 甘油 | 7.6 |
| | 去离子水 | 38 |
| C 组分 | 刺五加提取物 | 8.6 |
| | 抗氧剂 | 0.3 |
| | 维生素 $B_6$ | 0.2 |
| | 香精 | 0.2 |

**制备方法**　将 A 组分和 B 组分别加热至 70℃，搅拌 A 组分并将 B 组分徐徐加入 A 组分进行乳化，冷却至 45℃ 以下加入 C 组分，搅拌均匀，静置冷却后包装。

**产品特性**　本品能促进皮肤柔软、平滑，防止皮肤松弛，延缓皮肤衰老，减少皱纹。

### 配方 3　减缓皮肤衰老化妆品

原料配比

| 原　料 | | 配比（质量份） | | | |
| --- | --- | --- | --- | --- | --- |
| | | 1#面霜 | 2#精华液 | 3#乳液 | 4#面膜 |
| A 组分 | 单硬脂酸甘油酯 | 2 | — | 1 | — |
| | 十八醇 | 4 | — | 2 | — |
| | 植物油 | 8 | — | 6 | — |
| | 硅油 | 2 | — | 2 | — |
| | 乳化剂 | 3 | — | 2 | — |
| | 汉生胶 | — | 0.5 | — | — |
| | 卡波 940 树脂 | — | — | — | 0.6 |
| B 组分 | 多元醇 | 4 | 4 | 4 | 4 |
| | 长效保湿剂 | 0.05 | — | 0.04 | — |

续表

| 原　料 | | 配比（质量份） | | | |
|---|---|---|---|---|---|
| | | 1#面霜 | 2#精华液 | 3#乳液 | 4#面膜 |
| B组分 | 银杏黄酮 | 3 | — | 2 | — |
| | 防腐剂 | 适量 | — | 适量 | — |
| | 精制去离子水 | 添加至100 | — | 添加至100 | — |
| C组分 | 辅酶 Q10 | 20 | — | 15 | — |
| | 长效保湿剂 | — | 0.2 | — | 0.3 |
| D组分 | 神经酰胺 | 10 | — | 10 | — |
| | 银杏黄酮 | — | 5 | — | 2.5 |
| E组分 | 防腐剂 | — | 适量 | — | 适量 |
| F组分 | 精制去离子水 | — | 添加至100 | — | 添加至100 |
| G组分 | 辅酶 Q10 | — | 30 | — | 20 |
| H组分 | 神经酰胺 | — | 15 | — | 15 |
| I组分 | 三乙醇胺 | — | — | — | 0.55 |

**制备方法**

（1）面霜的制备工艺为：将 B 组分置于均质乳化机中，开启均质搅拌，缓慢加入 A 组分，10min 后，关闭均质功能，缓慢搅拌，并开通冷却功能，当物料温度低于 60℃时，加入 C 组分、D 组分，充分搅拌，待温度降至室温时，即可得到一种减缓皮肤衰老的面霜。

（2）精华液的制备工艺为：将 A 组分、B 组分、E 组分、F 组分混匀，依次加入 C 组分、D 组分、G 组分、H 组分，边添加边搅拌，搅拌均匀后，即可得到一款具有去皱功效的精华液。

（3）乳液的制备工艺为：将 B 组分置于均质乳化机中，开启均质搅拌，缓慢加入 A 组分，10min 后，关闭均质功能，缓慢搅拌，并开通冷却功能，当物料温度低于 60℃时，加入 C 组分、D 组分，充分搅拌，待温度降至室温时，即可得到一种减缓皮肤衰老的乳液。

（4）面膜的制备工艺为：将 A 组分、F 组分充分混匀，依次加入 B 组分、C 组分、D 组分、E 组分、G 组分、H 组分，边添加边搅拌，搅拌均匀后，加入 I 组分，充分搅拌均匀即可得到一款具有去皱功效的面膜。

**产品特性**　本品具有较好的祛除皮肤皱纹的效果，同时使用天然物质不会对人体造成任何副作用，并且，使用该组合物和一般的化妆品组合物复配时，可拓展出多种剂型的化妆品，显示出其突出的去皱效果。

### 配方 4　抗衰老祛皱抗皱化妆品

**原料配比**

表 1　祛皱抗皱精华液

| 原　料 | 配比（质量份） | 原　料 | 配比（质量份） |
|---|---|---|---|
| 灵芝提取物 | 20 | 紫草提取物 | 2 |
| 龙牙草提取物 | 5 | 胶原蛋白 | 0.5 |

| 原　料 | 配比（质量份） | 原　料 | 配比（质量份） |
|---|---|---|---|
| 透明质酸 | 0.5 | 去离子水 | 加到100 |
| 防腐剂、香精 | 适量 | | |

**制备方法**

（1）制备灵芝提取物、龙牙草提取物、紫草提取物活性原料时，可以通过干燥、洗涤、溶剂抽提、陈化和过滤、浓缩步骤分别从灵芝、龙牙草、紫草中获得。在提取过程中溶剂抽提均是使用水和乙醇进行的，或单独使用水或联合1,3-丁二醇或丙二醇进行。浓缩时使用减压蒸馏，温度为60～70℃，压力为100～120Pa。

（2）按质量份取灵芝提取物、龙牙草提取物、紫草提取物、胶原蛋白、透明质酸、防腐剂、香精、加入去离子水，室温下搅拌均匀，装入已消毒的瓶中，即可。

**表 2　祛皱抗皱活肤霜**

| 原　料 | | 配比（质量份） |
|---|---|---|
| A组分 | 灵芝提取物 | 1 |
| | 龙牙草提取物 | 3 |
| | 紫草提取物 | 4 |
| | 胶原蛋白 | 0.5 |
| | 卡波胶 | 0.2 |
| B组分 | 乳化剂 | 4 |
| | 助乳化剂 | 2.5 |
| | 霍霍巴油 | 5 |
| | 红花油 | 2 |
| | 乳木果油 | 2 |
| 防腐剂、香精 | | 适量 |
| 去离子水 | | 加到100 |

**制备方法**

（1）制备灵芝提取物、龙牙草提取物、紫草提取物活性原料时，可以通过干燥、洗涤、溶剂抽提、陈化和过滤、浓缩步骤分别从灵芝、龙牙草、紫草中获得。在提取过程中溶剂抽提均是使用水和乙醇进行的，或单独使用水或联合1,3-丁二醇或丙二醇进行。浓缩时使用减压蒸馏，温度为60～70℃，压力为100～120Pa。

（2）将A组分原料与适量去离子水在75～80℃溶化后混合均匀为液体。将B组分原料在75～80℃熔化后混合均匀为液体。将A组分和B组分混合均质乳化搅拌，并冷却到0～45℃，加入适量防腐剂、香精继续搅拌均匀，装入已消毒的瓶中，即可。

**表 3　抗皱护眼凝胶**

| 原　料 | 配比（质量份） | 原　料 | 配比（质量份） |
|---|---|---|---|
| 山茶花提取物 | 5 | 银杏提取物 | 2 |
| 灵芝提取物 | 10 | 胶原蛋白 | 0.5 |

续表

| 原 料 | 配比（质量份） | 原 料 | 配比（质量份） |
|---|---|---|---|
| 透明质酸 | 0.5 | 水溶性防腐剂 | 适量 |
| 水溶凝胶 | 35 | 去离子水 | 加至 100 |
| 彩色粒子（内包维生素 E） | 2 | | |

**制备方法**

（1）制备灵芝提取物、山茶花提取物、银杏提取物活性原料时，可以通过干燥、洗涤、溶剂抽提、陈化和过滤、浓缩步骤分别从灵芝、山茶花、银杏中获得。在提取过程中溶剂抽提均是使用水和乙醇进行的，或单独使用水或联合 1,3-丁二醇或丙二醇进行。浓缩时使用减压蒸馏，温度为 60～70℃，压力为 100～120Pa。

（2）将水溶凝胶、透明质酸、胶原蛋白加入适量去离子水中，混合均匀，脱气，将山茶花提取物、银杏提取物、灵芝提取物活性原料、水溶性防腐剂、彩色粒子（内包维生素 E）、余量的去离子水加入其中，搅拌均匀，即可。

**产品特性**　本品是利用灵芝、龙牙草、紫草、山茶花、银杏中优良的生物特性和独特的营养成分，以灵芝提取物、龙牙草提取物、紫草提取物、山茶花提取物、银杏提取物为主要活性成分，添加其他营养成分、抗氧化剂、防腐剂和香精制备而成的系列化妆品组合物。根据活性物的生物活性，本品选用安全无污染的绿色化妆品原料，具有天然、无毒、无刺激性、无副作用和有效抗衰老、祛皱抗皱的作用，符合人们对化妆品安全的要求。

## 配方 5　抗衰老润肤霜

**原料配比**

| 原　料 | | 配比（质量份） | | | |
|---|---|---|---|---|---|
| | | 1# | 2# | 3# | 4# |
| 混合物 A | 白术 | 5 | 8 | 10 | 8 |
| | 白茯苓 | 5 | 8 | 10 | 8 |
| | 白及 | 5 | 8 | 10 | 8 |
| | 白芷 | 5 | 8 | 10 | 8 |
| | 白蔹 | 5 | 8 | 10 | 8 |
| 滤液 B | 混合物 A | 1 | 1 | 1 | 1 |
| | 水 | 3 | 4 | 5 | 3 |
| 混合物 D | 去离子水 | 10 | 15 | 20 | 10 |
| | 甘油 | 3 | 5 | 8 | 5 |
| | 茶多酚 | 1 | 2 | 3 | 3 |
| | 维生素 A | 1 | 1.5 | 2 | 2 |
| | SOD | 0.3 | 0.5 | 0.7 | 0.7 |
| | 曲酸棕榈酸酯 | 0.5 | 1.3 | 2 | 2 |
| 凡士林 | | 20 | 35 | 50 | 40 |

**制备方法**

(1) 称取白术、白茯苓、白及、白芷、白蔹，粉碎，混合均匀得混合物 A；

(2) 按混合物 A 与水质量比 1：(3～5) 的比例将混合物 A 投入水中煎煮 1～3h，过滤，滤渣再重复煎煮一次，过滤，合并两次的滤液得滤液 B；

(3) 将滤液 B 反渗透浓缩，得浓缩液 C；

(4) 量取去离子水，加入甘油、茶多酚、维生素 A、SOD、曲酸棕榈酸酯，加热溶解得混合物 D；

(5) 称取凡士林，加热熔化后，加入浓缩液 C 和混合物 D，搅拌均匀，冷却即得产品。

**产品特性** 本品含有 SOD、茶多酚、白术这类清除自由基能力较强的成分，通过清除组织中的自由基，保持细胞功能的完整性，从而达到抵抗肌体衰老的目的。本品是一款很好的具有美白、祛斑、除皱、保湿、抗衰老功能的润肤霜。

## 配方 6 抗衰老紫苏叶油纳米乳化妆品

**原料配比**

| 原料 | | 配比（质量份） | | | | | |
|---|---|---|---|---|---|---|---|
| | | 1# | 2# | 3# | 4# | 5# | 6# |
| 表面活性剂 | 烷基酚聚氧乙烯醚 | 30 | — | — | — | — | — |
| | 蓖麻油聚氧乙烯醚 | — | 15 | 18 | — | — | 25 |
| | 月桂酸聚氧乙烯醚 | — | — | — | — | 16 | — |
| | 吐温-80 | — | — | — | 23 | — | — |
| | 斯盘-80 | — | — | — | 4 | — | — |
| 紫苏叶油 | | 1 | 0.7 | 2 | 10 | 5 | 0.6 |
| 油脂 | 棕榈酸异丙酯 | 4.4 | — | 3 | — | — | — |
| | 肉豆蔻酸异丙酯 | — | 4.6 | — | 2.5 | 3 | — |
| | 液体石蜡 | — | 0.7 | — | — | — | — |
| | 杏仁油 | — | — | — | — | 1 | 4.5 |
| | 椰子油 | — | — | — | — | 1 | — |
| | 白油 | — | — | — | 1 | — | — |
| | 山茶油 | — | — | — | 0.5 | — | — |
| | 橄榄油 | — | — | 0.6 | — | — | — |
| | 小麦胚芽油 | — | — | 1 | — | — | 1.2 |
| | 维生素 E 油 | 0.7 | — | — | — | — | — |
| 维生素 E 醋酸酯 | | 1 | 1 | 1.5 | 1.2 | 0.8 | 1.7 |
| 香精 | | 0.2 | 0.2 | 0.15 | 0.2 | 0.14 | 0.17 |
| 去离子水 | | — | 77.80 | 73.74 | 57.60 | 73.06 | 66.83 |

**制备方法** 将表面活性剂、紫苏叶油、油脂、维生素 E 醋酸酯、香精加在一起，在 25℃室温条件下，充分搅拌使其混合均匀，然后向其中缓慢加入去离子水，边加水

边搅拌，开始时体系黏度较小，随着水量的增加，体系会变黏稠，此时体系可能会出现液晶态或油包水型纳米乳，继续滴加并不断搅拌，当体系突然变稀时产生的即是淡黄色透明水包油型紫苏叶油纳米乳化妆品。

**产品应用** 本品是一种抗衰老化妆品，适用于皮肤松弛、色斑、皱纹及脸色暗黄无光泽等，每日早晚净面后用棉签蘸取适量均匀涂抹于脸部及颈部。为防紫外线射伤，也可在净面后取适量均匀涂抹在面部。

**产品特性**

(1) 本品具有更好的皮肤渗透性，能增强紫苏叶油的溶解度，提高紫苏叶油清除自由基、延缓衰老的效果，提高化妆品在皮肤上的延展性，给使用者带来清爽、滋润的良好感觉。

(2) 本品工艺简单、稳定性好。

### 配方 7 抗皱霜

**原料配比**

| 原　料 | 配比（质量份） | 原　料 | 配比（质量份） |
|---|---|---|---|
| 玉米胚芽油 | 8 | 十八醇 | 2.5 |
| 小麦胚芽油 | 7 | 烷基磷酸酯三乙醇胺盐 | 1.5 |
| 杏仁油 | 5 | 丝肽 | 1.5 |
| 灵芝提取物 | 5 | 山梨酸钾 | 1.5 |
| 硬脂酸 | 0.8 | 香料 | 0.001 |
| 甘油 | 8 | 纯水 | 150 |
| 单甘油硬脂酸酯 | 1.5 | | |

**制备方法** 在容器中加入硬脂酸、单甘油硬脂酸酯、十八醇、山梨酸钾，搅拌均匀后，加入玉米胚芽油、小麦胚芽油、杏仁油，搅匀成油相；另外取一容器，将纯水、甘油、烷基磷酸酯三乙醇胺盐、灵芝提取物及丝肽，搅匀制成水相；再将油相、水相混合，加热至70℃，之后降温至50℃，加入香料，搅拌均匀，冷却至室温。

**产品特性** 本品可以有效滋润皮肤，具有祛除湿疹、黑斑，防止皮肤老化，抗菌抑菌、防皱、美白等功效。

### 配方 8 美白抗衰老活性化妆品

**原料配比**

西伯利亚刺柏活性提取物

| 原　料 | 配比（质量份） | |
|---|---|---|
| | 1# | 2# |
| 西伯利亚刺柏粉末 | 1 | 1 |
| 乙醇溶液 | 10～35 | 50 |

**制备方法**

（1）将干燥的西伯利亚刺柏粉碎制成平均粒度在 100 目的粉末。

（2）按以下质量体积比将西伯利亚刺柏粉末与乙醇溶液混合放入圆底烧瓶中，每 1g 西伯利亚刺柏粉末使用 10mL～35mL 乙醇溶液；乙醇溶液中乙醇的质量分数介于 45％～55％。然后在 25～40℃条件下加热浸泡提取 2～2.5h，提取两次，合并两次提取液，得到粗提液。

（3）将西伯利亚刺柏乙醇粗提液减压浓缩并回收乙醇，用热水悬浮脱乙醇的提取物，得到悬浮液。

（4）用石油醚萃取悬浮液，脱除叶绿素和鞣质，得到精提液。

（5）用乙酸乙酯超声萃取精提液中的活性提取物，浓缩回收乙酸乙酯后将活性提取物真空干燥成膏体。

乙酸乙酯与精提液按体积比 3：1、2：1 或 1：1 进行超声萃取，浓缩活性成分，回收乙酸乙酯，并将活性成分于 45℃的真空干燥箱中干燥。

**美白润肤乳液**

| 原料 | | 质量（质量份） |
|---|---|---|
| A 组分 | 白油 | 4 |
| | 单硬脂酸甘油酯 | 0.5 |
| | $C_{12}～C_{20}$ 烷基葡糖苷 | 3 |
| | 辛酸/癸酸甘油三酯 | 4 |
| | 角鲨烷 | 2 |
| | 聚二甲基硅氧烷 | 2 |
| B 组分 | 卡波姆 | 0.1 |
| | 汉生胶 | 0.1 |
| | 甘油 | 5 |
| | 去离子水 | 79 |
| C 组分 | 三乙醇胺 | 0.1 |
| D 组分 | 西伯利亚刺柏活性提取物 | 1～5 |
| 其他 | 香精、防腐剂 | 适量 |

**制备方法**　将表中 A 组分加热至 85℃，熔化搅拌均匀，作为油相，将 B 组分放入容器加热至 85℃，搅拌溶解成水相原料，油相原料加入水相原料中搅拌，乳化均质后，冷却至 65℃时添加 C 组分，继续搅拌冷却至 35℃时，加入 D 组分西伯利亚刺柏活性提取物和香精、防腐剂，搅拌均匀，陈化 24h 后即可灌装、包装、检验，制得产品。

**产品特性**

（1）在化妆品的功能性原料的选材上，西伯利亚刺柏资源丰富，来源天然无污染，所得的是高附加值产品，真正实现了开发天然植物活性成分，具有很高的经济价值，并可在一定程度上调控生态环境。

（2）在制备工艺中较低温度提取，高温溶解，活性稳定。所提取出来的活性成分具有较好的高温稳定性，可以添加在化妆品配制过程的任一阶段，甚至在化妆品的高温灭菌阶段加入也不会影响其原有活性，因而无需顾忌化妆品冷配可能带来的微生物污染问题。

### 配方 9　纳米硒维生素 E 防皱抗衰嫩肤霜

**原料配比**

| 原料 | | 配比（质量份） | | | | |
|---|---|---|---|---|---|---|
| | | 1# | 2# | 3# | 4# | 5# |
| A组分 | 西洋参提取物 | — | — | — | 2 | — |
| | 多元醇 | — | — | 0.5 | — | — |
| | 植物甾醇 | — | — | 1 | — | — |
| | 十六醇 | — | 3 | — | 2 | — |
| | 十八醇 | 12 | — | — | — | 1 |
| | 羊毛脂 | 0.8 | 5 | — | 3 | 0.5 |
| | 单硬脂酸甘油酯 | 4 | — | 12 | 2.5 | — |
| | 肉豆蔻酸异丙酯 | — | — | — | — | 4 |
| | 蛇油 | 2 | 2 | — | 2 | — |
| | 液体石蜡 | — | 4 | — | — | — |
| | 蜂蜡 | — | 4 | — | — | — |
| | 硬脂酸 | — | 3 | 4 | — | 3 |
| | 油酸 | — | — | 0.5 | — | — |
| | 二甲基硅油 | — | — | — | — | — |
| | 蓖麻油 | — | — | 0.5 | 2 | — |
| | 霍霍巴油 | — | — | — | 4 | — |
| | 糠油 | — | — | 1 | — | — |
| | 蛇油精 | — | — | — | — | 0.5 |
| | 医用白凡士林 | — | — | — | 3 | — |
| | 十二碳烷 | — | — | — | 5 | — |
| | 角鲨烷 | — | — | 2 | — | — |
| | 水解胶原蛋白 | — | — | — | 2 | — |
| B组分 | 玄参、枸杞子、青黛混合提取物 | — | — | 8 | — | — |
| | 玉竹提取物 | — | 4 | — | — | — |
| | 水溶性高分子化合物 | — | — | — | — | 1 |
| | 甘油 | 8 | 2 | — | 8 | 4 |
| | 丙二醇 | — | — | — | 8 | — |
| | 吐温-80 | 2.5 | — | — | — | — |
| | 软骨素硫酸钠 | — | — | — | 0.4 | 0.4 |
| | 人参提取物 | 0.5 | — | — | 0.6 | — |

续表

| 原　料 | | 配比（质量份） | | | | |
|---|---|---|---|---|---|---|
| | | 1# | 2# | 3# | 4# | 5# |
| B组分 | 灵芝与黄芪混合提取物 | 2 | — | — | — | — |
| | 维生素 B$_6$ | 0.1 | — | — | — | — |
| | 富硒灵芝菌干燥菌丝体 | 0.5 | 0.5 | — | — | — |
| | 纳米硒 | — | — | 1 | 0.5 | 0.3 |
| | TiO$_2$ | 0.5 | — | — | — | — |
| | SiO$_2$ | 0.5 | — | — | — | — |
| | ZnO | — | — | 0.3 | — | — |
| | 去离子水 | 65.85 | 71.1 | 68.3 | 54.2 | 74.8 |
| | 维生素 E | — | 0.3 | — | 0.5 | 0.5 |
| | 扑尔敏 | — | 0.3 | — | 0.3 | — |
| C组分 | 抗氧化剂 | 0.15 | — | 0.2 | — | — |
| | 防腐剂 | 0.2 | 0.1 | 0.2 | — | — |
| | 抗过敏剂 | 0.2 | — | — | — | — |
| | 香精 | 0.2 | 0.2 | 0.5 | 0.3 | — |
| | 柠檬酸 | — | 0.5 | — | — | — |
| | 对羟基苯甲酸丙酯 | — | — | — | 0.3 | — |
| | 芦荟胶 | — | — | — | 10 | 10 |

**制备方法**　将 A 组分与 B 组分分别加热至 80℃，在此温度下边搅拌边将 B 组分缓缓倒入 A 组分进行真空均质乳化，55℃下加入 C 组分，45℃下静止冷却包装。

**产品特性**

(1) 本品能柔软肌肤，防止皮肤松弛，防皱纹，防衰老。

(2) 本品能保湿、抑菌、养颜美容、抗衰老、软化肌肤、消炎止痒。

(3) 本品能扩张局部毛细血管，有营养、润肤、祛斑的功效。

(4) 本品柔软光滑、营养丰富，能提高肌张力，防皱效果明显。

(5) 本品能防晒、防紫外线，尤其适用于野外作业人员。

## 配方 10　皮肤抗衰老复合纳米乳制剂

**原料配比**

| 原　料 | | 配比（质量份） |
|---|---|---|
| 乳化剂/助乳化剂（S/C）混合物（Ⅲ） | 辛酸癸酸聚乙二醇甘油酯 | 29.625 |
| | 聚甘油脂肪酸酯 | 9.875 |
| 水相（Ⅰ） | 三重去离子水 | 41.888 |
| | 六胜肽 | 0.021 |
| | 超氧化物歧化酶（SOD） | 0.001 |

| 原　料 | | 配比（质量份） |
|---|---|---|
| 水相（Ⅰ） | L-抗坏血酸-2-葡萄糖苷（AA2GTM） | 2.125 |
| | 羟乙基碳酰胺（BSJ15） | 2.5 |
| | 乙二胺四乙酸二钠（EDTA-2Na） | 0.125 |
| | 柠檬酸 | 0.09 |
| | 柠檬酸钠 | 2 |
| | N-乙酰半胱氨酸 | 1.25 |
| 油相（Ⅱ） | 肉豆蔻酸异丙酯 | 7.175 |
| | 维生素 E | 0.875 |
| | 辅酶 Q10 | 0.875 |
| | 沙棘油 | 0.875 |
| | 氮酮 | 0.7 |
| 水相（Ⅰ） | | 50 |
| 油相（Ⅱ） | | 10.5 |
| S/C 混合物（Ⅲ） | | 39.5 |

**制备方法**

（1）精确称取六胜肽原料置于经过洗净、消毒、干燥好的三角烧瓶中，加入定量的三重去离子水溶解后，依次加入 SOD、EDTA-2Na、柠檬酸、柠檬酸钠、AA2GTM、BSJ15，N-乙酰半胱氨酸，并将此溶液中每种成分或原料完全溶解后作为水相（Ⅰ）。

（2）用分析天平准确称取肉豆蔻酸异丙酯，置于另一经过洗净、消毒、干燥好的三角烧瓶中；依次加入维生素 E、辅酶 Q10、沙棘油、氮酮，充分混合溶解后，用记号笔清楚标记为油相（Ⅱ）。

（3）按照事先已设计好的辛酸癸酸聚乙二醇甘油酯（S）：聚甘油脂肪酸酯（C）= 3：1 的比例，分别准确称取辛酸癸酸聚乙二醇甘油酯和聚甘油脂肪酸酯，并将这两者原料置于第三个经过洗净、消毒、干燥好的洁净三角烧瓶之中；并将此三角烧瓶迅速置于浓体快速混合器上，充分混合均匀，使之形成乳化剂/助乳化剂（S/C）混合物，并用记号笔清楚标记为 S/C 混合物（Ⅲ）。

（4）按照油相（Ⅱ）：S/C 混合物（Ⅲ）：水相（Ⅰ）=10.5：39.5：50 的比例，先分别取水相（Ⅰ）、S/C 混合物（Ⅲ）置于第四个经过洗净、消毒、干燥好的洁净三角烧瓶中。

（5）将上述水相（Ⅰ）、S/C 混合物（Ⅲ）两液相充分混合后，再在室温 25℃条件下或者自然室温中，将其放入超声振荡器中振荡并超声，或者在室温 25℃条件下或者自然室温中，启动定时恒温磁力搅拌器搅拌，此时会发生放热反应，需待冷却后再在此容器中直接加入油相（Ⅱ），并将整个体系在超声振荡器中超声，或者在室温 25℃条件下或者自然室温中，启动定时恒温磁力搅拌器，以 200r/min 的转速磁力搅拌。

（6）关闭超声振荡器或者定时恒温磁力搅拌器，取下三角烧瓶，观察其外观是橙色、流体性和分散性好、有明显可见乳光，即为皮肤抗衰老复合纳米乳制剂。

（7）将此 100g 皮肤抗衰老复合纳米乳迅速分装于不同规格的避光玻璃容器中，迅速加盖，包装，并置于2～8℃密闭保存即可。

**产品应用** 本品是一种皮肤或面部外用的皮肤抗衰老复合纳米乳制剂。广泛应用于美容保健及皮肤抗衰老。

**产品特性**

(1) 本品为两种互不相溶的液体按一定的比例，在表面活性剂和助表面活性剂的共同作用下自然形成热力学稳定、各向同性的、流动性好、清澈透明、晶莹剔透、有细微黄色、略带乳光的分散体系，具有良好的感官性，实际使用舒适性极佳。

(2) 本品可在室温下制备，对于保护不耐热、不耐高温功效成分的活性，特别是保护蛋白类、肽类、酶类、细胞生长因子类等活性物质具有重要价值，能提高蛋白多肽类药物或功效成分的稳定性，能最大限度保持其生物活性及生物学作用。

## 配方 11 青梅花抗衰老护肤霜

**原料配比**

| 原 料 | | | 配比（质量份） | | | |
|---|---|---|---|---|---|---|
| | | | 1# | 2# | 3# | 4# |
| A组分 | 甘油 | | 3 | 10 | 6 | 6 |
| | 尿囊素 | | 0.1 | 0.5 | 0.25 | 0.25 |
| | 烟酰胺 | | 0.5 | 2 | 1.25 | 1.25 |
| | 甘草酸二钾 | | 0.1 | 0.5 | 0.3 | 0.3 |
| | 汉生胶 | | 0.1 | 0.5 | 0.3 | 0.3 |
| B组分 | 鲸蜡硬脂基葡糖苷 | | 0.5 | 3 | 1.75 | 1.75 |
| | 硬脂酰谷氨酸钠 | | 0.1 | 2 | 1.05 | 1.05 |
| | 单硬脂酸甘油酯 | | 0.2 | 3 | 1.6 | 1.6 |
| | 牛油果树果油 | | 0.5 | 5 | 2.75 | 2.75 |
| | 鲸蜡硬脂醇 | | 1.5 | 4 | 2.7 | 2.75 |
| | 二甲基硅氧烷 | | 2 | 10 | 6 | 6 |
| | 霍霍巴油 | | 2 | 5 | 3.5 | 3.5 |
| C组分 | 透明质酸 | | 0.05 | 0.1 | 0.075 | 0.075 |
| | 青梅花提取物 | | 0.001 | 0.1 | 0.05 | 0.05 |
| | 酵母提取物 | | 0.8 | 3 | 1.9 | 1.9 |
| | 豌豆提取物 | | 0.5 | 2.5 | 1.5 | 1.5 |
| | 棕榈酰三肽-5 | | 0.3 | 2 | 1.65 | 1.65 |
| | 水解大豆淀粉 | | 0.5 | 2.5 | 1.5 | 1.5 |
| D组分 | 防腐剂 | 尼泊金酯 | — | 0.5 | — | — |
| | | 苯氧基乙醇 | — | — | 0.25 | — |
| | | DMDM己内酰脲 | — | — | — | 0.25 |
| | 香精 | | — | 0.3 | 0.15 | 0.15 |
| 去离子水 | | | 87.249 | 44.3 | 65.425 | 65.425 |

**制备方法** 将 A 组分加入去离子水中，搅拌加热至 80℃溶解，保温 10min；将 B 组分加热至 80℃，保温 10min；搅拌下将 A 组分加入 B 组分中均质乳化，冷却到 50℃ 时加入 C 组分，冷却至 45℃时加入 D 组分，充分搅拌混合均匀。

所述的青梅花提取物制备方法：

(1) $CO_2$ 超临界提取青梅花的非极性成分：将含水量≤1.5%的干青梅花放入萃取釜中，通入 32～38MPa 的 $CO_2$，在 55～65℃温度下循环动态萃取 1.5～2.5h；然后进行减压分离，分离温度为 38～42℃，分离压力为 3～5MPa，得到青梅花中的非极性成分。

(2) 极性成分的提取：将步骤（1）萃取残渣用体积比为 30%的乙醇（残渣与乙醇的质量比为 1：15），在 80℃的温度下热回流提取 2h；然后过滤得到滤液，在 78℃温度下蒸馏得青梅花中的极性成分。

(3) 将步骤（1）、（2）所得非极性成分与极性成分混合。

**产品特性** 本品将含有多种抗衰老、抗过敏和抗菌成分的青梅花提取物与其他护肤成分复配，使产品具有改善面部皮肤血液循环，缓解、消除疲劳，安神解烦的功效；本品抗氧化并能促进皮肤细胞新陈代谢，使皮肤具有弹性，延缓肌肤衰老，抗菌，保湿；本品还具有重建皮肤细胞外基质的功效。

### 配方 12 修护抗皱组合化妆品

**原料配比**

| 原料 | | 配比（质量份） | | |
|---|---|---|---|---|
| | | 1# | 2# | 3# |
| A 组分 | 修护抗皱组分 | 0.41 | 9.2 | 6 |
| B 组分 | 油相组分 | 29.5 | 12.5 | 25 |
| C 组分 | 水相组分 | 68.59 | 77.9 | 68 |
| D 组分 | 三乙醇胺 | 0.5 | 0.1 | 0.3 |
| E 组分 | 助剂组分 | 1 | 0.3 | 0.7 |
| 修护抗皱组分 | 甘草类黄酮 | 0.1 | 3 | 1.5 |
| | 透明质酸钠 | 0.01 | 0.2 | 0.1 |
| | $\beta$-葡聚糖 | 0.1 | 3 | 2 |
| | 神经酰胺 | 0.1 | 1 | 0.9 |
| | 生育酚乙酸酯 | 0.1 | 2 | 1.5 |
| 油相组分 | EG-100 硬脂酸酯 | 3 | 1 | 1.5 |
| | 鲸蜡硬脂醇 | 3.5 | 1.5 | 2.5 |
| | 聚二甲基硅氧烷 | 5 | 3 | 6 |
| | 辛酸/癸酸甘油三酯 | 8 | 4 | 6 |
| | 氢化聚癸烯 | 10 | 3 | 9 |
| 水相组分 | EDTA-2Na | 0.2 | 0.01 | 0.1 |
| | 尿囊素 | 0.5 | 0.1 | 0.3 |
| | 甘油 | 10 | 1 | 5 |

续表

| 原　料 | | 配比（质量份） | | |
|---|---|---|---|---|
| | | 1# | 2# | 3# |
| 水相组分 | 1,3-丁二醇 | 10 | 1 | 5 |
| | 卡波姆 | 0.5 | 0.1 | 0.2 |
| | 水 | 47.39 | 75.69 | 57.4 |
| 助剂组分 | 香精、防腐剂中的混合物 | 1.0 | — | — |
| | 防腐剂 | — | 0.3 | — |
| | 香精 | — | — | 0.7 |

**制备方法**

(1) 将 B 组分升温到 65～95℃，保温到 75～85℃，搅拌溶解完全；

(2) 将 C 组分升温到 65～95℃，保温到 75～85℃，搅拌溶解完全；

(3) 先将 B 组分抽入乳化锅，再缓缓抽入 C 组分，均质 5～15min，保温搅拌 5～15min，抽真空降温；

(4) 50～70℃时加入 D 组分、A 组分，均质 2～3min，搅拌均匀；

(5) 30～50℃时加入 E 组分，搅拌均匀，即得本品。

**产品特性**　本品不会对使用者产生过敏反应，使用安全；本品在减少皱纹形成、延缓皮肤衰老进而达到美容养颜的功效上有显著效果。

## 配方 13　用于消除皱纹的霜剂

**原料配比**

| 原　料 | 配比（质量份） | | | | | | | |
|---|---|---|---|---|---|---|---|---|
| | 1# | 2# | 3# | 4# | 5# | 6# | 7# | 8# |
| 葡聚糖 | 0.02 | 0.015 | 0.02 | 0.05 | 0.075 | 0.068 | 0.085 | 0.03 |
| 白介素 IL-12 | 0.0008 | 0.001 | 0.0015 | 0.0005 | 0.0022 | 0.0018 | 0.003 | 0.0025 |
| 芦荟 | 6 | 8 | 9 | 6 | 10 | 7 | 5 | 10 |
| 紫苏醇 | 5 | 3 | 13 | 15 | 10 | 9 | 8 | 16 |
| 洋甘菊 | 20 | 10 | 25 | 30 | 18 | 15 | 28 | 22 |
| 黄原胶 | 20 | 18 | 22 | 16 | 10 | 25 | 15 | 28 |
| 透明质酸 | 3 | 10 | 15 | 5 | 25 | 20 | 5 | 26 |
| 北美升麻 | 2 | 15 | 20 | 5 | 25 | 10 | 30 | 18 |
| 维生素 E 油 | 0.06 | 0.05 | 0.02 | 0.08 | 0.09 | 0.075 | 0.03 | 0.07 |
| 卡姆果提取物 | 1 | 0.8 | 1 | 1.3 | 1.4 | 1.2 | 1.5 | 1.1 |
| 鲸鱼油 | 0.06 | 0.05 | 0.04 | 0.04 | 0.09 | 0.075 | 002 | 0.07 |
| 胶原蛋白 | 0.03 | 0.05 | 0.085 | 0.085 | 0.08 | 0.07 | 0.09 | 0.04 |
| 去离子水 | 800 | 750 | 800 | 870 | 895 | 850 | 1000 | 950 |

**制备方法**

（1）按上述配方，取白介素 IL-12、北美升麻及去离子水混合，并加热至 85℃，保温搅拌 15min、以 15r/min 的转速搅拌，得 A 相溶液；

（2）取芦荟、洋甘菊、透明质酸、葡聚糖、鲸鱼油、维生素 E 油、黄原胶、紫苏醇、卡姆果提取物及胶原蛋白放入均质机中均质 7min 后，加热至 85℃得 B 相溶液，保温并以 45r/min 的搅拌速率搅拌，在搅拌下将上述 A 相溶液滴入，搅拌 15min，待冷却后制成霜剂。

**产品特性** 本品通过用白介素 IL-12、葡聚糖螯合多种消除皱纹天然植物的有机复合配方，将其功效提高到螯合前的数十倍，对皮肤皱纹，肌肤松弛，眼袋均具最好的消除效果。本品具有操作简单、便于应用、疗效显著的优点；同时涂抹本品对肌肤也有滋润、美白等作用。本品还具有快速修复皱纹组织，同时阻止表皮新的皱纹产生，天然无副作用的优点。

### 配方 14 用于延缓肌肤衰老的化妆品

**原料配比**

| 原 料 | 配比（质量份） | |
|---|---|---|
| | 1# | 2# |
| 乳香提取物 | 0.1 | 0.3 |
| 燕麦提取物 | 1 | 5 |
| 棕榈酰五肽 | — | 3 |
| 肌肽 | 0.1 | 0.2 |
| 卡波姆 | 0.5 | 0.8 |
| 三乙醇胺 | 2 | 2.5 |
| 丙二醇 | 8 | 4 |
| 甘油 | 3 | 14 |
| 乙醇（95%） | 3 | 6 |
| 去离子水 | 加至 100 | 加至 100 |

**制备方法**

（1）将卡波姆与甘油、去离子水混合，搅拌使其溶解；

（2）三乙醇胺用水溶解成 10% 的溶液；

（3）将所配制的三乙醇胺溶液加入步骤（1）所得溶液，边加边搅拌，搅拌均匀后即得透明凝胶基质，再加入燕麦提取物、棕榈酰五肽、肌肽搅拌均匀；

（4）取乳香提取物，加入乙醇，搅拌使其混合均匀，再加入丙二醇制成混合液；

（5）将步骤（4）所得溶液与步骤（3）所得溶液混合搅拌均匀，加去离子水至 100；

（6）步骤（2）所得溶液调节 pH 值至 6.0~6.5 之间；

（7）将上述凝胶进行检验，合格后，再进行灌装即得延缓肌肤衰老凝胶护肤品。

**产品特性** 本品的特点是以天然草本提取物为主要原料，复配小分子肽活性添加剂，在能维护肌肤的正常生理代谢和机能的前提下，合理组合各种成分，通过组分的多种作用达到延缓肌肤衰老的功效。

### 配方 15 保湿美白抗衰老中药化妆品

原料配比

| 原料 | 配比（质量份） | | | |
|---|---|---|---|---|
| | 1# | 2# | 3# | 4# |
| 甘草 | 0.5 | 1 | 2 | 4 |
| 白术 | 0.5 | 1 | 2 | 4 |
| 白及 | 2 | 5 | 8 | 10 |
| 银杏 | 0.5 | 1 | 2 | 4 |
| 西洋参 | 1 | 3 | 7 | 9 |
| 丹参 | 10 | 13 | 15 | 17 |
| 生姜 | 10 | 15 | 17 | 20 |
| 质量分数为10%的二氧化钛胶体（$TiO_2$） | 2 | 1.8 | 2.2 | 2.1 |
| 甘油 | 8 | 9 | 7 | 7.5 |
| 乙醇 | 12 | 11 | 13 | 12 |
| 对羟基苯甲酸甲酯 | 0.1 | 0.12 | 0.09 | 0.11 |
| 去离子水 | 加至100 | 加至100 | 加至100 | 加至100 |

**制备方法** 先将甘草、白术、白及、银杏、西洋参、丹参、生姜混合在一起，用蒸馏水浸没 30～60min，武火煎沸，再文火煮 20～30min，过滤，得第一次滤液，药渣再加水浸没，武火煎沸，再文火煮 20～30min，过滤，得第二次滤液，合并两次滤液，按体积比 1∶1 在滤液中加入质量分数为 90% 的乙醇，4℃静置 24h，收集上清液，过滤、回收乙醇，−80℃预冷，真空冷冻干燥，得冻干物，与质量分数为 10% 的二氧化钛胶体、甘油、乙醇、对羟基苯甲酸甲酯、去离子水混匀，即成为成品保湿美白抗衰老中药化妆品。

**产品特性** 本品配比科学合理，原料丰富，制备方法简单，成本低，易生产，使用方便，效果好。

### 配方 16 番茄红素美白保湿抗衰老乳液

原料配比

| 原料 | 配比（质量份） | | |
|---|---|---|---|
| | 1# | 2# | 3# |
| 番茄红素 | 0.3 | 0.7 | 0.5 |
| 海藻提取液 | 5 | 3 | 4 |
| 玫瑰精油 | 2 | 5 | 3 |
| 橄榄油 | 9 | 5 | 7 |

续表

| 原　料 | 配比（质量份） | | |
|---|---|---|---|
| | 1# | 2# | 3# |
| 甘油 | 35 | 45 | 40 |
| 丙二醇 | 12 | 8 | 10 |
| 黄原胶 | 10 | 15 | 13 |
| 维生素 E | 3 | 1 | 2 |
| 鲸蜡醇 | 3 | 5 | 4 |
| 蒸馏水 | 加至 100 | 加至 100 | 加至 100 |

**制备方法**　将各组分原料混合均匀即可。

**产品特性**　本品含有纯天然原料番茄红素，其超强抗氧化性能有效去除自由基，防止皮肤细胞受到损伤，减少皱纹及雀斑的生成，美白防晒，延缓肌肤衰老；本品含有海藻提取物，能深度保湿补水，促进肌肤新陈代谢，焕发肌肤活力，达到美白、保湿、抗衰老的效果。

### 配方 17　防晒保湿抗衰老氨基酸化妆品

**原料配比**

| 原　料 | | 配比（质量份） | | |
|---|---|---|---|---|
| | | 1# | 2# | 3# |
| 氨基酸组合物 | 赖氨酸 | 2.4 | 2.4 | 2.4 |
| | 组氨酸 | 0.7 | 0.7 | 0.7 |
| | 精氨酸 | 6.5 | 6.5 | 6.5 |
| | 天冬氨酸 | 5.2 | 5.2 | 5.2 |
| | 苏氨酸 | 7.4 | 7.4 | 7.4 |
| | 丝氨酸 | 12.5 | 12.5 | 12.5 |
| | 谷氨酸 | 12.4 | 12.4 | 12.4 |
| | 脯氨酸 | 8.6 | 8.6 | 8.6 |
| | 甘氨酸 | 5.7 | 5.7 | 5.7 |
| | 丙氨酸 | 4.4 | 4.4 | 4.4 |
| | 缬氨酸 | 5.6 | 5.6 | 5.6 |
| | 蛋氨酸 | 1 | 1 | 1 |
| | 异亮氨酸 | 2.5 | 2.5 | 2.5 |
| | 亮氨酸 | 6.4 | 6.4 | 6.4 |
| | 酪氨酸 | 2.5 | 2.5 | 2.5 |
| | 苯丙氨酸 | 1.2 | 1.2 | 1.2 |
| | 半胱氨酸 | 15 | 15 | 15 |
| 氨基酸组合物 | | 18 | 25 | 20 |

| 原　料 | | 配比（质量份） | | |
|---|---|---|---|---|
| | | 1# | 2# | 3# |
| 保湿剂 | 1,3-丁二醇 | 5 | 2 | 3 |
| | 透明质酸钠 | — | 0.1 | — |
| 润肤剂 | PEG-40 | 2 | — | — |
| | 甘油 | 10 | — | 10 |
| | 青刺果油 | — | 0.2 | — |
| | 氢化植物油 | — | — | 2 |
| 乳化剂 | 黄原胶 | 2 | — | 2 |
| | 二氧化硅 | — | — | 1 |
| 防腐剂 | EDTA-2Na | 0.05 | — | — |
| | 柠檬酸 | 0.03 | — | 0.03 |
| | 抗菌剂 | — | 0.5 | — |
| | 苯氧乙醇 | — | — | 0.06 |
| 溶剂 | 棕榈酸乙基己酯 | 4 | — | — |
| | 去离子水 | 加到100 | 加到100 | 加到100 |

**制备方法**　将各组分原料混合均匀即可。

**产品特性**　本品用具有优良生物特性和独特营养成分的赖氨酸、组氨酸、精氨酸、天冬氨酸、苏氨酸、丝氨酸、谷氨酸、脯氨酸、甘氨酸、丙氨酸、缬氨酸、蛋氨酸、异亮氨酸、亮氨酸、酪氨酸、苯丙氨酸和半胱氨酸，配合其他化妆品基质原料制备而成，组合后协同效应良好，疗效明显。对皮肤起到保护作用，是一种安全的，对皮肤有一定防晒、保湿、抗衰老作用的天然生物提取物组合物，符合人们对化妆品安全的要求。

## 配方 18　枸杞抗衰老护肤品

**原料配比**

| 原　料 | 配比（质量份） | | |
|---|---|---|---|
| | 1# | 2# | 3# |
| 枸杞提取物 | 20 | 25 | 30 |
| 甘油 | 15 | 20 | 10 |
| 鲸蜡醇 | 18 | 18 | 10 |
| 硬脂酰乳酸钠 | 10 | 10 | 5 |
| 硅油 | 8 | 10 | 5 |
| 视黄醇 | 2 | 2 | 1.5 |
| 氯苯甘油醚 | 2 | 1 | 1.5 |
| 对羟基苯甲酸甲酯 | 0.2 | 0.2 | 0.1 |
| 香精 | 适量 | 适量 | 适量 |
| 纯化水 | 加至100 | 加至100 | 加至100 |

**制备方法**

(1) 按配方量将甘油、鲸蜡醇、硅油、视黄醇和氯苯甘油醚于 75℃加热混合均匀;

(2) 按配方量将枸杞提取物、硬脂酰乳酸钠和纯化水于 75℃加热混合均匀;

(3) 将步骤 (1) 和步骤 (2) 所得混合物混合,加入对羟基苯甲酸甲酯和香精,搅拌均匀,冷却,即得。

所述枸杞提取物的制备方法为:将枸杞干燥研碎,置于回流装置中,每次加入氯仿-正丁醇 (5:1) 20mL,在 60℃下回流脱脂 3 次,每次 1h,滤出溶剂,残渣风干后每次加入 60%乙醇 20mL,在 60℃回流 3 次,每次 1h,回收乙醇,再以 60℃固液比为 1:(10~15) 的蒸馏水提取 3 次,每次 1h,合并滤液浓缩,以 5 倍量的 95%乙醇沉淀,放置 24h,抽滤,所得产物依次用 95%乙醇、无水乙醇、丙酮洗涤,真空干燥,即得。

**产品特性**　本品通过处方筛选确定了各种添加剂的最佳选择以及各组分的最佳配比,由此获得的护肤品细腻柔和,铺展性佳,体验好。

### 配方 19　含慈菇提取物保湿抗衰老化妆品

**原料配比**

| 原　料 | | 配比（质量份） | | |
|---|---|---|---|---|
| | | 1# | 2# | 3# |
| 念慈菇提取物 | | 5 | 10 | 15 |
| 维生素 | | 1.2 | 1.5 | 1.2 |
| 抗氧化剂 | 生育酚 | 0.6 | 1 | 1.2 |
| | 辅酶 Q10 | 1.5 | 1.2 | 1 |
| 抗皱赋活剂 | 酵母提取液 | 1.8 | 1.5 | 1.8 |
| | 多肽 | 2.3 | 2.6 | 2.5 |
| | 葡萄籽提取液 | 1.2 | 0.8 | 1.2 |
| | 红酒多酚 | 2 | 2.2 | 1.6 |
| 防晒剂 | 二氧化钛 | 0.8 | 0.8 | 4.2 |
| | 肉桂酸酯类 | 1.5 | 1.2 | 1.1 |
| | 二苯（甲）酮类化合物 | 0.8 | 1.1 | 0.8 |
| 抗敏剂 | 甘草酸二钾 | 0.4 | 0.4 | 0.4 |
| | 苦参素 | 0.6 | 0.8 | 0.6 |
| 美白剂 | 红花提取液 | 1.5 | 1.3 | 1.5 |
| | 红景天提取液 | 2 | 1.8 | 2 |
| | 氢醌双丙酸酯 | 0.8 | 0.8 | 0.8 |
| | 果酸 | 1.2 | 1.2 | 0.8 |
| 保湿剂 | 甘油 | 5 | 5.5 | 6 |
| | 丙二醇 | 4 | 3.2 | 4 |
| | 海藻提取液 | 2.6 | 2.4 | 2 |
| | 胶原蛋白 | 0.05 | 0.05 | 0.05 |

续表

| 原　料 | | 配比（质量份） | | |
|---|---|---|---|---|
| | | 1# | 2# | 3# |
| 氢氧化钾 | | 0.15 | 0.15 | 0.13 |
| 元宝枫籽油 | | 0.7 | 0.8 | 0.7 |
| 螯合剂 | | 0.5 | 0.45 | 0.5 |
| 增稠剂 | | 0.15 | 0.15 | 0.15 |
| 乳化剂 | 甘油硬脂酸酯/PEG-100 硬脂酸酯 | 1.5 | 1.5 | 1.5 |
| | 鲸蜡醇棕榈酸酯/山梨坦棕二榈酸酯/山梨坦橄榄油酸酯 | 1.6 | 1.6 | 1.6 |
| | 甲基葡糖倍半硬脂酸酯 | 2 | 1.8 | 2 |
| | 聚氧乙烯鲸蜡基硬脂基双醚 | 0.8 | 0.8 | 0.8 |
| 防腐剂 | 山梨酸钾 | 0.3 | 0.3 | 0.3 |
| | 羟苯甲酯 | 0.2 | 0.2 | 0.2 |
| 去离子水 | | 70 | 60 | 50 |

**制备方法**

（1）将乳化剂、抗氧化剂和元宝枫籽油依次投入油相锅中，加热至70～85℃，等所有组分熔化后保温，制得 A 相；

（2）将维生素、抗皱赋活剂、防晒剂、抗敏剂、美白剂、保湿剂、螯合剂、增稠剂和去离子水依次投入乳化锅中，加热至70～85℃，保温 15～30min 使其充分溶解，制得 B 相；

（3）将步骤（1）制得的 A 相和步骤（2）制得的 B 相依次抽入均质器中，均质5～15min，搅拌速率为 2000～4000r/min，而后保温搅拌 15～45min，搅拌速率为 30～50r/min；

（4）将步骤（3）中的乳液冷却至 40～45℃，加入氢氧化钾，搅拌均匀；

（5）向步骤（4）所得混合物中加入念慈菇提取液和防腐剂，搅拌均匀，得到保湿抗衰老化妆品组合物。

**产品特性**　本品能有效地提高皮肤弹性、延缓皮肤衰老；改善肤色，坚持使用有美白效果；增加抗敏剂，防止过敏现象；螯合重金属，消除重金属污染；舒缓皱纹，改善皮肤，提高皮肤的光亮度和白皙度。

## 配方 20　具有皮肤抗衰老功效的化妆品

**原料配比**

具有皮肤抗衰老功效的组合物

| 原　料 | 配比（质量份） | | | | |
|---|---|---|---|---|---|
| | 1# | 2# | 3# | 4# | 5# |
| 欧蓍草提取物 | 10 | 10 | 40 | 10 | 8 |
| 茶提取物 | 1 | 10 | 5 | 5 | 5 |

续表

| 原　料 | | 配比（质量份） | | | | |
|---|---|---|---|---|---|---|
| | | 1# | 2# | 3# | 4# | 5# |
| 竹荪提取物 | | 10 | 20 | 10 | 10 | 10 |
| 富勒烯 | | 0.001 | 0.1 | 1 | 0.1 | 0.5 |
| 鲟鱼鱼子酱提取物 | | 0.5 | 5 | 10 | 5 | 3 |
| 富勒烯 | $C_{60}$ | 0.05 | 0.5 | 0.01 | 0.05 | 0.1 |
| | $C_{70}$ | 1 | 1 | 0 | 1 | 0 |

## 具有皮肤抗衰老功效的化妆品

| 原　料 | | 配比（质量份） | | |
|---|---|---|---|---|
| | | 1#面霜 | 2#乳液 | 3#凝胶 |
| A组分 | 水 | 加至100 | 加至100 | 加至100 |
| | 甘油 | 7 | 5 | 3 |
| | 丙烯酸（酯）类/$C_{10}$～$C_{30}$烷醇丙烯酸酯交联聚合物 | 0.14 | — | 0.6 |
| | 汉生胶 | — | 0.15 | — |
| | 透明质酸钠 | 0.05 | 0.05 | 0.05 |
| | 丁二醇 | — | 3 | 3 |
| B组分 | PEG-100 硬脂酸酯、甘油硬脂酸酯 | 3.5 | — | — |
| | 三乙醇胺 | — | — | 0.58 |
| | 黄原胶 | — | — | — |
| | 硬脂醇聚醚-21 | — | 2 | — |
| | 硬脂醇聚醚-2 | — | 1.8 | — |
| | 鲸蜡硬脂醇 | 2 | 0.5 | — |
| | 生育酚乙酸酯 | 1 | 0.5 | — |
| | 聚二甲基硅氧烷 | 2 | 2 | — |
| | 氢化聚异丁烯 | 5 | 5 | — |
| | 辛酸/癸酸甘油三酯 | — | 5 | — |
| | 澳洲坚果籽油 | 2 | — | — |
| C组分 | 三乙醇胺 | 0.12 | — | — |
| | 苯氧乙醇/乙基己基甘油 | — | 0.5 | 0.5 |
| | 具有皮肤抗衰老功效的组合物 | — | 0.5 | 1 |
| | 香精 | — | 0.05 | 0.03 |
| D组分 | 苯氧乙醇/乙基己基甘油 | 0.5 | — | — |
| | 具有皮肤抗衰老功效的组合物 | 2 | — | — |
| | 香精 | 0.05 | — | — |

**制备方法**　具有皮肤抗衰老功效的组合物制作工艺为：按质量份称取竹荪提取物、富勒烯、鲟鱼鱼子酱提取物，装入球磨罐中，加入锆珠，球磨 0.5～2h。加入欧蓍草提取物、茶提取物，球磨 5～10min。

含有该组合物的面霜制备方法：

（1）A组分、B组分分别搅拌加热至80℃；

（2）80℃条件下，将B组分加入A组分中，均质10min；

（3）水浴搅拌冷却至60℃，加入C组分，均质3min；

（4）继续冷却至45℃，加入D组分，搅拌均匀，冷却至35℃以下即得抗衰老面霜。

含有该组合物的乳液制备方法：

（1）A组分、B组分分别搅拌加热至80℃；

（2）80℃条件下，将B组分加入A组分中，均质10min；

（3）水浴搅拌冷却至45℃，加入C组分，搅拌均匀，冷却至35℃以下即得抗衰老乳液。

含有该组合物的凝胶制备方法：

（1）将A组分搅拌分散均匀；

（2）将B组分加入A组分中，搅拌均质5min；

（3）加入C组分，搅拌均质3min，混合均匀即得抗衰老凝胶。

**产品特性**　本品生产工艺简单，适合规模化生产，而且能提升富勒烯的溶解度，增强抗衰老功效，提高产品稳定性；能促进功效成分形成分子间交联，提高分子量，增强保湿活性；能促使功效成分间发生相互作用，产生协同增效的效果；能促使功效成分镶嵌在大分子复合物中，起到缓释的作用。采用该组合物配制的各类化妆品均具有良好的抗衰老功效。

## 配方 21　抗衰老防晒霜

**原料配比**

| 原　料 | | 配比（质量份） | | | |
|---|---|---|---|---|---|
| | | 1# | 2# | 3# | 4# |
| 固体油脂 | 乳木果油 | 1 | — | — | — |
| | 二乙氨基羟苯甲酰基苯甲酸己酯 | — | 5 | — | — |
| | 甘油硬脂酸酯 | — | — | 2 | 4 |
| | PEG-100 硬脂酸酯 | — | — | 4 | — |
| 液体油脂 | 山梨坦硬脂酸酯 | 20 | — | — | — |
| | 蔗糖椰油酸酯 | — | 16 | — | — |
| | 羟基硬脂酸乙基己酯 | — | — | 4 | 15 |
| | 二 PPG-2 肉豆蔻油醇聚醚-10 己二酸酯 | — | — | 3 | — |
| 乳化剂 | 卡波姆 | 0.5 | — | — | — |
| | PEG-100 硬脂酸酯 | — | 3 | — | — |
| | 甘油硬脂酸酯 | — | — | 5 | — |
| | 液体石蜡 | 0.5 | — | — | — |
| | 山梨坦油酸酯 | — | — | — | 3 |

续表

| 原 料 | | 配比（质量份） | | | |
|---|---|---|---|---|---|
| | | 1# | 2# | 3# | 4# |
| 抗衰老剂 | 乳酸杆菌发酵溶胞产物 | 10 | 17 | 20 | 14 |
| 防晒剂 | 亚甲基双苯并三唑四甲基丁基苯酚 | 10 | 7 | — | — |
| | 二乙基己基丁酰胺基三嗪酮 | — | 8 | — | — |
| | 二氧化钛 | — | — | 5 | — |
| | 甲氧基肉桂酸辛酯 | — | — | — | 12 |
| 保湿剂 | 丙二醇 | 5 | 4 | — | — |
| | PPG-30 磷酸酯 | — | 6 | — | — |
| | PEG-26 磷酸酯 | — | — | 9 | — |
| | 羟乙基脲 | — | — | — | 7 |
| 防腐剂 | 苯氧乙醇 | 0 | 0.4 | 1.6 | 0.4 |
| 增稠剂 | 黄原胶 | 0.1 | 0.3 | 0.5 | 0.4 |
| 香精 | | 0.2 | 0.3 | 1.4 | 0.2 |
| 去离子水 | | 52.5 | 33 | 44.5 | 44 |

**制备方法**

(1) 将固体油脂、液体油脂、乳化剂和防晒剂加热至 70～90℃，搅拌至完全溶解，即得油相。

(2) 将保湿剂、增稠剂、去离子水加热到 80～95℃，搅拌至完全溶解，即得水相。

(3) 将所得油相和水相搅拌混匀，即得乳化液；所述乳化液的 pH 值为 5～8，乳化液的 pH 调节剂为三乙醇胺；加入乳酸杆菌发酵溶胞产物的乳化液温度为 26～34℃。

(4) 在所得乳化液中加入抗衰老剂、防腐剂和香精，搅拌混匀，即得防晒霜。

**原料介绍**　所述抗衰老剂为乳酸杆菌发酵溶胞产物。所述乳酸杆菌发酵溶胞产物含有肽聚糖、磷壁酸、蛋白质、磷脂、甾醇、脂肪酸、多种酶类、多种肽和氨基酸、核苷酸以及胞外多糖等，乳酸杆菌发酵溶胞产物为肌肤提供丰富营养、多种抗氧化活性成分，显著减少肌肤皱纹的数量、降低皱纹深度、提高皮肤弹性，同时具有美白保湿效果。

**产品特性**　本品为一种微流动至非流动的不透明膏霜，肤感柔润、易吸收、铺展性好、抗衰老和防晒效果好、冷热稳定性优异。

## 配方 22　抗衰老护肤霜

**原料配比**

| 原　料 | 配比（质量份） | 原　料 | 配比（质量份） |
|---|---|---|---|
| 褐海藻 | 10 | 绿海藻 | 7 |
| 红海藻 | 8 | 甘油 | 2 |

续表

| 原　料 | 配比（质量份） | 原　料 | 配比（质量份） |
|---|---|---|---|
| 丙二醇 | 6 | 二甲基硅油 | 2 |
| 蒸馏水 | 80 | 植物香精 | 适量 |
| 硬脂酸 | 6 | 化妆品防腐剂 | 适量 |
| 凡士林 | 3 | 甲醇 | 适量 |
| 十八醇 | 4 | | |

**制备方法**　将褐海藻、红海藻、绿海藻用蒸馏水洗净，切碎后混合，放入 85%～90% 甲醇溶液中浸泡 1～2h，将残渣过滤后得滤液，将残渣再用甲醇溶液浸泡提取 2～3 次，将所得滤液合并后静置 2～3h，减压浓缩至 12%～15%（体积分数），减压浓缩温度不超过 50℃，所得海藻提取物溶液备用。将甘油、丙二醇加入蒸馏水中，放入反应器 1 中加热至 90℃，将硬脂酸、凡士林、十八醇、二甲基硅油放入反应器 2 中加热至 80℃，将反应器 2 中混合物慢慢加入反应器 1 中，保持温度进行搅拌 0.5～1h，搅拌完成后冷却至 50℃，加入海藻提取物溶液，再加入适量植物香精和化妆品防腐剂，搅拌均匀后冷却至常温，即得成品护肤霜。

**产品特性**　本品主要有效成分为天然海藻的提取物，海藻富含多种矿物质、氨基酸、有机酸和维生素、多糖等，其中褐藻提取物具有养颜润肤、抗菌消炎和祛斑等功效；红藻提取物具有分解皮脂等功效；绿藻提取物具有保温护肤等功效。同时各类海藻提取物均具有恢复皮肤弹力和张力，延缓肌肤衰老的功效。用本产品方法制作的护肤霜，原料纯净，无工业残留，能有效发挥海藻提取物的多种护肤美肤效果，特别是对抗皮肤衰老的功效。

## 配方 23　抗衰老化妆品

**原料配比**

| 原　料 | | 配比（质量份） | | | |
|---|---|---|---|---|---|
| | | 1# | 2# | 3# | 4# |
| 螺旋藻藻蓝蛋白 | | 15 | 10 | 11 | 20 |
| 雨生红球藻提取物 | | 2 | 1 | 1 | 2 |
| 维生素E | | 2 | 5 | 3 | 5 |
| 青刺果油 | | 6 | 8 | 5 | 8 |
| 油相原料 | | 30 | 35 | 25 | 35 |
| 水相原料 | | 45 | 41 | 55 | 30 |
| 油相原料 | 麻油 | 8 | 10 | 5 | 12 |
| | 月桂氮卓酮 | 2 | 2 | 2 | 2 |
| | 棕榈酸异丙酯 | 5 | 5 | 5 | 5 |
| | 甘油 | 15 | 18 | 13 | 16 |

续表

| 原　料 | | 配比（质量份） | | | |
|---|---|---|---|---|---|
| | | 1# | 2# | 3# | 4# |
| 水相原料 | 维生素 B | 0.2 | 0.2 | 0.2 | 0.2 |
| | 水解胶原 | 2 | 2 | 2 | 2 |
| | 去离子水 | 37.9 | 33.9 | 47.9 | 22.9 |
| | 尿素 | 0.5 | 0.5 | 0.5 | 0.5 |
| | 偏磷酸钠 | 0.4 | 0.4 | 0.4 | 0.4 |
| | 丁二醇 | 3 | 3 | 3 | 3 |
| | 乳酸 | 0.8 | 0.8 | 0.8 | 0.8 |
| | 玻璃酸 | 0.2 | 0.2 | 0.2 | 0.2 |

**制备方法**　将各组分原料混合均匀即可。

(1) 按质量份备料；

(2) 将步骤 (1) 的油相原料在 70～75℃下熔化后充分搅拌均匀，保持熔融状态；

(3) 将步骤 (1) 的水相原料在搅拌下加热至 90～100℃，维持 20min 进行灭菌，冷却至 70～80℃待用；

(4) 将步骤 (2) 所得油相原料和步骤 (3) 所得水相原料经均匀分散进行乳化，再在 75～80℃下加入步骤 (1) 中的螺旋藻藻蓝蛋白、雨生红球藻提取物、维生素 E 和青刺果油，待搅拌均匀后自然冷却，即得到抗衰老化妆品。

所述螺旋藻藻蓝蛋白通过下列步骤制得：

(1) 将新鲜或干燥的钝顶螺旋藻的藻体制成螺旋藻粉。

(2) 按螺旋藻粉∶缓冲溶液＝(1∶0.8)～(1∶1.2) 的质量比，在步骤 (1) 的螺旋藻粉中加入 pH 值为 6.5、浓度为 0.1mol/L 的磷酸钠缓冲溶液，搅匀，在压力为 40～70MPa 下进行高压均质破壁 2～5 次，得到螺旋藻破壁液。

(3) 将步骤 (2) 所得螺旋藻破壁液进行离心分离后，取上清液，然后将上清液依次用 2μm、0.45μm 及 0.2μm 的微滤膜进行过滤，过滤后得到藻蓝蛋白粗提液。

(4) 将步骤 (3) 所得藻蓝蛋白粗提液，以 2～5mL/min 的流速通过组合型树脂进行脱色纯化，收集洗脱液，即为藻蓝蛋白提取液；所述组合型树脂的用量是螺旋藻粉体积的 0.8～2 倍。

(5) 将步骤 (4) 所得藻蓝蛋白提取液进行高速离心喷雾干燥，收集粉末，即得到藻蓝蛋白。

所述雨生红球藻提取物通过下列步骤制得：

(1) 将雨生红球藻粉在 −20℃条件下避光冷冻处理 12～24h，取出后粉碎至 20 目左右，以 25000～26000r/min 的转速粉碎 3～5min，使破壁率达 95% 以上即得雨生红球藻破壁粉。

(2) 在雨生红球藻破壁粉中加入雨生红球藻破壁粉质量 0.5～1.0 倍的红花籽油，浸泡 12～36h 后，采用超临界 $CO_2$ 流体进行萃取，萃取条件为：$CO_2$ 流体流量为 20～24L/h、萃取压力为 12～20MPa、萃取温度为 40～45℃、分离压力为 6～7MPa、分离温度为 35～

45℃、总萃取时间为1～2h，即得到雨生红球藻提取物，含虾青素达2％～5％。

所述青刺果油经过下列步骤制得：将青刺果晒干并经破碎后，通过风选的方法去除青刺果果皮，得到青刺果果仁，再将青刺果果仁破碎为20～30目后，采用超临界二氧化碳方法进行萃取，萃取条件为：$CO_2$ 流体流量为18～22L/h、萃取压力为25～30MPa、萃取温度为50～55℃、分离压力为7～8MPa、分离温度为30～40℃、总萃取时间为2～3h，即得到青刺果油。

**产品特性**

（1）本品渗透性强，能改善角质退化，具有保湿、防裂等功效。本品可预防皮肤干燥皲裂，保持皮肤水分，保持皮肤柔嫩，深度调理肌肤，促进皮肤血液循环，调节皮脂分泌及肌肤新陈代谢，改善暗黄、粗糙、皱纹、多粉刺的肤质，使肌肤更加健康润泽；防止皱纹、眼袋和黑眼圈的出现，可延缓皮肤皱纹出现，可收敛紧实肌肤，增强皮肤弹性；抗炎舒敏、抗紫外线、改善循环、抗自由基、耐缺氧、抗炎抑菌。本品安全性好，对人体无毒、无副作用，对人体皮肤无刺激作用。

（2）该抗衰老化妆品具有天然无毒、无刺激，工艺简便等优点，所制得的产品质量稳定，使用方便，疗效确切，且适于各类人群。

### 配方 24　抗衰老及保湿化妆品

**原料配比**

| 原　料 | 配比（质量份） | 原　料 | 配比（质量份） |
|---|---|---|---|
| 甘油 | 6.5 | 燕麦肽 | 1.5 |
| 丙二醇 | 5.5 | 透明质酸 | 0.5 |
| 胶原蛋白交联体 | 2 | β-葡聚糖 | 3 |
| 寡肽-1 | 0.75 | 碧萝芷提取物 | 0.75 |
| 寡肽-2 | 0.8 | 人参提取液 | 0.6 |
| 寡肽-5 | 1.1 | 水 | 加至100 |

**制备方法**

（1）按照质量份称取丙二醇、胶原蛋白交联体、寡肽-1、寡肽-2、寡肽-5，将上述原料在10～20℃的温度下充分混合，得到混合物A；

（2）按照质量份称取燕麦肽、透明质酸、β-葡聚糖、碧萝芷提取物，将上述原料依次放入水中，在15～25℃的温度下充分搅拌20～30min，得到混合液B；

（3）将人参提取液加入混合液B中，静置5～10min后，向混合液B中加入混合物A，充分混合得到预制品；

（4）将预制品包装入库，即可得到一种抗衰老及保湿化妆品。

**产品应用**　本品主要用于日晒、辐射、冻伤、划伤、抓伤、烧烫及皲裂肌肤的修复；青春痘、暗疮、粉刺治疗后肌肤的修复；激光疗肤、光子嫩肤术、皮肤磨削后肌肤的修复；老化的皮肤、妊娠纹皮肤的修复。

本品需常温通风保存，最佳贮存条件为25℃室温，避免与浓的植物天然提取物等含有较高浓度生物碱的原料直接混合，以免生物细胞变性失活；避免与甲醛共体防腐剂、酒精类产品合用，以免降低生物细胞的活性。

**产品特性**　本品能促进皮损部位快速修复，调节成纤维细胞，明显减少易老化区域的皱纹，可以有效降低皮肤粗糙度，减小皱纹深度，去皱效果好。

### 配方 25　抗衰老眼霜

**原料配比**

| 原　料 | 配比（质量份） | | |
|---|---|---|---|
| | 1# | 2# | 3# |
| 甘油 | 4 | 8 | 6 |
| 丙二醇 | 2 | 6 | 8 |
| 透明质酸 | 8 | 6 | 4 |
| 聚二甲基硅氧烷 | 1 | 0.8 | 1 |
| 棕榈酸乙基己酯 | 2 | 4 | 6 |
| $C_{12} \sim C_{22}$ 醇磷酸酯 | 2 | 1 | 2 |
| 羟苯甲酯 | 1 | 0.8 | 0.8 |
| 聚丙烯酰胺 | 1 | 2 | 0.8 |
| 辣木叶提取物 | 4 | 2 | 6 |
| 银杏叶提取物 | 6 | 4 | 4 |
| 桑叶提取物 | 4 | 6 | 2 |
| 马齿苋提取物 | 2 | 2 | 2 |
| 蜂蜜 | 0.8 | 1 | 2 |
| 牛油果树果脂 | 2 | 1 | 4 |
| 三乙醇胺 | 0.8 | 0.8 | 1 |
| 香精 | 0.01 | 0.008 | 0.006 |
| 水 | 加至 100 | 加至 100 | 加至 100 |

**制备方法**

(1) 将聚二甲基硅氧烷、棕榈酸乙基己酯、$C_{12} \sim C_{22}$ 醇磷酸酯、羟苯甲酯、蜂蜜、牛油果树果脂置于油相锅中，搅拌并加热至 80～90℃，搅拌至物料完全溶解，得到物料 A。

(2) 主锅中放入水，开启均质，将甘油、丙二醇、透明质酸、聚丙烯酰胺混合搅拌至均匀，加热至 80～90℃，保温 20～30min；所述均质的转速为 2500～4000r/min。

(3) 将物料 A 抽入主锅中，再加入三乙醇胺，开启均质，均质 10～15min，得到物料 B，物料 B 进行保温消泡。

(4) 待物料 B 无气泡后降温至 40～45℃，加入辣木叶提取物、银杏叶提取物、桑叶提取物、马齿苋提取物和香精，搅拌至均匀，出料即得抗衰老眼霜。所述搅拌的搅拌速率为 50～60r/min。

所述辣木叶提取物的制备方法为：取辣木叶，洗净，干燥后粉碎，过 80～100 目筛，加入药材总量 8～12 倍量体积分数为 50%～70% 的乙醇，再加入药材总量 1.5%～

3%的蜗牛酶，在38～45℃下浸提1～2h，然后在85～95℃回流提取1～2h，过滤，滤液减压浓缩至60℃下相对密度为1.10～1.25的浸膏，即得。

所述银杏叶提取物的制备方法为：取银杏叶，洗去杂质，干燥后粉碎，过60～80目筛，得粗粉；将粗粉置于超临界二氧化碳萃取装置中，加入粗粉总量30%～45%、体积分数为70%～85%的乙醇，调控二氧化碳流量为15～20L/h，萃取压力为15～20MPa，萃取温度为40～60℃，萃取时间为1.5～2h，减压分离，即得。

所述桑叶提取物的制备方法为：取桑叶洗净，干燥后粉碎，过90～100目筛，加入其6～10倍量体积分数为70%～85%的乙醇，浸泡3～6h，在45～65℃温度下超声提取两次，每次30～60min，超声频率为25～35kHz，过滤，合并滤液，滤液减压浓缩至60℃时相对密度为1.05～1.25的浸膏，即得。

所述马齿苋提取物的制备方法为：取马齿苋，洗去杂质，干燥后粉碎，过60～80目筛，加入药材总质量6～10倍体积分数为70%～85%的乙醇，微波提取10～20min，微波功率为250～300W，提取温度为45～65℃，过滤，滤液减压浓缩至60℃时相对密度为1.10～1.25的浸膏，即得。

**产品应用** 清洁脸部后，取米粒大小的眼霜，轻点于眼部四围，以指腹沿着眼周轻轻弹拍直到彻底吸收即可，每日早晚各使用一次。

**产品特性**

(1) 本品含有辣木叶提取物、银杏叶提取物、桑叶提取物、马齿苋提取物、蜂蜜、牛油果树果脂等多种天然活性成分，深层补水保湿，滋养修护肌肤，可增强眼周肌肤弹力并改善干燥、松弛现象，降低色素沉积，减轻黑眼圈，修复受损或缺乏养分的细胞，明显延缓皮肤衰老，使眼周肌肤恢复丰满与圆润，重拾亮丽光彩的明亮双眸。

(2) 本品安全稳定，渗透性好，易吸收，使用后肌肤清爽不黏腻；且本品的制备方法简单，条件可控，工艺稳定。

## 配方26 美白抗衰老护肤品

**原料配比**

| 原 料 | 配比（质量份） | | |
|---|---|---|---|
| | 1# | 2# | 3# |
| 去离子水 | 50 | 55 | 60 |
| 人参提取物 | 10 | 12 | 15 |
| 葡萄籽提取物 | 10 | 12 | 15 |
| 茉莉花 | 2 | 3 | 3.5 |
| 胶原蛋白 | 4 | 5 | 6 |
| 甘油 | 3 | 4 | 5 |
| 苯甲酸钠 | 1 | 1.5 | 2 |
| 丙二醇脂肪酸酯 | 2 | 3 | 3.5 |
| EGCG单体（表没食子儿茶素没食子酸酯） | 0.8 | 1 | 1.4 |

**制备方法**

(1) 将去离子水加热至 60～65℃，加入人参提取物、葡萄籽提取物搅匀后于 25～30℃放置 10～40min 后过滤，得复配提取物溶液；

(2) 将胶原蛋白、添加剂与所述的复配提取物溶液混合均匀后加入 EGCG 单体，搅匀溶解后得所述的美白抗衰老护肤品。

**原料介绍**　所述人参提取物和葡萄籽提取物均为市面上可购买的产品，其中人参提取物中有效成分人参总皂苷≥80%，葡萄籽提取物中有效成分原花青素≥80%。

所述添加剂为茉莉花、甘油、苯甲酸钠、丙二醇脂肪酸酯。

**产品特性**

(1) 本品以 EGCG 为核心原料，添加其他相应成分进行合理搭配组成本护肤品配方，具有优异的美白抗氧化（即抗衰老）作用。

(2) EGCG 可多效护肤，能从源头解决皮肤多重问题，胶原蛋白具有保湿、滋养皮肤、亮肤、紧肤、防皱效果。

(3) 本品原料利用高纯度 EGCG，少量高效，可有效改善化妆品之间的配伍性。

(4) 本品原料为天然植物提取物，化妆品更加安全、环保，无重金属及有机溶剂残留等问题。

### 配方 27　美白抗衰老化妆品

**原料配比**

| 原料 | | | 配比（质量份） | | |
|---|---|---|---|---|---|
| | | | 1# | 2# | 3# |
| 油相 | 油脂 | 硬脂酸 | 7.0 | — | 3.0 |
| | | 羊毛脂 | — | 4.0 | — |
| | | 棕榈酸异丙酯 | 5.0 | — | — |
| | | 二甲基硅油 | — | 6.0 | 4.0 |
| | | 杏仁油 | 4.0 | 6.0 | — |
| | | 蓖麻油 | 1.0 | — | — |
| | | 貂油 | — | 2.0 | — |
| | | 橄榄油 | — | — | 4.0 |
| | | 白油 | — | 3.0 | — |
| | | 硬脂酸丁醇酯 | — | — | 4.0 |
| | 乳化剂 | 单硬脂酸甘油酯 | 8.0 | 6.0 | — |
| | | 失水山梨糖醇油酸酯 | — | 3.0 | — |
| | | 失水山梨糖醇单棕榈酸酯 | — | — | 4.0 |
| | 助乳化剂 | 十六醇 | 2.0 | — | 1.5 |
| | | 十八醇 | — | 2.5 | 1.0 |

续表

| 原　料 | | | 配比（质量份） | | |
| --- | --- | --- | --- | --- | --- |
| | | | 1# | 2# | 3# |
| 水相 | 保湿剂 | 1,3-丁二醇 | 4.0 | 2.0 | — |
| | | 甘油 | | 2.0 | 6.0 |
| | 碱剂 | 三乙醇胺 | 0.9 | — | — |
| | 增稠剂 | 羧甲基纤维素 | 0.2 | — | — |
| | 乳化剂 | 聚氧乙烯十六醇醚 | — | 3.0 | 2.0 |
| | | 聚氧乙烯醚失水山梨糖醇硬脂酸酯 | 3.0 | 2.0 | — |
| | | 平平加 | — | 2.0 | — |
| | | 聚氧乙烯醚失水山梨糖醇棕榈酸酯 | — | — | 2.0 |
| | 稳定剂 | EDTA-2Na | 0.1 | — | — |
| | | 去离子水 | 60.4 | 52.8 | 64.3 |
| 功能性组分 | | 石榴皮提取物 | 0.5 | 0.6 | 0.5 |
| | | 螺旋藻提取物 | 0.8 | 0.8 | 0.5 |
| | | 玉米超氧化歧化酶提取物 | 0.6 | 0.6 | 0.5 |
| | 果酸混合物 | 乳酸 | 1.0 | 1.0 | 1.2 |
| | | 苹果酸 | 1.0 | — | — |
| | | 柠檬酸 | — | — | 1.2 |
| 防腐剂 | | 对羟基苯甲酸丁酯 | 0.5 | 0.7 | — |
| | | 对羟基苯甲酸丙酯 | — | — | 0.3 |

**制备方法**

（1）将油相中的所有物料加入反应锅 A 中，边搅拌边升温至所有物料均溶解，保持 20～30min。

（2）将水相中的所有物料加入反应锅 B 中，边搅拌边升温 80～90℃，保持 20～30min。将（1）溶解的物料加到反应锅 B 中，搅拌 20～30min。

（3）将反应锅 B 中的物料降温至 40～50℃，加入防腐剂和功能性组分，保温搅拌 20～30min，缓慢降温至室温，得到美白抗衰老化妆品。

**原料介绍**　所述的石榴皮提取物是将石榴皮粉碎，利用有机溶剂在超声波辅助作用下浸提其中的活性组分，随后用活性炭进行脱色处理，过滤去除活性炭后，减压蒸馏去除有机溶剂即可得到提取物。得到的提取物用磷脂进行包埋处理得到粒径为 1～20μm 的包埋石榴皮提取物。

所述的螺旋藻提取物是将螺旋藻进行超声波破碎后，利用磷酸盐缓冲溶液浸提其中的活性成分，随后采用凝胶柱子层析纯化浓缩，得到提取物产品。得到的提取物用磷脂进行包埋处理得到粒径为 1～20μm 的包埋螺旋藻提取物。

所述的玉米超氧化歧化酶提取物是将玉米浸泡发芽后进行粉碎打浆，利用磷酸盐缓冲溶液浸提玉米浆中的超氧化歧化酶，随后升高温度利用热变性法纯化提取的超氧化歧化酶产品。得到的提取物用明胶进行包埋处理，得到粒径为 1～20μm 的包埋玉米超氧化歧化酶提取物。

所述的果酸混合物包括乳酸、曲酸、柠檬酸、苹果酸、酒石酸。果酸混合物经磷脂包埋处理，得到粒径为 $1\sim20\mu m$ 包埋果酸混合物。

**产品特性**　本品的活性组分来自天然提取物，通过活性组分的合理复配，同时具有美白和抗衰老功效。本品活性成分通过包埋处理，有效地解决了活性组分的分散性和稳定性问题，同时也可有效地延缓活性组分的释放速率，达到长期有效、安全使用的目的。

### 配方 28　润肤防皱抗衰老辅酶 Q10 护肤霜

**原料配比**

| 原　料 | 配比（质量份） | |
|---|---|---|
| | 1♯润肤霜 | 2♯晚霜 |
| 辅酶 Q10 | 0.3 | 0.1 |
| 芝麻油 | 10 | 28 |
| 硫辛酸 | 0.5 | 0.3 |
| 甘草酸二钾 | 0.1 | 0.1 |
| 牛磺酸 | 0.2 | 0.1 |
| 维生素 E | 1 | 1 |
| 维生素 D | 1 | 1 |
| 维生素 C | — | 0.2 |
| 维生素 B₆ | — | 0.2 |
| 矿物油 | — | 5～10 |
| 羊毛脂 | — | 10～12 |
| 硬脂酸 | 8～1.2 | 3～4.5 |
| 蜂蜡 | 2～3 | — |
| 鲸蜡 | — | 5.4～6.5 |
| 鲸蜡醇 | — | 10～12 |
| 十六醇 | 5～7 | — |
| 角鲨烷 | 8～10 | — |
| 单硬脂酸甘油酯 | 2～3 | — |
| 聚氧乙烯单月桂酸酯 | 2～3 | — |
| 丙二醇 | 3～5 | — |
| 羊毛脂衍生物 | 1～2 | — |
| 三乙醇胺 | — | 8～10 |
| 丙烯酰胺/丙烯酸钠共聚物 | — | — |
| 羟苯乙酯 | 0.1～0.2 | 0.1～0.2 |
| 香精 | 适量 | 适量 |
| 去离子水 | 40～55（体积份） | 30～40（体积份） |

**制备方法**

制备润肤霜时的制备工艺：

（1）称取处方量的辅酶Q10，加进芝麻油中，在30～40℃时震动30min，使辅酶Q10充分溶解在芝麻油中。

（2）取硬脂酸、蜂蜡、十六醇、角鲨烷、单硬脂酸甘油酯、羊毛脂衍生物、聚氧乙烯单月桂酸酯混合熔融至80℃，加入预先溶解在芝麻油中的辅酶Q10，再加入维生素E及维生素D，搅拌溶解得油相。

（3）取羟苯乙酯、丙二醇、牛磺酸、硫辛酸、甘草酸二钾和去离子水80℃加热溶解得水相。

（4）将水相缓慢加入油相中，边加边搅拌。40℃以下加入香精适量，放冷即得米黄色细腻乳膏。

制备晚霜时的制备工艺：

（1）称取处方量的辅酶Q10，加进芝麻油中，在30～40℃时震动30min，使辅酶Q10充分溶解在芝麻油中。

（2）取矿物油、羊毛脂、硬脂酸、鲸蜡、鲸蜡醇混合，80℃熔融，加入预先溶解在芝麻油中的辅酶Q10及维生素E和维生素D，搅拌溶解得油相。

（3）另取三乙醇胺、羟苯乙酯、牛磺酸、硫辛酸、甘草酸二钾和去离子水80℃加热溶解得水相。

（4）将油相缓慢加入水相中，边加边搅拌。

（5）45℃以下加入维生素C、维生素B6及香精适量，放冷即得。

**产品特性** 本品可以使皮肤干燥、粗糙、鳞屑、肥厚等症状加速消退，可以迅速补充肌肤所需水分，并可在皮肤表面形成一层乳化皮脂薄膜，防止水分蒸发，保持皮肤的滋润，发挥润肤、防皱、抗老化的功效。

## 配方 29　天然抗衰老化妆品

**原料配比**

| 原料 | | 配比（质量份） | | | |
|---|---|---|---|---|---|
| | | 1# | 2# | 3# | 4# |
| A组分 | 霍霍巴油 | 5 | 2 | 5 | 2 |
| | 棕榈酸异丙酯 | 1 | 0.6 | 1 | 0.6 |
| | 聚丙烯酰胺 | 0.6 | 0.3 | 0.6 | 0.3 |
| | 红没药醇 | 0.1 | 0.05 | 0.1 | 0.05 |
| | 氮酮 | 0.1 | 0.05 | 0.1 | 0.05 |
| | 十六烷基糖苷 | 2.5 | 1.5 | 2.5 | 1.5 |
| | 单硬脂酸甘油酯 | 1 | 7 | 1 | 7 |
| B组分 | 透明质酸钠 | 3 | 2 | 3 | 2 |
| | 尼泊金甲酯 | 0.2 | 0.2 | 0.2 | 0.2 |

| 原　料 | | 配比（质量份） | | | |
|---|---|---|---|---|---|
| | | 1# | 2# | 3# | 4# |
| B组分 | 氨基酸保湿剂 | 2 | 1 | 2 | 1 |
| | 1,3-二羟甲基-5,5-二甲基乙内酰脲 | 0.1 | 0.1 | 0.1 | 0.1 |
| C组分 | 染料木素 | 0.2 | 0.2 | 0.2 | 0.2 |
| | 阿魏酸 | 0.02 | 0.02 | — | — |
| | 藁本内酯 | 0.02 | 0.02 | — | — |
| | 当归提取物 | — | — | 2 | 0.5 |
| | 甘油 | 3 | 2 | 3 | 2 |
| 去离子水 | | 加至 100 | 加至 100 | 加至 100 | 加至 100 |

**制备方法**

(1) 将 A 组分的所有原料于烧杯中加热至 80～90℃，搅拌至完全溶解后得Ⅰ相；

(2) 将 B 组分的所有原料逐一加入去离子水中，加热至 80～90℃，搅拌至完全溶解后得Ⅱ相；

(3) 将Ⅱ相加入Ⅰ相中，用均质机均质 1～5min，搅拌降温至 40℃，加入 C 组分，搅拌至混合均匀即可。

**产品特性**　本品主要适用于停经后妇女，以解决停经后妇女的内源性生理衰老为目的，色泽洁白细腻、气味清新淡雅、感官舒适滋润、不油腻、透气性好，早晚都可以使用，而且不含香精和防腐剂，对皮肤刺激性小，无毒副作用，安全可靠。

# 七、功能性化妆品

## 配方1 DL-半胱氨酸化妆品

**原料配比**

| 原 料 | 配比（质量份） | | |
|---|---|---|---|
| | 1# | 2# | 3# |
| 白油 | — | — | 8 |
| 蜂蜡 | 6 | — | 3 |
| 硬脂酸 | — | — | 2.5 |
| 十六醇 | 3.5 | — | 2 |
| 羊毛脂 | 3 | — | 2 |
| 单硬脂酸甘油酯 | 2 | — | — |
| 吐温-60 | 5 | — | 5 |
| 斯盘-60 | 2.5 | — | — |
| 棕榈酸异辛酯 | — | 3 | — |
| 甘油硬脂酸酯 | — | 3 | 2.5 |
| 肉豆蔻酸异丙酯 | — | 2 | — |
| 十八醇 | — | 2.5 | — |
| 鲸蜡醇 | — | 2 | — |
| 尼泊金甲酯 | 0.2 | 0.2 | 0.2 |
| 尼泊金丙酯 | 0.2 | 0.2 | 0.2 |
| DL-半胱氨酸盐酸盐 | 5 | 10 | 5 |
| 去离子水 | 60.5 | 66.5 | 59.49 |
| 氢氧化钠 | 1 | — | — |
| 卡波树脂 | 0.3 | — | — |
| 甘油 | 8 | 5 | 5 |

| 原 料 | 配比（质量份） | | |
|---|---|---|---|
| | 1# | 2# | 3# |
| 三乙醇胺 | 2.5 | 3 | 3 |
| 丙二醇 | — | 2 | 2 |
| 羟乙基纤维素 | — | 0.3 | — |
| 香精 | 0.3 | 0.3 | 0.2 |

**制备方法**

（1）美白、祛斑化妆品（1#）制备：称取蜂蜡、十六醇、羊毛脂、单硬脂酸甘油酯、吐温-60、斯盘-60、尼泊金甲酯、尼泊金丙酯在烧杯中混合加热至 85～90℃，这一部分为 A 部分；另称取 DL-半胱氨酸溶于去离子水中，加入氢氧化钠，然后在快速搅拌下均匀地加入卡波树脂，水合后搅拌加入甘油，再加入三乙醇胺，在烧杯中混合加热至 85～90℃，这一部分为 B 部分；然后，将 A 部分加入 B 部分中，均质 10min，搅拌冷却至 45～50℃时加入香精，搅拌冷却至室温，包装。

（2）消炎、抗痤疮化妆品（2#）制备：将棕榈酸异辛酯、甘油硬脂酸酯、肉豆蔻酸异丙酯、十八醇、鲸蜡醇、尼泊金甲酯、尼泊金丙酯在烧杯中混合加热至 85～90℃，构成 A 部分；另称取 DL-半胱氨酸盐酸盐溶于去离子水中，然后加入三乙醇胺、甘油、丙二醇、羟乙基纤维素，搅拌均匀后，在烧杯中加热至 85～90℃，构成 B 部分。将 A 部分加入 B 部分中，均质 10min，搅拌冷却至 45～50℃时加入香精，搅拌冷却至室温，包装。

（3）润肤、抗皱、抗衰老化妆品（3#）制备：称取白油、蜂蜡、硬脂酸、十六醇、羊毛脂、吐温-60、甘油硬脂酸酯、尼泊金甲酯、尼泊金丙酯混合，加热至 75℃，构成 A 部分；另称取 DL-半胱氨酸盐酸盐溶于去离子水中，然后加入三乙醇胺、甘油、丙二醇，搅拌均匀后，在烧杯中加热至 85～90℃，维持 15min，冷却至 75℃，构成 B 部分；将 B 部分加入 A 部分中，均质搅拌 10min，搅拌冷却至 45～50℃时加入香精，继续搅拌冷却至室温，包装。

**产品应用**　本品主要用于润肤、美白、祛斑、消炎、抗痤疮、抗皱、抗衰老。

**产品特性**　本化妆品能明显起到润肤、美白、祛斑、消炎、抗痤疮、抗皱、抗衰老的作用，而且无副作用、见效快、成本低、制备方便。

## 配方 2　SOD 融合蛋白及其衍生物化妆品

**原料配比**

| 原 料 | 配比（质量份） | 原 料 | 配比（质量份） |
|---|---|---|---|
| 硬脂酸 | 130 | 甘油 | 100 |
| 液体石蜡 | 200 | TAT-SOD | $2 \times 10^5$ U |
| 石蜡 | 130 | 去离子水 | 加至 1000 |
| 三乙醇胺 | 30 | | |

**制备方法** 取硬脂酸、液体石蜡和石蜡加热至 80℃（油相）；另取三乙醇胺、甘油及去离子水亦加热至 80℃（水相）。在搅拌下将水相缓缓加入 80℃油相中，待乳化完全后，停止加热，搅拌至近凝，即得乳膏基质。取乳膏基质适量，每克加入 SOD 活性范围为 50～10000 活力单位的 TAT-SOD，研匀，再分次加入乳膏基质至全量，研匀即得 TAT-SOD 面霜。

**产品特性** 本品具有防晒、抗辐射、增白、防皱、消炎和延缓衰老的功效，使皮肤更细嫩；特别适合长期在计算机前或烈日下工作的各类人员使用，它能有效地防止紫外线对皮肤的损伤，抑制黑色素和老年斑的形成，还能有效抑制面部粉刺和痤疮的形成。

## 配方 3 阿魏酸丁酯化妆品

原料配比

| 原料 | | 配比（质量份） | |
|---|---|---|---|
| | | 1# | 2# |
| 组分 A | 液体石蜡 | 5 | 6 |
| | 二甲基硅氧烷 DC200 | 4 | 4 |
| | 棕榈酸异丙酯 | 6 | 4 |
| | 十六十八醇 | 2 | 2 |
| | 单硬脂酸甘油酯 | 1 | 1 |
| | 阿魏酸丁酯 | 2 | 2 |
| | 丁酸/癸酸甘油酯 | — | 2 |
| | 乳化剂 EM-90 | — | 2 |
| | 聚氧乙烯（2）硬脂醇醚 | 15 | — |
| | 聚氧乙烯（21）硬脂醇醚 | 15 | — |
| 组分 B | 1,2-丙二醇 | 5 | — |
| | 水 | 68.5 | — |
| | 氨基酸保湿剂 | 3 | — |
| | 甘油 | — | 5 |
| | 超细钛白粉 | — | 2 |
| | 去离子水 | — | 4 |
| 组分 C | 香精 | 0.1 | — |
| | 杰马 BP 防腐剂 | 0.4 | — |
| | 去离子水 | — | 61.5 |
| | 氨基酸保湿剂 | — | 3 |
| 组分 D | 香精 | — | 0.1 |
| | 杰马 BP 防腐剂 | — | 0.4 |

**制备方法**

（1）美白保湿霜（1#）的制备方法：将配方表中的组分 A 混合，加热至 85℃，熔化搅拌均匀，作为油相；将配方表中的组分 B 混合，加热至 85℃，搅拌溶解均匀，作为水相。将油相加入水相中，搅拌均匀，均质乳化 5min，搅拌冷却至 45℃时，加入组分 C，搅拌均匀，冷却至 35℃，即为美白保湿霜。

（2）美白防晒霜（2#）的制备方法：将配方表中组分 B 中的物料混合，用胶体磨研磨 3 次，作为粉相。将配方表中的组分 A 混合，加热至 85℃，熔化搅拌均匀，作为油相；将配方表中的组分 C 混合，加热至 85℃，搅拌溶解均匀，作为水相。将油相加入水相中，搅拌均匀，乳化均质 5min，搅拌冷却至 45℃时，加入组分 D 和粉相，搅拌均匀，冷却至 35℃，即为美白防晒霜。

**产品特性** 本品中的阿魏酸丁酯具有抑制皮肤黑色素生成的美白作用和吸收紫外线的防晒作用双重功能，既可作为美白剂用于美白化妆品配制，也可作为防晒剂用于防晒化妆品配制。本品美白效果和防晒效果好，安全性高，化学性能稳定，原料易得，生产工艺简单。

### 配方 4　保持皮肤健美的化妆品

**原料配比**

| 原　料 | 配比（质量份） | | | |
|---|---|---|---|---|
| | 1#防晒液（O/W） | 2#乳液（O/W） | 3#乳液（W/O） | 4#化妆水 |
| 儿茶素 | 5 | 4 | 5 | 5 |
| 辅酶 Q10 | 3 | 2 | 4 | 3 |
| 余甘子汁 | 1 | 2 | 3 | 2 |
| 芦荟提取液 | 4 | — | — | — |
| 聚氧乙烯油醇醚 | — | — | — | 1 |
| 透明质酸 | — | 10 | 7 | 1 |
| 甘油硬脂酸酯 | — | — | 2 | — |
| 卵磷脂 | 1.5 | 1 | — | — |
| 二氧化钛粉 | 2 | — | — | — |
| 维生素 E | — | — | 0.5 | — |
| 没食子酸丙酯 | — | — | 0.02 | — |
| 氧化锌 | 1.5 | — | — | — |
| 丁二醇 | 4 | — | — | — |
| 氨基酸月桂醇酯 | 6 | — | — | — |
| 丁基羟基茴香醚 | 0.02 | — | — | — |
| 单硬酯酸甘油酯 | — | 2 | — | — |
| 黄芩苷提取物 | — | 3 | — | — |
| 对羟基苯甲酸丙酯 | — | 0.03 | — | — |
| 甘油 | — | — | — | 5 |
| 雪莲提取物 | — | — | — | 5 |
| 叔丁基羟基甲苯 | — | — | — | 0.02 |
| 去离子水 | 加至 100 | 加至 100 | 加至 100 | 加至 100 |

**制备方法** 1♯防晒液（O/W）的制备：

（1）在含有去离子水的反应釜中按配比加入丁二醇、卵磷脂和氨基酸月桂醇酯，缓慢搅拌均匀并升温至 70～90℃；然后加入二氧化钛粉、氧化锌，搅拌使其混合均匀。

（2）降温至 50～60℃，加入防腐剂丁基羟基茴香醚、儿茶素、辅酶 Q10，搅拌均匀后继续降温。

（3）降温至 40～45℃，加入余甘子汁、芦荟提取液，继续搅拌。

（4）加去离子水至 100%，搅拌均匀后，降温至 38℃出料即得防晒液（O/W）。

2♯乳液（O/W）的制备：

（1）在含有去离子水的反应釜中按配比加入卵磷脂、单硬脂酸甘油酯和透明质酸，缓慢搅拌均匀并升温至 70～90℃。

（2）降温至 50℃，加入儿茶素、辅酶 Q10 和对羟基苯甲酸丙酯，搅拌均匀后继续降温。

（3）降温至 40～45℃，加入余甘子汁、黄芩苷提取物，继续搅拌。

（4）加去离子水加至 100% 搅拌均匀后，充分冷却后出料。

3♯乳液（W/O）的制备：

（1）在含有去离子水的反应釜中按配比加入甘油硬脂酸酯和透明质酸，缓慢搅拌均匀并升温至 70～90℃。

（2）降温至 50℃，加入儿茶素、辅酶 Q10 和适量没食子酸丙酯，搅拌使体系均匀后继续降温。

（3）降温至 40～45℃，加入余甘子汁、维生素 E，继续搅拌。

（4）加去离子水至总量，搅拌均匀后，充分冷却后出料。

4♯化妆水的制备：

（1）在含有去离子水的反应釜中按配比加入甘油、透明质酸、聚氧乙烯油醇醚，加热至 70～90℃。

（2）降温至 50～60℃，加入儿茶素、辅酶 Q10 和叔丁基羟基甲苯，搅拌均匀后继续降温。

（3）降温至 40～45℃，加入余甘子汁、雪莲提取物，继续搅拌。

（4）加去离子水至 100%，搅拌均匀后，充分冷却后在 $-10～-5℃$ 下冷冻，过滤，取澄清透明液得化妆水。

**原料介绍** 紫外吸收剂为超细二氧化钛粉（钛白粉）、超细氧化锌；营养成分是黄芩苷提取物、雪莲提取物、芦荟提取液、灵芝提取物、维生素 E 中的一种或几种。

产品中的乳化剂是卵磷脂、聚氧乙烯油醇醚，单月桂基磷酸酯 MAP、吐温-80、十六醇、单硬脂酸甘油酯、甘油硬脂酸酯、十八醇、羊毛脂醇、柠檬醇、椰子酰胺、鲸蜡蓖麻醇酸酯、交联聚丙烯酸树脂、氨基酸月桂醇酯等中的一种或几种。

产品中的保湿剂为：甘油、丁二醇、山梨醇角鲨烯、霍霍巴油、透明质酸、神经酰胺、丝肽蛋白类、胶原蛋白、吡咯烷酮羧酸钠 PCA-Na、黏多糖-玻璃醛酸钠、泛醇、甜菜碱、麦芽糖、尿素、甲壳素、聚乙二醇等中的一种或几种。

产品中的防腐剂为凯松、布罗波尔、对羟基苯甲酸丙酯、丁基羟基茴香醚、叔丁基羟基甲苯、没食子酸丙酯等中的一种或几种。

**产品特性**

(1) 本品原料选择合理，制作工艺简单。

(2) 本品性能温和、清爽舒适，是一种集抗紫外线、抗氧化、收缩毛孔、抗菌、消炎祛痘、去油脂、抗辐射、抗过敏、保湿、延缓衰老、提升皮肤光滑度与弹力、抗皱纹和细纹、清除自由基等多种功能为一体的化妆品。

### 配方 5　保湿化妆品

**原料配比**

| 原　料 | 配比（质量份） | | |
|---|---|---|---|
| | 1# | 2# | 3# |
| 鲸蜡硬脂醇 | 0.4 | 0.7 | 0.5 |
| 牛油果树果油 | 0.4 | 0.8 | 0.5 |
| 氢化聚癸烯 | 0.5 | 1.5 | 1 |
| 聚二甲基硅氧烷 | 0.4 | 0.8 | 0.5 |
| 蔗糖硬脂酸酯或月桂醇磷酸酯 | 1 | 2.8 | 2 |
| 辛酸/癸酸甘油三酯 | 2 | 4 | 3 |
| 羟苯丙酯 | 0.05 | 0.14 | 0.1 |
| 羟苯甲酯 | 0.1 | 0.2 | 0.15 |
| 甘油硬脂酸酯类 | 0.5 | 0.5 | — |
| PEG-100 硬脂酸酯 | — | — | 1 |
| 生育酚乙酸酯 | 0.1 | 0.3 | 0.2 |
| 环聚二甲基硅氧烷 | 3 | 8 | 5 |
| EDTA-2Na | 0.05 | 0.15 | 0.05 |
| 尿囊素 | 0.1 | 0.2 | 0.15 |
| 月桂醇磷酸酯钾 | 0.4 | 0.8 | 0.5 |
| 丙二醇 | 4 | 8 | 6 |
| 甘油 | 2 | 5 | 4 |
| 卡波姆 | 0.1 | 0.3 | 0.1 |
| 氨甲基丙醇 | 0.1 | 0.2 | 0.12 |
| 透明质酸钠 | 0.05 | 0.15 | 0.05 |
| 甜菜碱 | 1 | 3 | 2 |
| 泛醇 | 0.4 | 0.8 | 0.5 |
| 双(羟甲基)咪唑烷基脲或碘丙炔醇丁基氨甲酸酯 | 0.2 | 0.4 | 0.3 |
| 香精 | 0.4 | 0.8 | 0.6 |
| 卵磷脂或油酸钠 | — | 1.5 | — |

续表

| 原　料 | 配比（质量份） | | |
|---|---|---|---|
| | 1# | 2# | 3# |
| 棕榈酰寡肽 | 0.5 | — | 1 |
| 突厥蔷薇提取物 | 0.00001 | 0.00004 | 0.00001 |
| 狗牙蔷薇果油 | 0.1 | 0.3 | 0.2 |
| 裙带菜提取物 | 0.5 | 1.5 | 1 |
| 蔗糖棕榈酸酯或甘油亚油酸酯 | 1 | 3 | 2 |
| 水 | 加至 100 | 加至 100 | 加至 100 |

**制备方法**

（1）制备油相：将鲸蜡硬脂醇、牛油果树果油、氢化聚癸烯、聚二甲基硅氧烷、蔗糖硬脂酸酯或月桂醇磷酸酯、辛酸/癸酸甘油三酯、羟苯丙酯、羟苯甲酯、甘油硬脂酸酯类或 PEG-100 硬脂酸酯、生育酚乙酸酯、环聚二甲基硅氧烷加入油相锅，升温至 75～85℃，搅拌成为均一液体，得到油相；

（2）制备水相：将丙二醇、甘油和卡波姆加入水相锅混匀，再将 EDTA-2Na、尿囊素和月桂醇磷酸酯钾和一定量的水加入水相锅内，85～95℃恒温 5～15min 后，再降温至 75～85℃，得到水相；

（3）预热乳化锅，先加入步骤（2）得到的水相，再加入步骤（1）得到的油相，75～85℃乳化均质 4～10min 后，再加入氨甲基丙醇，均质 1～3min 后，降温至 55～65℃；

（4）加入透明质酸钠、甜菜碱和一定量水预先溶胀均匀，搅匀，降温至 40～50℃，加入双（羟甲基）咪唑烷基脲或碘丙炔醇丁基氨甲酸酯、泛醇、棕榈酰寡肽、卵磷脂或油酸钠、突厥蔷薇提取物、香精、狗牙蔷薇果油、裙带菜提取物、蔗糖棕榈酸酯或甘油亚油酸酯，搅匀，降温即得。

**产品特性**

（1）本品采用独特的配方，能在皮肤表层形成保护屏障，皮肤吸收率高，保湿效果好，能有效防止肌肤干燥，早晚涂抹各一次有明显增加皮肤水分的作用，使肌肤水嫩、光滑、柔软；

（2）本品可被应用在特定的化妆品形式中，例如乳液、啫喱、日霜、晚霜、防晒霜、防晒乳、晒后修复产品、喷雾、膏、面膜、彩妆、护手霜等，应用广泛；

（3）本品对皮肤无刺激和过敏反应，安全有效；

（4）本品制备工艺简单，便于推广应用。

## 配方 6　皮肤保湿化妆品

**原料配比**

| 原　料 | | 配比（质量份） | | |
|---|---|---|---|---|
| | | 1# | 2# | 3# |
| A 组分 | 鲸蜡硬脂醇醚-2 | 1.3 | 0.8 | 0.8 |
| | 鲸蜡硬脂醇醚-21 | 1.5 | 1.1 | 11 |

| 原　料 | | 配比（质量份） | | |
|---|---|---|---|---|
| | | 1# | 2# | 3# |
| A 组分 | 十六醇/十八醇 | 2.5 | 1.5 | 1.5 |
| | 单硬脂酸甘油酯 | 2.2 | 2.4 | 2.2 |
| | 油脂：26# 白油 | 5 | 5 | 4 |
| | 二甲基硅油 | 2.5 | 2.5 | 2 |
| | 乳木果油 | 2.5 | 3.5 | 2 |
| | 辛酸/癸酸甘油三酯 | 2 | 3 | 1.5 |
| | 异构十六烷 | 2.5 | 3.5 | 2 |
| | 维生素 E | 0.5 | 0.5 | 0.5 |
| | 羊毛脂 | 1 | 1 | 1 |
| | 抗氧化剂：2,6-二叔丁基对苯酚 | 0.09 | 0.05 | 0.15 |
| | 螯合剂 | 0.09 | 0.05 | 0.05 |
| B 组分 | 六角水 | 53 | 55 | 58 |
| | 霍霍巴油 | 2 | 1 | 2 |
| | 小麦胚芽油 | 2 | 1 | 2 |
| | 角鲨烷 | 0.5 | 0.5 | — |
| | 保湿剂：丙二醇 | 2 | 3 | 2 |
| | 氨基酸保湿剂 | 2 | 3.5 | 2 |
| | 稳定剂：汉生胶 | 0.1 | 0.09 | 0.1 |
| | 尿囊素 | 0.2 | 0.09 | 0.12 |
| C 组分 | 杏仁萃取物 | 1 | 0.5 | 0.75 |
| D 组分 | 神经酰胺 | 0.3 | 0.3 | 0.6 |
| | 亚麻油酸 | 1 | 1 | 1 |
| | 杰马 | 0.02 | 0.02 | 0.03 |
| | 黄芩 | 0.5 | 0.5 | 0.5 |
| | 植物精油 | 0.5 | 0.5 | 0.5 |
| | 透明质酸 | 1.5 | 1 | 3 |
| | 表皮生长因子（EGF） | 0.6 | 0.3 | 1 |
| | 竹茹黄酮 | 0.4 | 1 | 1 |
| | 活性保湿剂：海藻提取物 | 1.2 | — | — |
| | 芦荟 | 1.5 | 1.5 | 2 |
| | 甲壳素衍生物 | 1 | 1 | 1 |
| | 仙人掌 G | 1.5 | 1.5 | 2.5 |
| | 玫瑰活力素 | 1.5 | 0.9 | 1.2 |

**制备方法**

（1）将 A、B 两组分分别加入油相锅及水相锅中，80～85℃加热至料体全部溶解完全；

（2）将 A 组分、B 组分抽入乳化锅中，抽真空、搅拌、均质 5~8min 后，保湿 20~30min；

（3）加入 C 组分均质 3min 后，真空消泡降温；

（4）将 D 组分中的神经酰胺用含量为 5% 的六角水溶解，再向步骤（3）中得到的降温到 50℃ 的组合物中加入其余 D 组分，搅拌分散均质后，35℃ 出料。

**产品应用**　本品是一种营养保湿化妆品。早晚涂抹各一次有明显增加皮肤水分的作用，使肌肤水嫩光滑柔软。

**产品特性**　本保湿化妆品中采用透明质酸、仙人掌 G、表皮生长因子（EGF）、玫瑰活力素、海藻提取物和甲壳素衍生物等保湿成分共同配伍，使活性成分迅速渗透到肌肤的真皮层，被皮肤细胞彻底吸收，取得预期的保湿效果，化妆品中还含有六角水，进一步提高了皮肤对化妆品中有效成分的吸收能力，另外其主要保湿成分还包含保湿因子聚合物神经酰胺，其与表皮油脂结构相同，发挥保湿功能，并维持保湿因子结构的完整性，在皮肤表层形成双重保护屏障，防止肌肤干燥和外来物质入侵。

## 配方 7　复方超细珍珠粉化妆品

**原料配比**

| 原　料 | 配比（质量份） | | |
|---|---|---|---|
| | 1# | 2# | 3# |
| 超细珍珠粉 | 250 | 200 | 300 |
| 维生素 E | 125 | 140 | 100 |
| 月见草籽油 | — | — | 50 |
| 凡士林 | 156 | 180 | 110 |
| 羊毛脂 | 18 | 11 | 15 |
| PEG-400 | 63 | 45 | 85.5 |
| 斯盘-60 | 50 | 65 | 35.5 |
| 斯盘-80 | 13 | 34 | 24 |
| 肉豆蔻酸异丙酯 | — | — | 150 |
| 液状石蜡 | 300 | 200 | — |
| 角鲨烷 | — | 100 | 100 |
| 日用香精 | 25 | 100 | 30 |

**制备方法**

（1）超细珍珠粉制备：经预处理的珍珠干燥后先使用球磨机粉碎，过筛后选取 100 目以下的珍珠粉进行气流粉碎至 1200 目，微波灭菌备用。

（2）内容物配制：按配方量将凡士林、羊毛脂、月见草籽油、乳化剂与液状石蜡加热熔融，制成基质，冷却后备用；将配方量的超细珍珠粉、维生素 E 加入基质中搅匀，用胶体磨湿法粉碎，过筛，制成油混悬剂；在混悬液中加入适量日用香精，搅匀备用。

（3）软胶囊制备：取 2 份明胶加入适量水使之吸水膨胀，将 1 份甘油加热后加入已膨胀的明胶，搅拌加热至熔融。将外壳胶液过滤抽气，除去部分水分和泡沫。使用转模式软胶囊制造机，将调配好的内容物压入外壳胶片，包于其中形成软胶囊。洗去胶囊表面的油污，置于温度为 25～30℃，相对湿度为 20％～25％的烘房中干燥，即制得复方超细珍珠粉软胶囊。

**原料介绍**　所述的超细珍珠粉是指用气流粉碎制得 98％粉末粒径小于 1200 目的珍珠粉。

所述的乳化剂是指聚乙二醇系列、斯盘系列、吐温系列、肉豆蔻酸异丙酯或它们的混合物。

所述的油性保湿剂是指羊毛醇、石蜡、角鲨烷或它们的混合物。

**产品特性**　本品发挥中药独特的天然优势，除了对局部皮肤有良好的效果外，药物通过透皮吸收进入血液循环，对于机体也有一定作用，使本品的营养性和功能性得以更好地体现。本品复方超细珍珠粉化妆品活性成分天然安全，易携带，使用方便，效果显著。

### 配方 8　高效保湿化妆品

**原料配比**

高效保湿组合物

| 原料 | | 配比（质量份） | | |
| --- | --- | --- | --- | --- |
| | | 1# | 2# | 3# |
| 壳聚糖甘醇酸盐 | 脱乙酰度为 96 ％的壳聚糖 | 100 | 100 | 100 |
| | 异丙醇 | 200 | — | — |
| | 乙二醇 | — | 500 | — |
| | 乙醇 | — | — | 300 |
| | 甘醇酸 | 25 | 30 | 50 |
| | 氨水溶液 | 调节 pH 值为 7 | — | — |
| | 1mol/L 氢氧化钠溶液 | — | 调节 pH 值为 8 | — |
| | 三乙醇胺 | — | — | 调节 pH 值为 7.5 |
| 高效保湿组合物 | 壳聚糖甘醇酸盐 | 5 | 10 | 8 |
| | 三甲基甘氨酸 | 25 | 20 | 22 |
| | 纯水 | 70 | 70 | 70 |

高效保湿化妆品

| 原料 | 配比（质量份） | | |
| --- | --- | --- | --- |
| | 1# | 2# | 3# |
| 高效保湿组合物 | 2 | 5 | 10 |
| 鲸蜡硬脂醇醚-2 | 1.8 | 1.8 | 1.8 |
| 鲸蜡硬脂醇醚-21 | 1.2 | 1.2 | 1.2 |
| 十六十八醇 | 1 | 1 | — |
| 肉豆蔻酸异丙酯 | 3 | 3 | 3 |
| 26# 白油 | 8 | 8 | 8 |
| 乳木果油 | 3 | 3 | 3 |
| 二甲基硅油 | 1.5 | 1.5 | 1.5 |

| 原 料 | 配比（质量份） | | |
|---|---|---|---|
| | 1# | 2# | 3# |
| 辛酸癸酸甘油酯 | 2 | 2 | 2 |
| 维生素 E | 0.5 | 0.5 | 0.5 |
| 2,6-二叔丁基对苯酚 | 0.09 | 0.09 | 0.09 |
| EDTA-2Na | 0.09 | 0.09 | 0.09 |
| 卡波 940 | 0.15 | 0.15 | 0.15 |
| 汉生胶 | 0.1 | 0.1 | 0.1 |
| 三乙醇胺 | 0.18 | 0.18 | 0.18 |
| 极美 Ⅱ | 0.1 | 0.1 | 0.1 |
| 香精 | 0.2 | 0.2 | 0.2 |
| 去离子水 | 加至 100 | 加至 100 | 加至 100 |

**制备方法**

（1）高效保湿组合物的制备：将壳聚糖甘醇酸盐和三甲基甘氨酸溶于纯水中，混合搅拌均匀，得到水溶剂形式的高效保湿组合物；其中，壳聚糖甘醇酸盐、三甲基甘氨酸和水按照质量比（5～10）:（20～25）:70 进行配比。

（2）高效保湿化妆品的制备：将鲸蜡硬脂醇醚-2、鲸蜡硬脂醇醚-21、十六十八醇、肉豆蔻酸异丙酯、26#白油、辛酸癸酸甘油酯、乳木果油、二甲基硅油加入容器 A 中，加热至 75℃，搅拌均匀；将高效保湿组合物、维生素 E、2,6-二叔丁基对苯酚、EDTA-2Na、卡波 940、汉生胶、三乙醇胺、去离子水加入容器 B 中，加热至 75℃，搅拌均匀；趁热将容器 A 中的溶液倒入容器 B 中，5000r/min 均质 3min；当温度降至 40℃时，加入极美 Ⅱ、香精，即得到所述化妆品。

**原料介绍**  所述壳聚糖甘醇酸盐优选通过以下步骤的制备方法制备得到：将壳聚糖加入有机醇中溶胀 2～5h；然后加入甘醇酸，搅拌 2～6h，用 pH 调节剂调节 pH 值为 7～8，抽滤，冷冻干燥，得到壳聚糖甘醇酸盐。

**产品特性**

（1）本品利用甘醇酸对壳聚糖进行改性，获得水溶性提高的壳聚糖甘醇酸盐，该物质结合了水溶性壳聚糖优良的保湿功效和甘醇酸优良的护肤功效。

（2）本品将壳聚糖甘醇酸盐与氨基酸保湿剂三甲基甘氨酸复合以后，进一步提高了在化妆品中的保湿效果，达到了协同增效。

### 配方 9  寡糖组合物化妆品

**原料配比**

| 原 料 | | 配比（质量份） |
|---|---|---|
| 油相 | 椰油（辛酸/癸酸）酯 | 8 |
| | 霍霍巴油 | 3 |

续表

| 原　料 | | 配比（质量份） |
| --- | --- | --- |
| 油相 | 十八醇 | 7.5 |
| | 十六酸十六酯 | 5 |
| | 聚二甲基硅氧烷（350csks） | 10 |
| | 2-异辛基-2-氰基-3,3-二苯基丙烯酸酯 | 5 |
| | 维生素 E | 2 |
| | 甘油基硬脂酸酯 | 3 |
| 水相 | 去离子水 | 51.5 |
| | 褐藻胶寡糖 | 0.2 |
| | 壳寡糖 | 0.2 |
| | 甘油 | 5 |
| | 柠檬酸 | 调 pH 值到 5.6 |

**制备方法**　将油相组分倒入容器中，搅拌加热到 80～85℃，于另一容器中混合水相组分，搅拌加热到 80～85℃。搅拌下将水相加入油相，均质、保温 10 min。冷却到 50℃，分装。

**产品特性**　本品选用分子量小于 1000 的酶酶解褐藻胶寡糖和壳寡糖，在水溶液中以＜0.1％的比例混合，具有良好的抗辐射作用。该产品具有物理防御辐射（屏障），细胞膜结构调节，细胞内酶促和非酶促抗辐射体系调节及三层防御体系功能，通过调节膜体系的脂质通道，能够有效地促进细胞吸收，并且作用于细胞内部酶促与非酶促调节系统，增强抗辐射张力。本品远远超越了辐射屏蔽剂的简单覆盖功能，是一种活性抗辐射剂。

### 配方 10　海藻寡糖素化妆品

**原料配比**

| 原　料 | | 配比（质量份） |
| --- | --- | --- |
| 油相 | 椰油（辛酸/癸酸）酯 | 8 |
| | 霍霍巴油 | 3 |
| | 十八醇 | 7.5 |
| | 十六酸十六酯 | 5 |
| | 聚二甲基硅氧烷（350csks） | 10 |
| | 2-异辛基-2-氰基-3,3-二苯基丙烯酸酯 | 5 |
| | 维生素 E | 2 |
| | 甘油基硬脂酸酯 | 3 |
| 水相 | 去离子水 | 48.5 |
| | 甘油 | 5 |
| | 海藻寡糖素 | 3 |
| | 柠檬酸 | 调 pH 值到 5.6 |

**制备方法** 将油相组分倒入容器中，搅拌加热到 80~85℃，于另一容器中混合水相组分，搅拌加热到 80~85℃。搅拌下将水相加入油相，均质、保温 10min。冷却到 50℃，分装。

**产品特性**

（1）本品具有防晒作用。本品原料海藻寡糖素具有双键和活泼的—OH 存在，具有吸附辐射等有害物质的能力。有很强的抗氧化性和清除自由基的能力，具有抗衰老的作用，还原性羟基可捕捉脂质过氧化链式反应中产生的活性氧，减少脂质过氧化反应链长度，因此，可阻断或减缓脂质过氧化的进行，起到抗氧化的作用。

（2）本品具有营养、保湿功能。本品原料海藻寡糖素具有增加皮肤的血管通透性、改善局部血液循环的作用，具有促进皮肤营养的供给和代谢废物的排泄、扩张末梢血管和改善皮肤细胞代谢的功能，对皮肤起到良好的保健和养护作用。寡糖素分子中的羟基、羧基和其他极性基团可与水分子形成氢键而结合大量的水分，同时，糖分子链还相互交织成网状，加之与水的氢键结合，起到很强的保水作用。

### 配方 11　含白灵菇多糖的保湿化妆品

**原料配比**

白灵菇多糖

| 原　料 | 配比（质量份） | |
| --- | --- | --- |
| | 1# | 2# |
| 新鲜白灵菇 | 5 | 20 |
| 水 | 50 | 200 |
| 乙醇 | 至含醇量为 85%（体积分数） | 至含醇量为 85%（体积分数） |

保湿化妆品

| 原　料 | 配比（质量份） | |
| --- | --- | --- |
| | 1#日霜 | 2#面膜 |
| 白灵菇多糖 | 1 | 0.5 |
| 甘油 | 6 | — |
| 吐温-60 | 2 | 1.5 |
| 1,3-丁二醇 | 4 | 2 |
| 白油 | 4 | — |
| 碳酸二辛酯 | 4 | — |
| 棕榈酸异辛酯 | 3 | — |
| 单硬脂酸甘油酯 | 3 | — |
| 1%卡波姆 940 凝胶 | — | 43.9 |
| 水 | — | 43 |
| 十六醇 | — | 2 |
| 十六十八醇 | 3 | — |

续表

| 原　料 | 配比（质量份） | |
|---|---|---|
| | 1#日霜 | 2#面膜 |
| 凡士林 | — | 0.8 |
| 二甲基硅油 | 2 | 1 |
| 斯盘-60 | 1.5 | 2.4 |
| 角鲨烷 | — | 1.34 |
| 新戊二醇二辛酸/癸酸酯（NPGC-2） | — | 1 |
| 十六十八烷基糖苷 | 1.5 | — |
| 曲酸二棕榈酸酯 | 1.5 | — |
| 维生素 E 醋酸酯 | 0.5 | — |
| 烟酰胺 | 0.5 | — |
| 杰马 Plus | 0.2 | — |
| 尿囊素 | 0.2 | — |
| 尼泊金甲酯 | 0.2 | — |
| 尼泊金丙酯 | 0.1 | — |
| 去离子水 | 加至100 | — |

**制备方法**

（1）白灵菇多糖制法：以新鲜白灵菇为原料，加水，捣碎后进行动态逆流循环提取得提取液，将所得提取液用氧化铝脱色，浓缩药液至其相对密度为 1.05～1.10，加入乙醇，产生白色絮状沉淀，所得沉淀即为白灵菇多糖。动态逆流循环提取在 70～90℃下进行。动态逆流循环提取的时间为 1.5～2 h。

（2）日霜制法：将去离子水、白灵菇多糖、甘油、1,3-丁二醇、尼泊金甲酯、尿囊素加入水相锅中加热至80℃，使固体完全溶解。将白油、碳酸二辛酯、棕榈酸异辛酯、单硬脂酸甘油酯、十六十八醇、二甲基硅油、吐温-60、斯盘-60、十六十八烷基糖苷、曲酸二棕榈酸酯、尼泊金丙酯加入油相锅中加热至90℃。将水相锅和油相锅溶液先后加入乳化锅内，均质 10min，并保持 50 r/min 的搅拌速率保温 30min。在真空搅拌下降温至55℃时加入维生素 E 醋酸酯以及用部分去离子水溶解的烟酰胺，并均质 5min。继续冷却至45℃时加入杰马 Plus，搅拌均匀。降温至40℃以下时出料，即得。

（3）面膜制法：将白灵菇多糖、吐温-60、1,3-丁二醇、1%卡波姆 940 凝胶、水加入水相锅，将十六醇、凡士林、斯盘-60、二甲基硅油、角鲨烷、新戊二醇二辛酸/癸酸酯（NPGC-2）加入油相锅，将水相锅与油相锅分别加热至 65～75℃，搅拌至溶解。趁热将油相加入水相中，均质机 6000r/min 搅拌 3min。缓慢冷却至50℃，加入防腐剂，以 80～100r/min 搅拌 15min 搅拌混合均匀，分装，即得。

**产品特性**　本品直接使用新鲜白灵菇为原料，采用动态逆流循环提取，并对工艺参数进行了优化，从而减少了提取过程对多糖结构的破坏，简化了生产工艺，并取得了更高的提取效率。

### 配方 12　含动物核酸 IRNA 活性成分的化妆品

**原料配比**

| 原料 | | 配比（质量份） | | |
|---|---|---|---|---|
| | | 1#膏霜类 | 2#奶液类 | 3#亮唇膏 |
| 白油 | | 8 | 10 | — |
| 十六醇 | | 8 | — | — |
| 鲸蜡 | | 5 | — | 7 |
| 杏仁油 | | 8 | — | — |
| 矿物质油 | 凡士林 | — | 2.5 | — |
| | 白凡士林 | — | — | 40 |
| 羊毛脂 | | 2 | 2.5 | — |
| 单硬脂酸甘油酯乳化液 | | 14 | — | 26 |
| 甘油 | | 5 | 1 | 1 |
| 精制水 | | 56 | 84 | — |
| 香精 | | 适量 | 适量 | 适量 |
| 动物核酸 IRNA | | 400 万单位 | 400 万单位 | 400 万单位 |

**制备方法**　将矿物质油、润肤化妆品基质及精制水、动物核酸 IRNA 与香精分别加热至 70～90℃，搅拌下混合，乳化降温即得到成品膏霜、奶液和亮唇膏。

**原料介绍**　所说的润肤化妆品基质为白油、十六醇、鲸蜡、杏仁油、羊毛酯、单硬脂酸甘油酯乳化液及甘油。

所说的溶剂是去离子水或矿物油质。

所说的矿物质油可为白凡士林或凡士林。

所说的动物核酸 IRNA 为 200～400 万单位。

**产品特性**

(1) 本品用量小、效果可靠；

(2) 本品无任何毒副作用和依赖性，安全可靠，有良好的保健作用。

### 配方 13　含中药化妆品

**原料配比**

| 原料 | 配比（质量份） | | | | |
|---|---|---|---|---|---|
| | 1# | 2# | 3# | 4# | 5# |
| 鸡蛋清 | 80 | 77 | 5 | 73 | 70 |
| 牵牛子 | 10 | 9 | 9.7 | 9.5 | 9.2 |
| 白芷 | 2.3 | 2 | 1.8 | 1.5 | 1.2 |
| 藁本 | 3 | 2.8 | 2.6 | 2.3 | 20 |

| 原 料 | 配比（质量份） | | | | |
|---|---|---|---|---|---|
| | 1# | 2# | 3# | 4# | 5# |
| 良姜 | 0.1 | 0.95 | 0.93 | 0.9 | 0.85 |
| 白及 | 3.5 | 3.2 | 3 | 2.8 | 2.6 |
| 硬脂酸甘油酯 | 35 | 32 | 30 | 28 | 26 |
| 硬脂酸 | 120 | 116 | 113 | 110 | 195 |
| 液体石蜡 | 60 | 56 | 53 | 50 | 47 |
| 白凡士林 | 10 | 9.5 | 9.3 | 9 | 8.7 |
| 羊毛脂 | 50 | 48 | 46 | 42 | 40 |
| 三乙醇胺 | 4 | 3.8 | 3.6 | 3.4 | 3.2 |
| 去离子水 | 1000 | 999 | 998 | 996 | 993 |

**制备方法** 选取中药原料经水洗—晒干—粉碎—超临界二氧化碳萃取得到中药超临界提取物；向上述中药提取物中添加鸡蛋清，混匀，进行离心处理，取上清液，于 0～10℃静置；取油相加热熔化为液态，将水相缓慢倒入油相中，边加边搅，直至冷凝，得到化妆品基质，将冷却静置后的上清液加入所述基质中，搅拌均匀即得。

中药超临界提取物的粒径为 40～60 目。离心处理的转速为 100～10000r/min，离心处理时间为 40～60min，静置时间为 24～72h。

**原料介绍** 所述油相为肉豆蔻酸异丙酯、棕榈酸异丙酯、硬脂酸、硬脂酸甘油酯、霍霍巴油、白油、二甲基硅油、维生素 E 油、羊毛脂、白凡士林、液体石蜡中的一种或几种。

所述水相为斯盘-80、聚山梨酯-80、蓖麻油聚氧乙烯醚-40（EL-40）、蓖麻油聚氧乙烯醚-60（EL-60）、三乙醇胺、氢氧化钙、十二烷基硫酸钠、平平加 O、聚乙二醇400、甘油、丙二醇、山梨醇、去离子水中的一种或几种。

**产品特性** 该化妆品白皙亮泽，质地细腻均匀，无粗糙感。

### 配方 14 琥珀化妆品

原料配比

| 原 料 | | 配比（质量份） | |
|---|---|---|---|
| | | 1#琥珀养颜霜 | 2#琥珀养颜洗面奶 |
| A组分 | 单硬脂酸甘油酯 | 8 | 3 |
| | 十八醇 | 5 | 2 |
| | 白油 | 5 | — |
| | 硅油 | 4 | — |
| | 矿物油 | — | 10 |
| | 脂肪醇聚氧乙烯醚 | 3 | 4 |
| | 防腐剂 | 0.15 | 0.2 |
| | 橄榄油 | 5 | — |

| 原 料 | | 配比（质量份） | |
|---|---|---|---|
| | | 1#琥珀养颜霜 | 2#琥珀养颜洗面奶 |
| B组分 | 甘油 | 5 | — |
| | 天然植物提取物混合液 | 3 | — |
| | 卡波树脂 | 0.2 | — |
| | 尼泊金丙酯 | 0.15 | — |
| | 琥珀乙醇提取物 | 0.5 | — |
| | 去离子水 | 加至100 | — |
| | 香精 | — | 0.1 |
| C组分 | 三乙醇胺 | 0.15 | 0.25 |
| | 香精 | 0.1 | — |
| D组分 | 天然植物提取物混合液 | — | 2 |
| | 甘油 | — | 5 |
| | 卡波姆1342 | — | 0.2 |
| | 去离子水 | — | 加至100 |
| | 琥珀乙醇提取物 | — | 0.1 |

**制备方法**

（1）琥珀养颜霜制备工艺：分别将 A 组分、B 组分加热至 80℃、85℃。将 A 组分过滤后加入 B 组分，乳化 15min，过滤后打入真空釜，冷却后抽真空，真空度为 0.06MPa，在 40r/min 转速下进行搅拌。当温度降至 45℃时，过滤后加入 C 组分，40℃时出料。此化妆品为乳白色膏体。

（2）琥珀养颜洗面奶制备工艺：分别将 A 组分、D 组分加热至 80℃、85℃。将 A 组分过滤加入 D 组分，乳化 15min，加入 B 组分及 C 组分，在 40r/min 转速下继续搅拌 15min。温度降至 40℃时出料。此化妆品呈乳白色奶液状。

**产品特性** 本品采用的琥珀及多种天然植物提取物安全、无副作用，应用于皮肤后可有效促进细胞新陈代谢，保持皮肤弹性，有效延缓肌肤衰老。

### 配方 15　活肤纳米乳状液化妆品

**原料配比**

| 原 料 | 配比（质量份） | | | | | | |
|---|---|---|---|---|---|---|---|
| | 1# | 2# | 3# | 4# | 5# | 6# | 7# |
| 聚氧乙烯醚（40）氢化蓖麻油 | 22.46 | 33.56 | 20.13 | 33.56 | 32.56 | 22.46 | 22.40 |
| 肉豆蔻酸异丙酯 | 1.00 | 1.30 | 2.14 | 2.70 | 1.00 | 1.00 | — |
| 棕榈酸异丙酯 | — | — | — | — | — | — | 6.00 |
| 棕榈酸异辛酯 | — | — | — | — | — | — | — |
| 橄榄油 | 2.00 | 2.60 | — | — | — | — | — |

| 原 料 | 配比（质量份） | | | | | | |
|---|---|---|---|---|---|---|---|
| | 1# | 2# | 3# | 4# | 5# | 6# | 7# |
| 维生素 E | 1 | 1.3 | — | — | 0.2 | 0.2 | — |
| 辛酸/癸酸甘油三酯 | — | — | 2.14 | 2.7 | — | — | — |
| 霍霍巴油 | — | — | 0.75 | 0.9 | 0.9 | 0.9 | — |
| 人参皂苷 | 0.7 | 1 | 0.75 | 1 | 0.62 | 1 | 0.75 |
| 维生素 C 乙基醚 | 3 | 1.5 | — | — | — | — | 1.5 |
| 3-氨基丙醇磷酸酯 | — | — | 2.5 | 1.25 | — | — | 1.25 |
| CD-38 海洋多糖润肤剂 | 5 | 3 | 3 | 1 | 1.24 | 4 | 3.08 |
| 氨基酸保湿剂 | 4.05 | 2 | 2.5 | 0.1 | 2.01 | 4 | 4.05 |
| α-红没药醇 | 1 | 0.6 | 0.3 | 0.6 | 0.3 | 1 | 0.3 |
| 果酸嫩肤剂 | — | — | 1.89 | 0.1 | — | — | — |
| 去离子水 | 58.99 | 52.64 | 63.4 | 55.89 | 60.68 | 64.94 | 60.07 |
| 玫瑰香精 | 0.5 | 0.3 | 0.25 | 0.1 | 0.25 | 0.25 | 0.3 |
| 杰马 | 0.3 | 0.2 | 0.25 | 0.1 | 0.25 | 0.25 | 0.3 |

**制备方法**

（1）按比例称取各原料活性成分、表面活性剂、一种油或混合油、去离子水和辅料，备用；

（2）将表面活性剂、一种油或混合油和活性成分中的人参皂苷在室温下混匀作为油相；

（3）将处方量的水溶性活性成分 3-氨基丙醇磷酸酯、维生素 C 乙基醚、辅料和去离子水混匀，作为水相；

（4）在 20～30℃水浴中迅速搅拌油相，搅拌的同时缓慢滴加水相，不断搅拌直至体系呈透明的液体；

（5）在室温下将处方量的玫瑰香精和防腐剂杰马加入体系中，即得到粒径小于100nm 的纳米乳化妆品；

（6）将所制得的纳米乳化妆品以 75000r/min 的速率离心 20min，在 3.5℃冰箱、室温 25℃、37℃和 60℃条件下留样观察，均未发现破乳、絮凝和分层，外观无明显变化。

**原料介绍**　所述的表面活性剂是非离子表面活性剂，即聚氧乙烯醚（40）氢化蓖麻油。

所述的油是肉豆蔻酸异丙酯、霍霍巴油、辛酸/癸酸甘油三酯、维生素 E、橄榄油、棕榈酸异丙酯、棕榈酸异辛酯中的一种或两种以上。

所述的辅料是 CD-38 海洋多糖润肤剂、氨基酸保湿剂、果酸嫩肤剂、玫瑰香精、防腐剂杰马、α-红没药醇中的一种或两种以上。

**产品应用**　本品是一种含天然植物提取物的化妆品，是一种可以滋润皮肤、增强皮肤活性、使之富有弹性的活肤纳米乳状液化妆品。

**产品特性**

（1）制备方法简单，能耗低，在加工过程中不会破坏活性成分的活性。

（2）体系稳定，不分层，能长时间保存。

（3）具有漂亮的外观，黏度较低，可以根据个人情况调整。

（4）有增溶作用，可以将某些活性成分增溶于油或水溶液中，长时间放置无沉淀产生。

（5）颗粒较小，有很好的渗透性，提高了活性成分的利用率。

（6）表面张力低，有好的吸附性。人参皂苷中有水溶性和脂溶性的成分，当将其制成微乳体系后，其中的有效成分根据其分配系数进入不同的相，颗粒中的包容物能快速地吸附渗入皮肤，滋养深层皮肤，外相中的物质附着于皮肤表面，起到护肤的作用。

### 配方 16　精制鹿油保湿化妆品

**原料配比**

| 原　料 | | 配比（质量份） | | |
| --- | --- | --- | --- | --- |
| | | 1#鹿油保湿乳液 | 2#鹿油保湿精华素 | 3#鹿油保湿日霜 |
| A组分 | 精制鹿油 | 1~8 | 0.5~1.5 | 10~20 |
| | 硅油 | 1~3 | — | — |
| | 液体石蜡 | 0.5~2.5 | — | — |
| | 单硬脂酸甘油酯 | 1~2 | — | 1~4.5 |
| | 聚氧乙烯失水山梨醇单油酸酯 | — | — | 1.5~3 |
| | 失水山梨醇单油酸酯 | — | — | 1~3 |
| | 十六十八醇葡萄糖苷 | — | — | 0.5~2 |
| | 硅油 | — | — | 1.5~2 |
| | 十六醇 | — | 0.01~0.03 | 5~8 |
| | 维生素E | — | 0.1~0.5 | — |
| | 维生素C衍生物 | — | 0.1~0.5 | — |
| | 丁基羟基甲苯 | 0.1~0.15 | 0.05~0.15 | 0.05~0.15 |
| B组分 | 丙三醇 | 1~7 | 10~15 | 1~7 |
| | 透明质酸 | — | — | 0.5~1.5 |
| | 丙二醇 | — | 2~5 | — |
| | 卡波941 | — | 0.55~1 | — |
| | EDTA-2Na | 0.5~2.5 | — | 0.2~0.6 |
| | 三乙醇胺 | 0.5~3.5 | — | 0.5~3 |
| | 硼砂 | — | — | 0.5~1.5 |
| | 乙醇 | — | — | 0.5~1.5 |
| | 去离子水 | 适量 | 适量 | 适量 |

| 原　料 | | 配比（质量份） | | |
| --- | --- | --- | --- | --- |
| | | 1#鹿油保湿乳液 | 2#鹿油保湿精华素 | 3#鹿油保湿日霜 |
| C组分 | 防腐剂 | 适量 | 适量 | 适量 |
| | 香精 | 适量 | 适量 | 适量 |
| | 三乙醇胺 | — | 0.50~0.35 | — |
| | EDTA-2Na | — | 0.2~0.6 | — |
| | 去离子水 | — | 适量 | — |
| D组分 | 防腐剂 | — | 适量 | — |
| | 香精 | — | 适量 | — |

**制备方法**

(1) 鹿油保湿乳液制备方法：将 A 组分与 B 组分分别升温至 85℃后，A 组分保温，B 组分再升温至 90℃灭菌 15min，B 组分放入乳化器中不断搅拌，慢慢加入 A 组分，恒温搅拌后快速降温，加入 C 组分，继续搅拌至室温，制得鹿油保湿乳液。

(2) 鹿油保湿精华素制备方法：将 B 组分在低温下搅拌至澄清，A 组分、C 组分加热至完全溶解后灭菌，依次慢慢加入 B 组分中，搅拌至溶解完全后，降温至 40~50℃，再加入 D 组分，继续搅拌至室温，制得鹿油保湿精华素。

(3) 鹿油保湿日霜制备方法：将配方量的 A 组分加热升温至 75~85℃混合均匀；取配方量的 B 组分加热升温至 85~90℃搅拌均匀，灭菌备用，在温度 70~85℃下将全部 A 组分慢慢加入 B 组分中搅拌至乳化完全后，加入 C 组分继续搅拌至室温，制得鹿油保湿日霜。

**产品特性**　持续使用本品后，可从根本上修复表皮水屏障功能，保持皮肤湿度，改善皮肤干燥、脱屑、皲裂等症状，从而使皮肤更湿润、柔软、光滑、细嫩及富有弹性，并切实改善脆弱肤质。

## 配方 17　精制鹿油美乳化妆品

**原料配比**

| 原　料 | | 配比（质量份） | |
| --- | --- | --- | --- |
| | | 1#鹿油美乳霜 | 2#鹿油美乳精华素 |
| A组分 | 精制鹿油 | 1~40 | 0.5~2 |
| | 胶原蛋白 | 1~10 | — |
| | 维生素 E | 1~3 | 0.1~1.5 |
| | 凡士林 | 1~10 | 0.05~1 |
| | 氮酮 | 0.2~1 | — |
| | 二甲基硅油 | 1.5~4 | — |
| | 十六十八醇 | 1~6 | 0.5~1.8 |

续表

| 原　料 | | 配比（质量份） | |
|---|---|---|---|
| | | 1#鹿油美乳霜 | 2#鹿油美乳精华素 |
| A组分 | 角鲨烷 | — | 0.1～0.25 |
| | 硅油 | — | 0.05～1.5 |
| | 丁基羟基甲苯 | 0.1～0.15 | 0.05～1.5 |
| B组分 | 丙三醇 | 1～7 | — |
| | 丙二醇 | — | 5～8 |
| | 氨基酸保湿剂 | 0.5～3 | — |
| | 甘油 | — | 8～10 |
| | 卡波 | — | 0.55～1 |
| | EDTA-2Na | 0.1～0.4 | — |
| | 三乙醇胺 | 0.8～2 | — |
| | 去离子水 | 适量 | 适量 |
| C组分 | 防腐剂 | 适量 | 适量 |
| | 香精 | 适量 | 适量 |

**制备方法**

（1）鹿油美乳霜制备方法：将A组分在75～80℃下加热混合均匀，为液体Ⅰ；将B组分在80～85℃下加热混合均匀，为液体Ⅱ。液体Ⅰ和液体Ⅱ混合乳化搅拌均匀，冷却至40～45℃，加入C组分，继续搅拌至室温，制得鹿油美乳霜。

（2）鹿油美乳精华素制备方法：将A组分在加热下搅拌混合均匀，B组分在低温下搅拌至澄清；将A组分、B组分混合乳化搅拌均匀后，加入C组分，继续搅拌至室温，制得鹿油美乳精华素。

**产品特性**　本品对皮肤无刺激。从根本上对乳房腺体细胞进行修复和激活，重新培养胸部细胞并补充必需的营养元素，促进乳房组织增大，纠正平胸、微乳、塌陷、凹陷，从而使乳房饱满有弹性，皮肤更柔软、光滑、细嫩，并切实改善乳腺炎症。

## 配方 18　控油化妆品

**原料配比**

| 原　料 | | 配比（质量份） | | | | |
|---|---|---|---|---|---|---|
| | | 1# | 2# | 3# | 4# | 5# |
| 乳化剂 | 十六烷基葡糖苷 | 3 | 3 | 3 | 1.5 | 1.5 |
| 助乳化剂 | PEG-100 硬脂酸酯 | 0.5 | 0.5 | 0.5 | 0.5 | 0.5 |
| 植物油 | 杏仁油 | 1 | 1 | 1 | 1 | 1 |
| | 霍霍巴油 | 2 | 2 | 2 | 2 | 2 |
| | 芦荟油 | 1 | 1 | 1 | 1 | 1 |

续表

| 原 料 | | 配比（质量份） | | | | |
|---|---|---|---|---|---|---|
| | | 1# | 2# | 3# | 4# | 5# |
| 润肤剂 | 合成角鲨烷 | 4 | 4 | 4 | 4 | 4 |
| 抗氧化剂 | 生育酚（维生素 E） | 0.03 | 0.03 | 0.03 | 0.03 | 0.03 |
| 增稠剂 | 丙烯酸酯聚合物 | 0.45 | 0.45 | 0.45 | 0.45 | 0.45 |
| 醇类 | 1,3-丁二醇 | 6 | 6 | 6 | 6 | 6 |
| 螯合剂 | ETDA-2Na | 0.05 | 0.05 | 0.05 | 0.05 | 0.05 |
| | 蜂王浆提取物 | 0.5 | 0.8 | 1.2 | 2 | 3 |
| | 芦荟提取物 | 0.05 | 0.1 | 0.2 | 0.3 | 0.5 |
| | 洋甘菊提取物 | 0.5 | 1 | 2 | 3 | 4 |
| | 对羟基苯磺酸锌 | 0.05 | 0.05 | 0.05 | 0.05 | 0.05 |
| | 吸油粉末（二氧化硅） | 0.1 | 1 | 2 | 3 | 4 |
| 中和剂 | 氢氧化钠（99%） | 0.12 | 0.12 | 0.12 | 0.12 | 0.12 |
| 去离子水 | | 加至 100 | 加至 100 | 加至 100 | 加至 100 | 加至 100 |

**制备方法** 将上述原料按比例混合均匀即可。

**产品应用** 本品是一种能够控制皮肤油脂分泌的化妆品组合物。

**产品特性** 本品可降低油脂分泌、吸收皮肤油脂、持久控制皮肤油脂分泌，具有温和性。

## 配方 19 人干细胞生长因子化妆品

**原料配比**

护手霜

| 原 料 | | 配比（质量份） | | |
|---|---|---|---|---|
| | | 1# | 2# | 3# |
| A 组分（油性） | 鲸蜡醇 | 9.09 | 6.09 | 4.09 |
| | 精制蜂蜡 | 8 | 7 | 5 |
| | 葵花籽油 | 30 | 38 | 45 |
| | 貂油 | 9 | 4 | 6 |
| B 组分 | 尼泊金甲酯 | 0.01 | 0.1 | 0.5 |
| | 去离子水 | 39 | 40 | 34.5 |
| C 组分 | 香精 | 0.001 | 0.0015 | 0.002 |
| D 组分 | 重组人干细胞生长因子（先用稳定剂溶解后再加入） | 0.1 | 10 | 20 |
| | 稳定剂（0.01mol/L 磷酸盐缓冲液） | 5 | 5 | 5 |

**眼霜**

| 原　料 | | 配比（质量份） | | |
|---|---|---|---|---|
| | | 1# | 2# | 3# |
| A组分 | PEA（乳化剂） | 3.5 | 2 | 1 |
| | IPP（棕榈酸异丙酯） | 5.5 | 4 | 3.5 |
| | 合成角鲨烷 | 0.5 | 2 | 3.5 |
| | 十六醇/十八醇 | 0.3 | 1 | 2 |
| B组分 | AVC（丙烯酸聚合物） | 0.5 | 1.5 | 2.5 |
| C组分 | Polylift（紧肤剂） | 2 | 3 | 3.5 |
| | Fermiskin（去皱剂） | 2.3 | 1.5 | 0.5 |
| | 极美 | 0.5 | 1.5 | 2.5 |
| | 去离子水 | 79.9 | 78.5 | 76 |
| D组分 | 重组人干细胞生长因子（先用稳定剂溶解后再加入） | 0.1ng | 10ng | 20ng |
| | 稳定剂（0.01mol/L磷酸盐缓冲液） | 5 | 5 | 5 |

**润肤霜**

| 原　料 | | 配比（质量份） | | |
|---|---|---|---|---|
| | | 1# | 2# | 3# |
| A组分 | ZY-92（乳化剂） | 1.5 | 2.5 | 3.5 |
| | ZY-921（乳化剂） | 4.5 | 3 | 2 |
| | 十六醇/十八醇 | 2 | 3 | 4.5 |
| | 白油 | 17 | 5 | 10 |
| | DC-200（乳化剂） | 0.1 | 0.5 | 1 |
| | 硬脂酸 | 1 | 2 | 3 |
| B组分 | 甘油 | 1.5 | 4.5 | 3 |
| | 汉生胶 | 0.01 | 0.1 | 0.15 |
| | EDTA-2Na（乙二胺四乙酸二钠） | 0.01 | 0.1 | 0.15 |
| | 水 | 67 | 73.4 | 75 |
| C组分 | 三乙醇胺 | 0.1 | 0.2 | 0.35 |
| | 极美 | 0.1 | 0.5 | 1 |
| D组分 | 重组人干细胞生长因子（先用稳定剂溶解后再加入） | 0.1ng | 10ng | 20ng |
| | 稳定剂（0.01mol/L磷酸盐缓冲液） | 5 | 5 | 5 |

**制备方法**

（1）护手霜工艺：将 A 组分于 70～80℃溶解，加入 B 组分，均质（负压，均质 1～2 次，每次 15～30 min）乳化，降温至 37～50℃，加入 C 组分、D 组分，搅拌均匀，真空脱气，得到含有人干细胞生长因子的护手霜。

（2）眼霜工艺：将 B 组分用部分去离子水加热溶解、搅拌均匀，A 组分于 70～80℃溶解，A 组分倒入 B 组分中，搅拌均匀，降温至 37～50℃，加入 C 组分、D 组分，搅拌均匀即可。

（3）润肤霜工艺：将 A 组分于 70～80℃水浴溶解，B 组分用甘油将汉生胶和乙二胺四乙酸二钠分散均匀后水浴溶解，将 A 组分倒入 B 组分中，均质（负压，均质 1～2 次，每次 15～30min）乳化，降温到 37～50℃后加入 C 组分、D 组分，均质即得。

**产品特性**

（1）本品将人干细胞生长因子应用于化妆品中，含有人干细胞生长因子的化妆品于 4℃环境中保存，一个月内仍可检测到人干细胞生长因子的活性。

（2）将人干细胞生长因子按 0.1～20.0ng/g 化妆品的量添加于化妆品中，得到的含有人干细胞生长因子的化妆品于 4℃环境中保存一个月后，其抗皱性能仍然保持良好。

## 配方 20  人溶菌酶系列化妆品

**原料配比**

| 原　料 | 配比（质量份） | | | | |
|---|---|---|---|---|---|
| | 1# | 2# | 3# | 4# | 5# |
| 人溶菌酶 | 0.0002～0.6 | 0.0003～0.15 | 0.00018～0.18 | 0.00001～0.05 | 0.0005～0.2 |
| 二甲基硅油 | — | 2～5 | — | — | — |
| 十八醇 | — | 3～6 | — | — | — |
| 卡波树脂 CP941 | 0.2～0.5 | — | 0.2～0.5 | — | — |
| 辛碳癸酸甘油酯/GTCC | — | 2.5～5 | — | — | — |
| 棕榈酸异辛酯/GD-5103 | — | 4～7 | — | — | — |
| 维生素 E | — | 0.3～0.7 | 0.5～1 | — | — |
| 乳化剂 Montanov 68 | — | 1～3 | — | — | — |
| 羧甲基纤维素 CMC | 0.3～0.6 | — | — | — | — |
| 羰基辅胺脂硅烷醇 | — | — | — | — | 3～5 |
| 聚乙烯醇 1788（PVA） | 7～10 | — | — | — | — |
| 甘油 | 6～8 | 5～8 | 5～8 | 6～9 | 6～8 |
| 乳化剂 HR-Si | — | 1～3 | — | — | — |
| 甘露糖醛脂硅烷醇 | — | — | — | 2～5 | — |
| 氢化蓖麻油（PEG-40） | — | — | — | 0.5～1.5 | — |
| 水溶性硅油 | 0.2～1 | — | — | 0.2～1 | — |
| 透明质酸 HA | — | 0.01～0.04 | 0.05～0.15 | 0.2～1 | 0.05～0.2 |
| 增稠剂 SEPIGEL305 | — | 1～2 | — | 1.5～3.5 | — |

续表

| 原料 | 配比（质量份） | | | | |
|---|---|---|---|---|---|
| | 1# | 2# | 3# | 4# | 5# |
| 吐温-80 | 0.5～1.5 | — | — | — | — |
| 氮酮 | 0.3～1 | — | — | — | — |
| 乙醇 | 5～10 | — | — | — | — |
| 香精 | 0.1～0.5 | 0.1～0.2 | 90～93 | 0.1～0.3 | 11～15 |
| 汉生胶 | — | — | — | — | 0.3～0.5 |
| 去离子水 | 67.6～80.45 | 70～75 | 0.1～0.3 | 85.2 | 80～93 |
| 杰马-Ⅱ | 0.15～0.3 | 1～2 | 0.1～0.3 | 0.1～0.3 | 0.1～0.3 |
| EDTA-2Na | — | — | 0.08～0.15 | — | 0.05～0.2 |

**制备方法**

(1) 1#人溶菌酶增白祛豆面膜制备：首先将原料卡波树脂 CP941 和羧甲基纤维素 CMC 均匀分散于甘油中，在搅拌情况下将去离子水加入充分混均匀，此过程应在生产前 4h 进行。之后搅拌下加入原料聚乙烯醇 1788，得混合物。将搅拌均匀混合物加入乳化锅内，然后加入吐温-80、氮酮和水溶性硅油，搅拌加热到 75℃，启动均质，高速均质 10min，然后停止高速均质，低速均质 15min 后停止，再继续搅拌 10min，搅拌转速为 60r/min。通过冷却水使其慢速冷却，当温度达到 50℃时，加入乙醇和香精，然后继续搅拌到冷却，并在温度低于 45℃时加入人溶菌酶和杰马-Ⅱ后均质 2min，之后进行真空脱气。搅拌冷却到 40℃停机出料。

(2) 2#人溶菌酶增白祛斑霜的制备：将原料二甲基硅油、十八醇、辛碳葵酸甘油酯/GTCC、棕榈酸异辛酯/GD-5103、维生素 E、乳化剂 Montanov 68 加入油相锅中，搅拌加热到 85℃；将原料甘油、乳化剂 HR-Si、透明质酸 HA、杰马-Ⅱ和去离子水加至乳化锅中，加热搅拌至 87～89℃；启动真空泵将乳化锅抽真空到 0.06MPa，停止抽真空，将油相抽进乳化锅内高速均质 10min，搅拌转速为 70r/min，高速均质后停止；低速均质 10min，停止均质，继续搅拌 10min，转速为 60 r/min；通水慢速冷却，60℃时加入原料增稠剂 SEPIGEL305 均质 2min 后真空脱气；当 45℃时加入剩余去离子水、香精和人溶菌酶溶液，搅拌至 40℃时停机出料。

(3) 3#人溶菌酶增白精华素（透明型和乳液型）制备：将原料卡波树脂 CP941 和透明质酸均匀分散在甘油中，然后加入原料去离子水中，将此混合体倒入反应缸中，搅拌加热 80℃，搅拌速率为 70r/min，待卡波树脂 CP941 全部溶解后停止加热，通水冷却至 45℃时，加入原料维生素 E 和人溶菌酶溶液及杰马-Ⅱ、香精、EDTA-2Na，低速均质 5min，脱气，温度达 40℃时出料。

(4) 4#人溶菌酶沐浴后增白润肤乳液制备：将原料增稠剂（SEPIGEL502）和甘露糖醛脂硅烷醇加入甘油中搅拌均匀，得 A 相；将原料氢化蓖麻油（PEG-40）、水溶性硅油、透明质酸加入原料去离子水中，倒入反应缸中充分搅拌均匀后开启高速均质 5min，得 B 相；将 A 相搅拌状态下缓慢地倒入反应缸的 B 相中，高速均质 10min，然后加入原料人溶菌酶溶液、杰马-Ⅱ、香精，并低速均质 5min，真空脱气即可放料。

（5）5#人溶菌酶增白润肤祛斑精华素制备：将原料透明质酸、EDTA-2Na、汉生胶均匀分散在原料甘油中，然后加入原料羟基辅胺脂硅烷醇和去离子水充分搅拌后倒入反应缸中，常温低速均质 5s，之后加入人溶菌酶溶液及杰马-Ⅱ香精，并进行转速为 60r/min 的搅拌，脱气后放料。

**产品特性**　本品原料易得，工艺简单，并且易于推广应用。

### 配方 21　三层水类化妆品

**原料配比**

| 原　料 | 配比（质量份） | | | | | |
|---|---|---|---|---|---|---|
| | 1# | 2# | 3# | 4# | 5# | 6# |
| 异十二烷 | 2.45 | — | — | — | 10 | — |
| 异辛烷 | 1 | — | — | — | — | — |
| 异癸烷 | 1 | — | — | — | — | — |
| 聚癸烯 | 2 | — | — | — | — | — |
| 聚异丁烯 | 2 | — | — | — | — | — |
| 氢化聚异丁烯 | — | 24.63 | — | — | — | — |
| 氢化聚癸烯 | 1 | — | — | 65 | — | — |
| 异二十烷 | 0.5 | — | — | — | — | — |
| 异十六烷 | — | — | — | — | — | 10 |
| 低黏度矿物油 | 0.05 | — | — | — | — | — |
| $C_9 \sim C_{20}$ 异链烷烃 | — | — | 40 | — | — | — |
| 水 | 50 | 10 | 10 | 12.63 | 4.63 | 14.63 |
| 乙醇 | 20 | — | 15 | — | 15 | 25 |
| 丙二醇 | — | — | — | 5 | — | — |
| 二丙二醇 | — | — | — | 2 | — | — |
| 甲基丙二醇 | — | — | — | 1 | — | — |
| 戊二醇 | — | — | — | 1 | — | — |
| 双甘油 | — | — | — | 1 | — | — |
| 甘油 | — | — | — | 1 | — | — |
| 己二醇 | — | — | — | 1 | — | — |
| 丁二醇 | — | 10 | — | — | — | — |
| 全氟己烷 | 7.55 | 30 | 15 | 10 | 35 | 35 |
| 全氟全氢化菲 | 2 | 10 | 10 | — | 30 | 10 |
| 全氟庚烷 | 5 | 10 | 4.63 | — | 5 | 5 |
| 全氟二甲基环己烷 | 3 | 5 | 5 | — | — | — |
| 全氟萘烷 | 2 | — | — | — | — | — |
| 苯甲醇 | 0.2 | 0.2 | 0.2 | 0.2 | 0.2 | 0.2 |
| 咪唑烷基脲 | 0.1 | 0.1 | 0.1 | 0.1 | 0.1 | 0.1 |

| 原　料 | 配比（质量份） | | | | | |
|---|---|---|---|---|---|---|
| | 1# | 2# | 3# | 4# | 5# | 6# |
| 尼泊金甲酯 | 0.13 | 0.05 | 0.05 | 0.05 | 0.05 | 0.05 |
| 香精 | 0.02 | 0.02 | 0.02 | 0.02 | 0.02 | 0.0189 |
| 油溶性绿色 6# 色素 | — | — | — | — | — | 0.001 |
| 水溶性蓝色 1# 色素 | — | — | — | — | — | 0.0001 |

**制备方法**　1#制备方法：

（1）将苯甲醇、香精、聚癸烯、聚异丁烯、氢化聚癸烯、异二十烷、低黏度矿物油、异十二烷、异辛烷、异癸烷在室温下搅拌均匀得溶液 A；

（2）将水、乙醇、尼泊金甲酯、咪唑烷基脲室温下搅拌均匀得溶液 B；

（3）将全氟己烷、全氟全氢化菲、全氟萘烷、全氟庚烷、全氟二甲基环己烷室温下搅拌均匀得溶液 C；

（4）将上述三种溶液 A、B、C 混合均匀，静置 30min 得三层水类化妆品，该化妆品可作为爽肤水使用。

2#制备方法：

（1）将苯甲醇、香精溶解于氢化聚异丁烯，室温下搅拌均匀得溶液 A；

（2）将水、丁二醇、尼泊金甲酯、咪唑烷基脲室温下搅拌均匀得溶液 B；

（3）将全氟己烷、全氟全氢化菲、全氟庚烷、全氟二甲基环己烷室温下搅拌均匀得溶液 C；

（4）将上述三种溶液 A、B、C 混合均匀，静置 30min 得三层水类化妆品，该化妆品可作为爽肤水使用，也可作为无色清澈透明卸妆液使用。

3#制备方法：

（1）将苯甲醇、香精与 $C_9 \sim C_{20}$ 异链烷烃室温下搅拌均匀得溶液 A；

（2）将水、乙醇、尼泊金甲酯、咪唑烷基脲室温下搅拌均匀得溶液 B；

（3）将全氟己烷、全氟全氢化菲、全氟庚烷、全氟二甲基环己烷室温下搅拌均匀得溶液 C；

（4）将上述三种溶液 A、B、C 混合均匀，静置 30min 得三层水类化妆品，该化妆品可作为无色清澈透明卸妆液。

4#制备方法：

（1）将苯甲醇、香精与氢化聚癸烯室温下搅拌均匀得溶液 A；

（2）将水、丙二醇、二丙二醇、甲基丙二醇、戊二醇、双甘油、甘油、己二醇、尼泊金甲酯、咪唑烷基脲室温下搅拌均匀得溶液 B；

（3）将上述溶液 A、溶液 B、全氟己烷混合均匀，静置 30min 得三层水类化妆品，该化妆品可作为非常清爽的无色清澈透明爽肤水。

5#制备方法：

（1）将苯甲醇、香精溶解于异十二烷，室温下搅拌均匀得溶液 A；

(2) 将水、乙醇、尼泊金甲酯、咪唑烷基脲室温下搅拌均匀得溶液 B;

(3) 将全氟己烷、全氟全氢化菲全氟庚烷室温下搅拌均匀得溶液 C;

(4) 将上述溶液 A、B、C 混合均匀，静置 30min 得三层水类化妆品，该化妆品可作为无色清澈透明爽肤水。

6♯制备方法:

(1) 将苯甲醇、香精、油溶性绿色 6♯色素（Green 6♯油溶色素）溶解于异十六烷，室温下搅拌均匀得溶液 A;

(2) 将水、乙醇、尼泊金甲酯、咪唑烷基脲、水溶性蓝色 1♯色素（FD&C Blue 1♯水溶色素）室温下搅拌均匀得溶液 B;

(3) 将全氟己烷、全氟全氢化菲、全氟庚烷室温下搅拌均匀得溶液 C;

(4) 将上述溶液 A、B、C 混合均匀，静置 30min 得三层水类化妆品，该化妆品可作为从上到下为绿色、蓝色、无色的清晰分层透明爽肤水。

**产品特性**　本品在静置时可以分为三层，每层可以赋予不同颜色，外观美丽新奇;本品在使用时能同时给肌肤补充水分、油分和氧气，而且能给肌肤带来清凉感。

### 配方 22　生物活性蛤蟆油化妆品

**原料配比**

| 原　料 | 配比（质量份） | 原　料 | 配比（质量份） |
|---|---|---|---|
| 十八醇 | 8 | 丙三醇 | 10 |
| 单硬脂酸甘油酯 | 0.5 | 山梨酸 | 0.1 |
| 硬脂酸 | 5 | 尼泊金乙酯 | 0.1 |
| 羊毛脂 | 0.5 | 去离子水 | 69 |
| 羊毛醇醚 | 1 | 水解蛤蟆油干粉 | 5 |
| 山梨糖醇三油酸酯 | 0.4 | 青花香精 | 0.1 |

**制备方法**

(1) 原料处理：取干品或鲜品蛤蟆油杀菌，然后用无菌水浸泡 5~7h，再用胶磨机磨成浆沫液;

(2) 水解：在浆沫液中加入水解用酶，不断搅拌并调整 pH 值至 5.0~7.0，升温至 40~45℃，待完全水解得到蛤蟆油水解液;

(3) 中和浓缩：向水解液中加入氢氧化钠，将 pH 值调整到 6.4~8，用 250 目的筛网过滤，过滤液用减压浓缩缸浓缩至原来体积的四分之一，即得浓缩液;

(4) 精制再浓缩：在浓缩液中加入原体积 3 倍的去离子水，再加入 2%~3% 的活性炭和 2%~3% 的活性白土，搅拌至均匀，然后过滤，剩余物再按上述方法处理一次，合并两次滤液，用 701 型离子交换树脂，交换至 pH 值为中性，除去树脂，滤液再减压浓缩，制得精制蛤蟆油水解液;

(5) 干燥：用真空低温干燥法干燥精制蛤蟆油水解液制得蛤蟆油水解蛋白干粉;

（6）将十八醇、单硬脂酸甘油酯、硬脂酸、羊毛脂混合加热到 83～88℃；将羊毛醇醚、山梨糖醇三油酸酯、丙三醇、山梨酸、尼泊金乙酯、去离子水混合加热到 67～73℃；将以上两种混合物混合在一起，不断搅拌成膏状，当温度降至 45～50℃时，加入水解蛤蟆油干粉，再加入青花香精，继续搅拌并用 250 目筛网过滤，除去残渣，然后加入乳化胶体磨中研磨，再经过乳化、混合、过滤，待温度降至常温时制成生物活性蛤蟆油乳膏状化妆品。

**产品特性**  本品具有良好的滋养效果，是一种养颜抗衰老的护肤产品。

## 配方 23  舒缓净颜化妆品

**原料配比**

| 原料 | | 配比（质量份） | | | |
|---|---|---|---|---|---|
| | | 1# | 2# | 3# | 4# |
| 舒缓净颜冻干粉 | IL-1RA | 0.3 | 0.4 | 0.5 | 0.6 |
| | KGF-2 | 0.3 | 0.4 | 0.5 | 0.6 |
| | 低分子肝素钠 | 43 | 43 | 40 | 40 |
| | 稳定剂 | 1050 | 1100 | 1200 | 1300 |
| | 注射级用水 | 20000 | 20000 | 20000 | 20000 |
| 稳定剂 | 甘油 | 3 | — | — | 4 |
| | 甘露醇和水 | 4 | 4 | — | 4.5 |
| | 维生素 D | 1 | — | 1.5 | — |
| | 维生素 C 磷酸酯钠 | — | — | — | 2 |
| | 碳酸钠/(mmol/L) | 5 | — | 8 | — |
| | 聚乙烯吡咯烷酮 | — | 1.5 | — | — |
| | 硫代硫酸钠 | — | 1 | — | — |
| | 海藻糖 | — | — | 2.5 | — |
| | 乳糖 | — | — | 5 | — |
| | 氨基酸/(mmol/L) | — | 7 | — | — |
| | EDTA | — | — | — | 8.5 |
| 舒缓净颜基本液 | 透明质酸 | 0.15 | 0.15 | 0.15 | 0.15 |
| | 维生素 C 磷酸酯脂钠 | 0.2 | 0.2 | 0.2 | 0.2 |
| | 1,2-己二醇 | 0.3 | — | 0.35 | 0.3 |
| | 甲基丙二醇 | — | 2 | 4 | 2 |
| | 乳酸杆菌/绿豆发酵液 | 0.6 | 0.6 | 0.6 | 0.6 |
| | 溶解蛋白酶 | 1 | 1 | — | 1 |
| | 注射级用水 | 加至 100 | 加至 100 | 加至 100 | 加至 100 |

**制备方法**

（1）将舒缓净颜冻干粉各种原料使用注射级用水溶解混合，并搅拌均匀，使用 0.22μm 的滤芯过滤，除菌后进行灌装，采用真空冷冻干燥机干燥 15～45h；

(2) 将舒缓净颜基本液各种原料使用注射级用水溶解混合，并搅拌均匀，使用 $0.22\mu m$ 的滤芯过滤，除菌，灌装。

**产品应用**　本品是一种舒缓净颜化妆品。使用时将舒缓净颜冻干粉和舒缓净颜基本液混合，待完全溶解后，可直接涂抹在皮肤上或者是配合美容导入仪器将混合液导入皮肤。

**产品特性**

(1) 本品对各种原因引起的皮肤通红、痒、痛、干燥、缺水、紧绷、脱皮等症状具有显著的调控作用，可针对性抑制过敏诱因、松弛、缺水等易感基因表达，修复损伤细胞，构建皮肤屏障功能，增强皮肤抵抗能力。

(2) 本品可加强细胞代谢，提高皮肤自我净化能力，排除导致皮肤过敏的体内诱发因素，有效促进表皮细胞代谢新生，快速修复和搭建肌肤屏障功能，有效地预防各种肌肤敏感现象。

### 配方 24　水飞蓟宾纳米结晶化妆品

**原料配比**

| 原　料 | | 配比（质量份） | | |
| --- | --- | --- | --- | --- |
| | | 1♯水/油型万能霜 | 2♯油/水型万能霜 | 3♯水/油/水型祛皱润肤晚霜 |
| A组分 | 液体石蜡 | 18 | 23 | — |
| | 羊毛脂 | 2 | 4 | — |
| | 蜂蜡 | — | 2 | — |
| | 硬脂酸 | — | 15 | — |
| | 凡士林 | 2 | — | — |
| | 地蜡 | 7 | — | — |
| | 石蜡 | 3 | — | — |
| | 失水山梨醇 | 1.5 | — | — |
| | 失水山梨醇三油酸酯 | — | 1.0 | — |
| | 二辛酸丙二醇酯 | 1 | — | 5 |
| | 单硬脂酸甘油酯 | — | — | 4.5 |
| | 硬脂醇 | — | — | 2 |
| | 鲸蜡醇 | — | — | 1.5 |
| | 尼泊金丙酯 | — | — | 0.1 |
| B组分 | 水飞蓟宾 | 2 | 2 | 2 |
| | 泊洛沙姆 | 1 | 1 | 1 |
| | HPMC | 0.5 | 0.5 | 0.5 |
| | 甘油 | 5 | 5 | 3 |
| | 尼泊金甲酯 | — | — | 0.2 |
| | 山梨醇 | — | 12.2 | — |

续表

| 原　料 | | 配比（质量份） | | |
|---|---|---|---|---|
| | | 1#水/油型<br>万能霜 | 2#油/水型<br>万能霜 | 3#水/油/水型祛<br>皱润肤晚霜 |
| B组分 | 硫酸镁 | 0.2 | — | — |
| | 去离子水 | 加至100 | 加至100 | 加至100 |
| C组分 | 香精、防腐剂 | 适量 | 适量 | 适量 |

**制备方法**

（1）水/油型万能霜：A组分和B组分分别制备，在制备过程中，A组分加热至70℃；B组分采用高压均质法处理并制备得纳米结晶混悬剂，再加热至70℃，在搅拌下将B组分加入A组分中，搅拌冷却至40℃再加入C组分，再搅拌均匀至室温。

（2）油/水型万能霜：A组分和B组分分别制备，在制备过程中，A组分加热至70℃；B组分采用高压均质法处理并制备得纳米结晶混悬剂，再加热至70℃，在搅拌下将B组分加入A组分中，搅拌冷却至40℃再加入C组分，再搅拌均匀至室温。

（3）水/油/水型祛皱润肤晚霜：将A组分按水/油型乳化制得，再将已制得的乳化体加入高压均质过的B组分中，再加入C组分，即制得水/油/水型祛皱润肤晚霜。该晚霜使用涂敷性、净洗性好，无油腻感。

**产品特性**　本品能促进吸收、质地细腻柔滑、强效祛皱嫩肤、外观良好，而且还具有持久保湿、抵抗紫外线伤害、增加肌肤弹性等功效。

### 配方 25　水蛭蛋白酶抑素化妆品

**原料配比**

| 原　料 | | | 配比（质量份） |
|---|---|---|---|
| 护肤霜基质 | | | 99 |
| 浓缩的水蛭蛋白酶抑素纯化液和去离子水 | | | 1 |
| 护肤霜基质 | 油相A<br>组分 | 椰油（辛酸/癸酸）酯 | 10 |
| | | 十六十八醇和十六十八烷基聚葡糖 | 7.5 |
| | | 酸酯（PL1618） | 少量 |
| | | 异十六醇 | 5 |
| | | 聚二甲基硅氧烷 350csks | 15 |
| | | 2-异辛基-2-氰基-3,3-苯基丙烯酸酯 | 5 |
| | | 维生素E | 3 |
| | | 甘油基硬脂酸酯 | 2 |
| | 水相B<br>组分 | 去离子水 | 43.5 |
| | | 甘油 | |
| | 添加剂C<br>组分 | 水解杏仁蛋白 | 3 |
| | | 防晒剂 | 1 |
| | | 12.5%柠檬酸 | 调pH值到5.5 |

**制备方法**

(1) 水蛭蛋白酶抑素霜剂的制备：取辅料护肤霜基质 99g，加入浓缩的水蛭蛋白酶抑素纯化液和去离子水共 1mL，混合搅拌均匀，使水蛭蛋白酶抑素的最终浓度为 $1\mu mol/L$，分装，备用，即为水蛭蛋白酶抑素护肤霜。

(2) 护肤霜基质配制法：将油相 A 组分倒入容器中，搅拌加热到 $75 \sim 80^\circ C$，于另一容器中混合水相 B 组分，搅拌加热到 $75 \sim 80^\circ C$。搅拌下将 B 组分加入 A 组分中，保温混合 15min。冷却到 $50^\circ C$，加添加剂 C 组分。搅拌冷却到室温。

**产品应用**　本品主要用作抗皱美容化妆品。

**产品特性**　本品将水蛭蛋白酶抑素用于化妆品制剂中，通过其对弹性蛋白酶的抑制作用，提高弹性蛋白在皮肤组织中的含量，进而发挥其抗皱美容的功效，具有良好的应用前景。

### 配方 26　丝蛋白化妆品

**原料配比**

| 原　料 | | 配比（质量份） |
|---|---|---|
| 丝蛋白水解液 | 丝蛋白液体 | 100 |
| | 去离子水 | 900 |
| | 氢氧化钠 | 10 |
| 丝蛋白化妆品 | 丝蛋白水解液 | 400 |
| | 硬脂酸 | 74 |
| | 单硬脂酸甘油酯 | 20 |
| | 十八、十六混合醇 | 9 |
| | 尼泊金乙酯 | 1.3 |
| | 苯甲酸钠 | 1 |
| | 氢氧化钾 | 4.7 |
| | 去离子水 | 100 |
| | 香精 | 适量 |
| | 甘油 | 80 |

**制备方法**

(1) 自制丝蛋白水解液：从蚕体内丝腺中取出的丝蛋白液体 100 份、去离子水 900 份、氢氧化钠 10 份投入搪瓷釜内，然后调节 pH 值至 $10 \sim 11$。加热升温，待丝蛋白完全溶解为止。再用去离子水调配水解液至其相对密度为 1.021（$20^\circ C$），经过滤后备用。

(2) 丝蛋白化妆品的配制：将丝蛋白水解液，硬脂酸，单硬脂酸甘油酯，十八、十六混合醇，尼泊金乙酯，苯甲酸钠投入搪瓷釜内，加热至沸。另将氢氧化钾溶于去离子水中，然后滴加到上述搪瓷锅内，加滴加边搅拌（若有气泡立即降温）。待碱液滴加完毕，于 $40 \sim 50^\circ C$ 下保温，搅拌 3h。把香精溶于甘油中，边倒入搪瓷锅内，边继续搅拌直至取样冷却成洁白细腻的膏体为止，再加入余下的去离子水，搅拌均匀即为成品。

**产品特性** 本品易被人体皮肤吸收，使皮肤光滑并增强皮肤弹性。

## 配方 27 维生素 B₁₂ 化妆品

**原料配比**

| 原 料 | 配比（质量份） | | | | | |
|---|---|---|---|---|---|---|
| | 1# | 2# | 3# | 4# | 5# | 6# |
| 维生素 B₁₂ | 5 | 0.4 | 0.04 | 0.68 | 0.05 | 0.04 |
| 维生素 E | 0.1 | — | 0.2 | — | 0.1 | — |
| 羊毛脂 | 25 | 150 | 50 | 0.255 | 25 | 25 |
| 凡士林 | 5 | 50 | 10 | 0.085 | 5 | 5 |
| 月见草油 | 20 | 200 | 40 | 0.34 | 20 | 20 |
| 斯盘-80 | 5 | 50 | 10 | 0.085 | 5 | 5 |
| 吐温-80 | 15 | 150 | 30 | 0.255 | 15 | 15 |
| 10%尼泊金甲酯 | 30 | — | — | — | 3 | — |
| 10%尼泊金乙酯 | — | — | 6 | — | — | — |
| 去离子水 | 50 | 加至1000 | 加至100 | 加至700 | 加至100 | 30 |

**制备方法** 将维生素 B₁₂ 溶解于约 30 份去离子水中。将羊毛脂、凡士林、月见草油、维生素 E、10%尼泊金甲酯、10%尼油金乙酯、吐温-80 和斯盘-80 分别加入不锈钢容器内，简单混合并加热（约 60℃），熔化后再向其中加入去离子水约 20 份，将该溶液与所述维生素 B₁₂ 溶液混合，搅拌约 10min，得到美容膏。

**产品特性** 本品具有良好的防晒和祛皱效果。特别是发现对于防晒而言，该产品具有比单独使用维生素 B₁₂ 和维生素 E 的组合时有更好的防晒效果，防晒时间长达 4h，耐汗，不油腻，在防晒的同时还具有天然止氧效果，无毒副作用。

## 配方 28 鱼鳞胶原蛋白化妆品

**原料配比**

| 原 料 | 配比（质量份） | |
|---|---|---|
| | 1# | 2# |
| 甘油 | 4 | — |
| 硼砂 | 2 | — |
| 十六烷基硫酸钠 | 2 | — |
| 去离子水 | 68.7 | 77.7 |
| 硬脂酸甘油酯 | 6 | — |
| 单硬脂酸甘油酯 | — | 3 |
| 液态羊毛脂 | 4 | 3 |
| 矿物油 | — | 2.5 |

| 原　料 | 配比（质量份） | |
|---|---|---|
| | 1# | 2# |
| 凡士林 | — | 6 |
| 油醇聚氧乙烯醚 | — | 3 |
| 鲸醇 | 2 | — |
| 蜂蜡 | 1.5 | — |
| 尼泊金甲酯 | 0.3 | 0.4 |
| 尼泊金丙酯 | 0.3 | 0.2 |
| 维生素 E | 0.5 | |
| 鱼鳞胶原蛋白（50％浓缩液） | 8 | |
| 鱼鳞胶原蛋白（95％粉剂） | — | 4 |
| 维生素 C | 0.5 | |
| 玫瑰油 | 0.2 | |
| 桂花香精 | | 0.2 |

**制备方法**　1#配方制备工艺：

(1) 水相的制备：先将去离子水加入夹套溶解锅中，将甘油、硼砂、十六烷基硫酸钠加入其中，搅拌下加热至 90～100℃，维持 20min 灭菌，然后冷却至 70～75℃待用。要避免长时间加热，以免引起黏度变化。

(2) 油相的制备：将硬脂酸甘油酯、液态羊毛脂、鲸醇、蜂蜡、尼泊金甲酯、尼泊金丙酯和维生素 E 加入夹套溶解锅内，开启蒸汽加热，在不断搅拌条件下加热至 70～75℃，使其充分熔化或溶解均匀待用。要避免过度加热和长时间加热以防止原料成分氧化变质。

(3) 混合搅拌：将（2）制备的油相加入（1）制备的水相中，并连续搅拌混匀。

(4) 乳化和冷却：将（3）制备的混匀物通过过滤器加入乳化锅内，在 70～75℃的条件下，乳化 30～50min。乳化之后冷却，冷却方式是将冷却水通入乳化锅的夹套内，边搅拌，边冷却。冷却到 45～50℃时加入鱼鳞胶原蛋白（50％浓缩液）、维生素 C、玫瑰油，以确保其活性。乳化体系要冷却到 40～45℃。卸料温度取决于乳化体系的软化温度，一般应使其借助自身的重力，能从乳化锅内流出为宜（当然也可用泵抽出或用加压空气压出）。

(5) 热灌装：将以上乳化冷却后的产品用灌装机热灌装即得水包油型鱼鳞胶原蛋白润肤膏成品。此化妆品为白色膏体。

2#配方制备工艺：

(1) 水相的制备：先将去离子水加入夹套溶解锅中，再将油醇聚氧乙烯醚和鱼鳞胶原蛋白（95％粉剂）加入其中，搅拌下加热至 85～90℃，维持 30min 灭菌，然后冷却至 70～75℃待用。

(2) 油相的制备：将单硬脂酸甘油酯、液态羊毛脂、矿物油、凡士林、尼泊金甲酯、尼泊金丙酯加入夹套溶解锅内，开启蒸汽加热，在不断搅拌条件下加热至 70～

75℃，使其充分熔化或溶解均匀待用。要避免过度加热和长时间加热以防止原料成分氧化变质。

（3）混合搅拌：将（1）制备的水相加入（2）制备的油相中，并连续搅拌混匀。

（4）乳化和冷却：将（3）制备的混匀物过滤后加入乳化锅内，在70～75℃的条件下，乳化40～60min。乳化后冷却，冷却方式是将冷却水通入乳化锅的夹套内，边搅拌，边冷却，冷却到45～50℃时加入桂花香精，以确保其芳香性。乳化体系要冷却到40～45℃。卸料温度取决于乳化体系的软化温度，一般应使其借助自身的重力，能从乳化锅内流出为宜（当然也可用泵抽出或用加压空气压出）。

（5）热灌装：将以上乳化冷却后的产品用灌装机热灌装即得油包水型鱼鳞胶原蛋白防晒霜。此防晒霜为白色膏体。

**产品特性**　本品营养丰富，易吸收，无毒副作用，可改善人体血液微循环，补充氨基酸营养成分，增强皮肤弹力，具有美白、祛皱、润肤功能，同时充分利用了水产资源，鱼鳞来源丰富，制造的化妆品成本低。

## 参考文献

中国专利公告

CN—201610668274.7
CN—201410435739.5
CN—201410833603.X
CN—201410389126.2
CN—201610783830.5
CN—201611053541.6
CN—201410833606.3
CN—201611013550.2
CN—201610345794.4
CN—201510574176.2
CN—201510804033.6
CN—201610160899.2
CN—201510495471.9
CN—201511010767.3
CN—201611105042.7
CN—201710119331.0
CN—201610048400.9
CN—201510568225.1
CN—201610693725.2
CN—201510035119.7
CN—201610705301.3
CN—201610907108.8
CN—201611173644.6
CN—201511010770.5
CN—201610615447.9
CN—201510280216.2
CN—201510625829.5
CN—201511029242.4
CN—201510348947.6
CN—201511006430.5
CN—201510450186.5
CN—201510456644.6
CN—201611213231.6
CN—201510574140.4
CN—201610870295.7
CN—201510343365.9
CN—201610907055.X

CN—201510414896.2
CN—201610955925.0
CN—201610781692.7
CN—201510801686.9
CN—201510804357.X
CN—201510495468.7
CN—201510495521.3
CN—201610413791.X
CN—201510343404.5
CN—201510258989.0
CN—201510674890.9
CN—201510746963.0
CN—201610768736.2
CN—201510711991.9
CN—201610352225.2
CN—201610352157.X
CN—201610355949.2
CN—201610345909.X
CN—201610345924.4
CN—201610348441.X
CN—201610613626.9
CN—201610037508.8
CN—201710134445.2
CN—201510173817.3
CN—201610987727.2
CN—201710261734.9
CN—201710537678.7
CN—201710046314.9
CN—201611209653.6
CN—201510803008.6
CN—201510538993.2
CN—201410324122.6
CN—201610538995.6
CN—201510793366.3
CN—201710364718.2
CN—201610.19081.0
CN—201410176978.3
CN—201510012087.9

CN—201610490027.2
CN—201510799141.9
CN—201610741980.X
CN—201710007079.4
CN—201710187739.1
CN—201611057564.4
CN—201610748921.5
CN—201410048897.5
CN—201510793627.1
CN—201510297298.1
CN—201510182649.4
CN—201610189191.X
CN—201611237337.X
CN—201610484419.8
CN—201610208940.9
CN—201410151666.7
CN—201410297649.4
CN—201410699305.6
CN—201510148857.2
CN—201410518834.1
CN—201610394139.8
CN—201510422333.8
CN—201510222100.3
CN—201510776856.2
CN—201510701001.3
CN—201511008832.9
CN—201410471675.4
CN—201510606750.8
CN—201510414929.3
CN—201510962530.9
CN—201510420906.3
CN—201410513971.6
CN—201410609229.5
CN—201610251923.3
CN—201410499077.8
CN—201410518826.7
CN—201410518831.8
CN—201410694122.5

CN—201610035623. 1

CN—201410682433. X

CN—201410517420. 7

CN—201510882669. 2

CN—201510983738. 9

CN—201510453180. 3

CN—201610502127. 2

CN—201510803941. 3

CN—201510800213. 7

CN—201410687884. 2

CN—201511022888. X

CN—201611087251. 3

CN—201611239667. 2

CN—201510860865. X

CN—201510831203. X

CN—201710252238. 7

CN—201510863878. 2

CN—201510868005. 0

CN—201611222824. 9

CN—201510859651. 0

CN—201510860862. 6

CN—201710187736. 8

CN—201510661094. 1

CN—201710187758. 4

CN—201510869212. 8

CN—201610089741. 0

CN—201510685656. 6

CN—201510452811. X

CN—201510860538. 4

CN—201510831424. 7

CN—201510860918. 8

CN—201510827244. 1

CN—201611230207. 3

CN—201510928043. 0

CN—201611238163. 9

CN—201510092253. 0

CN—201510829838. 6

CN—201610510093. 1

CN—201510705554. 6

CN—201610510094. 6

CN—201610179221. 9

CN—201610510089. 5

CN—201610056510. X

CN—201710346724. 5

CN—201810008544. 0

CN—201810112693. 1

CN—201810187627. 0

CN—201810003792. 6

CN—201810023787. 1

CN—201711253534. 5

CN—201711354397. 4

CN—201711152970. 3

CN—201810042112. 1

CN—201810193531. 5

CN—201810179360. 0

CN—201810008150. 5

CN—201810040273. 7

CN—201810011821. 3

CN—201810032889. X

CN—201810074276. 2

CN—201810008860. 8

CN—201810011602. 5

CN—201810015894. X

CN—201810130644. 0

CN—201810076311. 4

CN—201810009191. 6

CN—201810098916. 3

CN—201810008904. 7

CN—201810090491. 1

CN—201810093899. 4

CN—201810090493. 0

CN—201810089469. 5

CN—201810068386. 8

CN—201711193901. 7

CN—201810085215. 6

CN—201810084661. 5

CN—201810153457. 4

CN—201810082026. 3

CN—201810083848. 3

CN—201810022306. 5

CN—201810223643. 0

CN—201810131776. 5

CN—201810024063. 9

CN—201810173095. 5

CN—201810102588. X

CN—201810223642. 6

CN—201810015844. 1